新型纺织服装材料与技术丛书

国家自然科学基金面上项目（项目编号：61771500，61671489）

电磁屏蔽服装
防护性能与评价

汪秀琛　刘　哲　著

中国纺织出版社有限公司

内 容 提 要

本书以电磁屏蔽服装的防护性能与测试评价为体系，系统介绍了电磁屏蔽服装电磁分析方法与防护原理、影响因素及评价测试方法。本书内容包含电磁屏蔽服装的电磁结构模型、数值计算模型和 FDTD 方法的应用，开口、线缝和面料对电磁屏蔽服装防护性能的影响规律及机理，电磁屏蔽服装的失效现象及防范新技术，电磁屏蔽服装的防护性能测试与评价。

本书既可供高等院校服装和纺织专业学生使用，也可供服装和纺织学科技术人员、研究人员及从业人员阅读与参考。

图书在版编目（CIP）数据

电磁屏蔽服装防护性能与评价 / 汪秀琛，刘哲著. --北京：中国纺织出版社有限公司，2024. 5

（新型纺织服装材料与技术丛书）

ISBN 978-7-5229-1568-5

Ⅰ. ①电… Ⅱ. ①汪… ②刘… Ⅲ. ①电磁屏蔽—防护服—织物性能—评价 Ⅳ. ①TS941. 731

中国国家版本馆 CIP 数据核字（2024）第 062756 号

责任编辑：苗 苗　　责任校对：寇晨晨　　责任印制：王艳丽

中国纺织出版社有限公司出版发行

地址：北京市朝阳区百子湾东里 A407 号楼　邮政编码：100124

销售电话：010—67004422　传真：010—87155801

http://www.c-textilep.com

中国纺织出版社天猫旗舰店

官方微博 http://weibo.com/2119887771

三河市宏盛印务有限公司印刷　各地新华书店经销

2024 年 5 月第 1 版第 1 次印刷

开本：787×1092　1/16　印张：13. 25　插页 4

字数：278 千字　定价：78. 00 元

凡购本书，如有缺页、倒页、脱页，由本社图书营销中心调换

前言
Preface

电磁波对人体的危害众所周知。在日常生活中，各种电磁波会对人体产生累积辐射伤害，在工业、电力、医疗、航空及军事等很多特殊作业环境，电磁波甚至会对人体产生严重的伤害，使人体丧失工作能力及战斗能力。1972 年联合国人类环境会议已将电磁辐射污染列为公害，目前已知电磁辐射可引发人体中枢神经系统机能障碍、植物神经紊乱、白内障、白血病、脑肿瘤、心血管疾病、大脑机能障碍以及妇女流产和不孕，甚至引发癌症等病变。

服装作为人体必须穿着的产品，若具有电磁防护功能，无疑会对人体产生最有效、最实用、最持久的防电磁辐射保护作用。日常生活中，穿着电磁屏蔽服装可使人体免受电磁波长期辐射、防止疾病产生；在电子电力、航空航天、特种工业及医疗健康行业，很多情况下操作人员需要在高电磁辐射环境中作业，必须穿着电磁屏蔽服装对人体进行保护；尤其是世界各国新一代军队装备更新换代中，电磁屏蔽服装被提升到一个非常重要的地位，在空军、海军及陆军很多兵种中都要求必须配备，以达到保护人体免受电子电磁战伤害的目的。因此，电磁屏蔽服装在各行各业有着广泛的需求，这一点已被业界充分认识。该产业目前也具有了相当规模，在国内外拥有众多企业，并且随着人们对电磁污染的重视，以及电力、工业、医疗、军事领域对其日益增长的刚性需求，电磁屏蔽服装产业的发展将会更加迅猛，前景十分广阔。

然而到目前为止，电磁屏蔽服装的设计、生产、测试及评价还缺乏理论依据，很多企业对采用电磁屏蔽面料制作而成的电磁屏蔽服装的屏蔽性能进行测试与评价的方法，已被公认是不科学的方法。原因是服装款式以及为满足穿着舒适性必须存在的开口、线缝等部位对服装屏蔽性能的影响巨大，必须考虑这些因素才能对服装的屏蔽作用做出正确评价。本书作者所率领团队在与电磁屏蔽服装企业及军队合作的时候，也深深体会到这一点，由于缺乏成熟的理论和技术指导，导致所承担的电磁屏蔽服装的设计、制作及评价工作难以高效进行。近年来，来自全国各地的电磁兼容测试机构、防电磁辐射协会、纺织服装测试中心及电磁屏蔽服装产品研究领域的相关专家针对电磁屏蔽服装屏蔽性能难以正确评价的现状进行了多次热烈讨论，但最终还难以形成明确结论，其根本原因就是缺乏有效的科学理论作为指导。

上述现状严重影响了电磁屏蔽服装产业及相关科学研究的发展。因此开展电磁屏蔽服装的相关理论研究，明确在不同的电磁环境中，电磁屏蔽服装内部电磁场强的分布规律，以及开口、线缝、面料等主要参数及发射源参数等因素对服装屏蔽效果的影响规律及影响机理，是电磁屏蔽服装产业理论及应用发展中急需解决的问题。归纳起来，目前还有重要科学问题没有明确，主要有：①电磁屏蔽服装结构模型及物理模型，以及建立在其上的数值及仿真方法还未形成；②开口区域、线缝区域、面料性能等元素对服装内部电磁场强空间分布的影响规律及影响机理还未揭示；③发射源频率、位置等参数对服装内部电磁场强空间分布的影响规律及影响机理还未揭示；④电磁屏蔽服装整体屏蔽性能指标的变化规律还未明确，其科学测试方法及评价方法还未建立；⑤解决电磁屏蔽服装孔缝区域无法抵御电磁波大量透过等瓶颈问题的方法还未完善。

上述现象导致人们难以判断电磁屏蔽服装市场产品的好坏，有些劣质产品被大量使用，对人体造成巨大伤害。因此，开展“电磁屏蔽服装防护性能与评价”相关科学与技术问题的研究是目前该领域的迫切需求。本著作根据多年的研究成果，针对上述尚未解决的主要问题开展相关论述，为推动电磁屏蔽服装领域的科学技术发展提供新的依据与思路。

本著作的内容主要有：①电磁屏蔽服装的电磁分析模型，包括基于弹性节点的电磁屏蔽服装结构模型、电磁屏蔽服装屏蔽效能的数值计算模型及 FDTD 方法在电磁屏蔽服装模型中的应用等；②开口对电磁屏蔽服装防护性能的影响，包括开口区域的理想模型构建及分析、常规开口区域对电磁屏蔽服装屏蔽效能的影响及开口实例——袖部对电磁屏蔽服装防护性能的影响等；③线缝对电磁屏蔽服装防护性能的影响，包括线缝模型的构建及分析、线缝对电磁屏蔽服装的影响规律及线缝的进一步讨论等；④面料对电磁屏蔽服装防护性能的影响，包括双层织物电磁屏蔽效能的变化规律及影响因素、双层同类型面料屏蔽效能变化规律及出现的异常现象以及多层面料的屏蔽效能变化规律等；⑤电磁屏蔽服装失效现象的发现及防范新技术，包括电磁屏蔽服装失效现象的发现、减少开口区域电磁波入射的多材质配伍吸波结构及抵抗电磁波入射的多介质纳米线缝技术等；⑥电磁屏蔽服装的测试与评价，包括电磁屏蔽服装的仿真测试模型、电磁屏蔽服装实际测试的影响因素、电磁屏蔽服装屏蔽效能的拟合及整体评价新方法等。

本著作的研究成果可对电磁屏蔽服装的设计、生产及评价提供有力参考，并且丰富了类似服装的柔性电磁屏蔽防护产品的相关理论，具有重要的科学意义及应用价值。

由于作者水平有限，著作中难免还有不妥之处，热忱欢迎读者指正。

著者

2023 年 8 月

目录
Contents

第六章　电磁屏蔽服装的测试与评价

第一章

电磁屏蔽服装的电磁分析模型

长期以来，电磁屏蔽服装的防护性能主要依赖实际测试获得。由于服装款式结构复杂，并且包含开口、线缝、纽扣、拉链等多种必然存在的孔缝等区域，使其实验测试费时费力，准确性也不高，因此急需采用科学有效的模型从理论上研究电磁屏蔽服装的相关问题。要想建立科学的电磁分析模型，需要建立电磁屏蔽服装结构模型、物理模型及相关数值计算方法，本章对此进行讨论，针对服装特征提出了基于弹性节点的结构模型，给出了适合服装曲面的屏蔽效能计算模型，进一步采用较为流行的 FDTD 方法建立物理模型并针对服装电磁场强及相关参数进行数值计算，从而为电磁屏蔽服装的分析模型构建提供了新的方法。

第一节　基于弹性节点的电磁屏蔽服装结构模型

服装款式变化多样，形态复杂，建立能准确描述服装特征以适合电磁分析的结构模型一直是目前的难点。本节对服装的各个区域形态特征进行研究，建立基于弹性节点、适合电磁数值计算的结构模型。采用多种方法提取人体各区域的特征，根据特征点的变化规律及之间的关联，以获取关键特征点及结构线从而描述各个区域的整体三维形态特征；建立描述服装整体形态的 NURBS 空间曲线，结合服装特征分析提取有效关键节点，并进一步确定弹性节点。上述工作对服装款式造型、开口区域、线缝区域及其他孔缝区域形态参数的特征描述简单有效，所构建的弹性节点服装结构模型为后续数值计算及相关分析奠定了基础。

一、服装各个区域的形态特征及弹性节点表述方法

服装的形态特征本质取决于人体特征，因此根据人体特征确定弹性节点，将人体躯干部分划分为 5 个部分：肩部、胸部、腰部、臀胯部、腿部。人体其他部分分为：头部、颈部、上臂、前臂、大腿、小腿、手、足。这 13 个部分的分割确定了关键的弹性节点，进一步可根据人体的结构特征确定重要弹性节点在胸腹和裆部这两个区域。整个人体在 $y-z$ 平面的投影的外轮廓线是人体的正面轮廓线，分割人体时在人体表面的关键位置设置一些弹性节点。点之间的水平连线将人体划分为不同的区域，如图 1-1 所示。

每一个弹性节点之间的水平连线即是人体区域划分的分隔线。图 1-1 中的点 1~12 均是表示服装的特征点，可设定为弹性节点，其中 1 和 2 点是人体的两个肩点，两个肩点之间的水平切线分割出人体的肩部，3 和 4 点是人体的上腰线两端点，7 和 8 点是人体的下腰线两端点，两条水平切线分割出人体的腰部，5 和 6 点是腰部最细处两端点，7 和 8 点是胯部两端点，9 和 10 点是臀部两端点，5 和 6 点之间的水平切线与 9 和 10 点之间的水平切线分割出人体的臀胯部，11 和 12 点是大腿部连线，9 和 10 点之间

的水平切线与 11 和 12 点之间的水平切线分割出人体的腿部。同理，可得到上肢和下肢之间的分割点与分割线。图 1–1 右侧是基于弹性节点所构建的部分躯干区域。

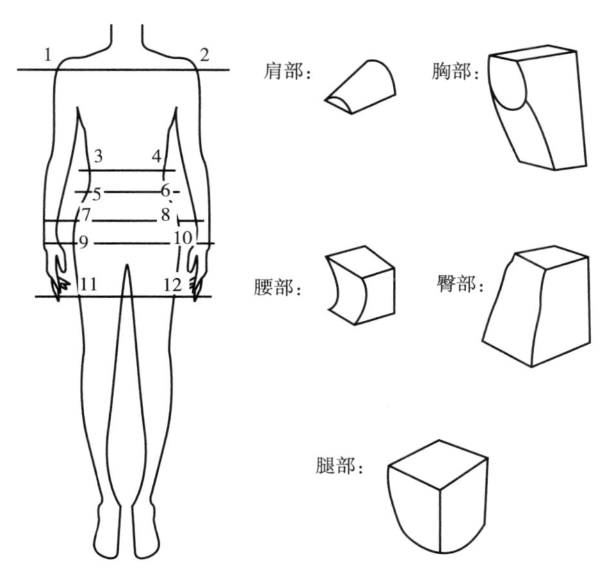

图 1–1　服装各个区域形态特征分析及弹性节点提取

在三维服装建模中，针对人体区域分割所需要测量的人体特征尺寸，如肩部特征点所在的截面的周长，胸部特征点所在截面的周长，腰部特征点所在截面的周长与其他部分特征点之间的距离。这些距离尺寸是建模的重要依据。表 1–1 列出了人体各个特征点的定义，表 1–2 列出了人体的各个主要特征尺寸的定义。

表 1–1　人体各部分特征点定义

名称	定义
头顶点	头顶最高处的点
喉结点	喉结节向前最突出的点
肩峰点	肩胛骨的肩峰外侧缘上向外最突出的点
乳头点	乳头的中心点
脐点	肚脐的中心点
肘点	连接上臂和前臂关节最突的点
会阴点	左右坐骨结节最下方的连接线与正中状面的交点
膝点	连接大腿和小腿关节的最突出的点
臀点	臀部最突出的点

表 1-2　人体各部分特征尺寸

名称	结构位置	说明
颈围	颈部	颈根部曲线的围长
肩宽	肩部	两肩点之间的距离
肩厚		肩部厚度
肩斜		肩点至颈部中点的斜度
胸高	胸部	胸围曲线高低点距离
背长		颈点到上腰围线的垂直距离
胸围		胸部最大截面围长
腰围	腰部	腰部最小截面围长
腰部长度		上下腰线之间的距离
腰厚		腰部厚度
臀围	臀胯部	臀部最大截面周长
胯围		胯部最大截面周长
臀厚		臀部厚度
臀胯部长度		下腰围到臀围的垂直距离
袖窿围	上肢	袖窿弧线的周长
上臂最大围		上臂最粗处截面周长
肘围		肘部周长
手腕围		腕部周长
上臂长		袖窿和肘围之间的距离
前臂长		肘围和腕围之间的距离
大腿最大围	下肢	大腿最粗处截面的周长
膝围		膝盖的截面周长
小腿最大围		小腿最粗处截面的周长
脚腕围		脚腕的截面周长
大腿长		臀围线和膝围线之间的距离
小腿长		膝围和脚腕围之间的距离

要使所测量的数据以三维数组的形式输入计算机，并且便于 MATLAB 读入数据，首先需要对所测量的数据点的分布进行坐标建立，并且根据人体特征选取合适的特征点以及辅助点，具体如下：

首先以人台臀围所在的横截面中心为原点，由此建立直角坐标系，以人台高度方向为 z 轴，以臀围所在的剖面为 xoy 面，具体情况如图 1-2 所示。取测量截面并且用标识胶带标记，水平方向上选取包括肩围线、胸围线、腰围线在内的 20 条水平围线。因为人体是左右对称，因此在垂直方向上只取一半的特征线，即垂直方向上选取包括前中心线、侧缝线、前后公主线、后中心线在内的 12 条特征线。最后将人台的一半分成纬向 20 层，经线 12 层，从而获得 20×12 个基准点。为了便于计算机的后续处理，将测量得到的数据规格化，按照人体特征选取的水平、垂直方向的特征线视为经纬线，形成的网格的交点即为测量点。

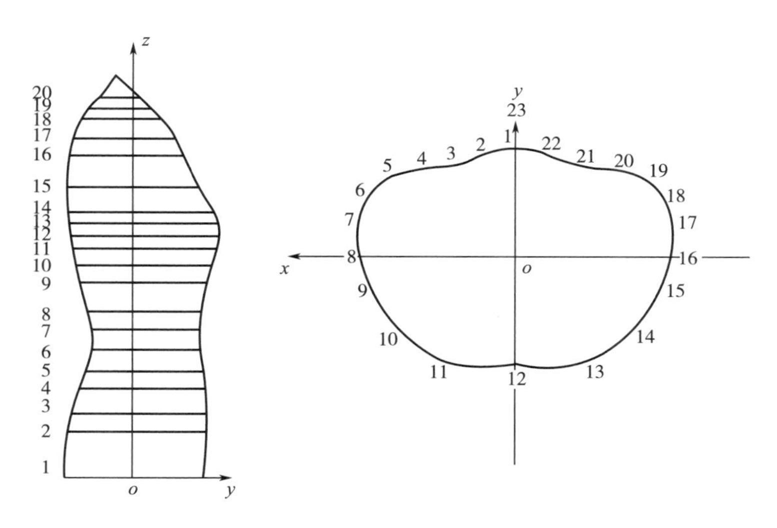

图 1-2　人台测量三维标识

腿部模型同样按经纬线划分形成网格，网格的交点即为测量点，与人台上半身使用同一坐标系，即以人台臀围所在的横截面与侧缝所在侧面的交点为原点，建立直角坐标系，以人台的高度方向为 z 轴，以臀围所在的剖面为 xoy 面。

测量截面的选取：由于腿部模型表面较平滑，没有特别的突出，在膝盖与小腿附近多取些截面，其他部位均匀取测量截面就行。具体标识如图 1-3 所示。

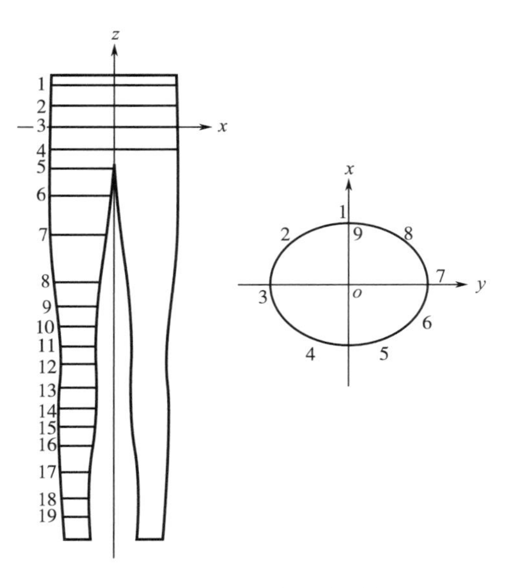

图 1-3　腿部测量标识

正如前述，弹性节点是指其坐标值受服装结构的某一尺寸参数控制，能表现服装局部特征且位于空间三维 NURBS 结构曲线上的关键节点，其坐标受三个维度方向的弹性系数控制，可较好地描述服装局部曲面的多变形态。基于弹性节点的构架，发现人体区域每一部分的特征线和特征几何关系均与弹性节点相关，而人体躯干部位各分割部位都是根据人体的形态特征构建成其相似的几何模型，最终形成接近人体的真实模型。这样可针对人体的不同部位，构建不同的结构线之间的关系，如人体肩部需要的特征数据为肩斜、肩宽、肩厚，胸部需要的特征数据为胸高、胸围、背长、乳间距，腰部所需要的特征数据为上下腰围、腰围、腰长、腰厚，臀胯部需要的特征数据为臀围、胯围、臀胯高，颈部所需要的特征数据为颈根围、颈围、颈长等。

人体四肢的初步模型构建和人体躯干部位类似，也是根据人体形态的特征构建初步的模型。手臂所需要的特征数据为袖窿围、上臂最大围、肘围、手腕围、上臂长、前臂长，腿部所需要的特征数据为大腿最大围、膝围、小腿最大围、脚腕围、大腿长、小腿长。人体其他复杂部位在服装特征描述及弹性节点确定方面也需描述，手部所需要的数据为手掌围、手厚、手长、手指围、手指长，脚的模型所需要的数据和手所需要的数据类似。

图 1-4 是基于上述方法所提取的、可用于电磁分析的服装局部特征的仿真结果，可以较好地对服装进行描述，为后续建立整体基于弹性节点的服装结构模型奠定基础。

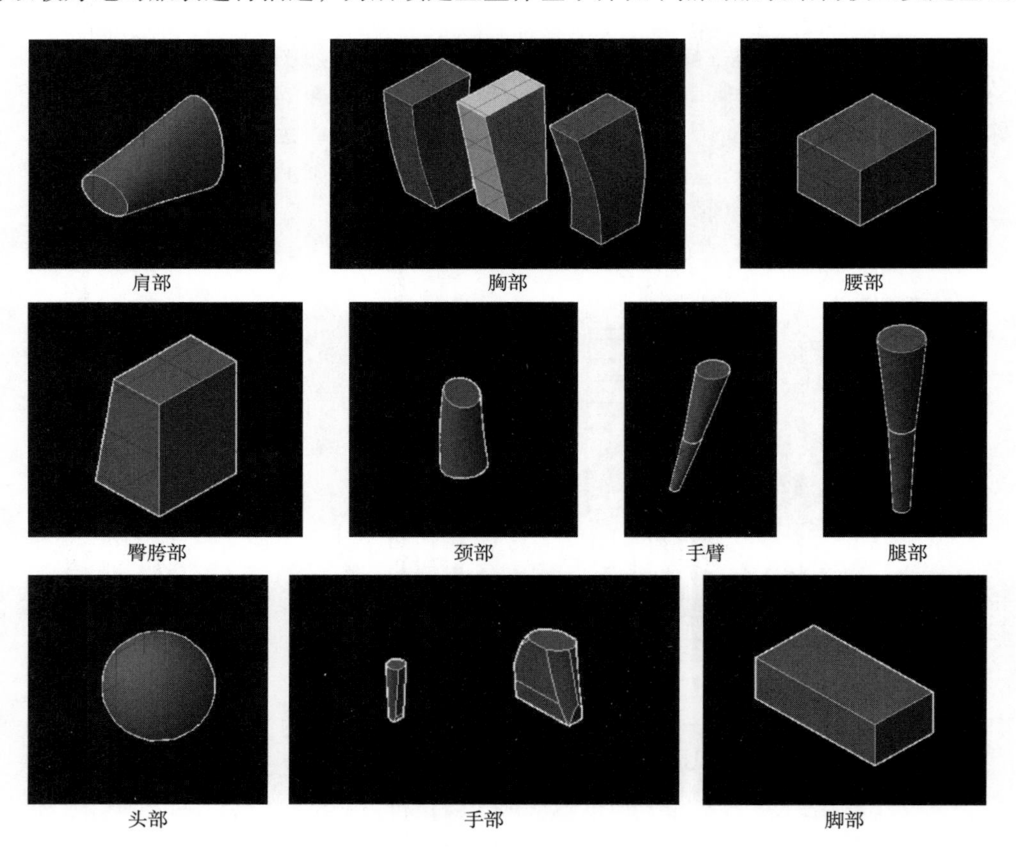

图 1-4　用于电磁分析计算的服装形态局部特征仿真

二、基于弹性节点的服装三维结构模型

在确定弹性节点后，采用 NUEBS 曲线建立主弹性节点及副弹性节点之间的关联，对服装模型进行构建。根据弹性节点所在人体各个部位的曲率及位于结构线的位置，建立空间变化算法，确定了弹性节点在三维方向的弹性系数 K_x、K_y 及 K_z 的计算解析式，以使模型具有变量特性。结合初始值、约束条件及具体位置设定计算各个弹性节点在不同款式下的精确空间位置（x，y，z），从而建立贴近实际形态，并且可根据不同款式、号型进行变化的电磁屏蔽服装弹性节点三维结构模型。

根据前期所建立的基于弹性节点的服装特征形态及描述参数，可将躯干近似看作两个相连的椭圆台，如图 1-5 所示，该椭圆台包括三个部位：胸部、腹部和臀部，并且上下两个圆台是几何相似的，即 $A_1:B_1=A_2:B_2$ 且 $A_1:H_1=A_2:H_2$ 且 $A_1:a=A_2:b$。在女装结构设计学中，将颈部、肩部、胸部、肋背、腹部以及臀部确定为女性人体上半身的 6 个主要部位，如图 1-6 所示。

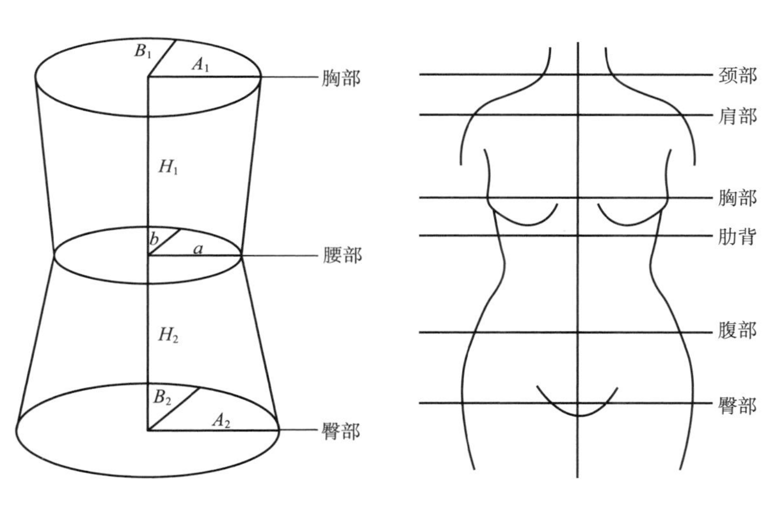

图 1-5　椭圆台模型　　　图 1-6　躯干特征部位示意图

对于各个特征部位的截面形状，其形态虽为不规则但大都近似于圆或者椭圆，采用近似逼近的方法可建立特征部位截面的轮廓。对于其形状近似圆的特征部位截面如胸部截面，其形状整体近似圆，如图 1-7 所示，胸围的长度近似等于圆的周长。对于截面形状近似椭圆的特征部位截面，如肩部截面，其形状近似椭圆，如图 1-8 所示，肩宽可近似等于椭圆的长轴长度。

根据上述模型将相邻的两个截面轮廓依次桥接，即可得到服装上半身左半部分仿真模型，如图 1-9 所示。手臂模型的建立与躯干部分相似，依次桥接手臂特征部位的轮廓曲面得到手臂模型，如图 1-10 所示。依次类推，可建立其他款式服装的各种部位的结构模型。

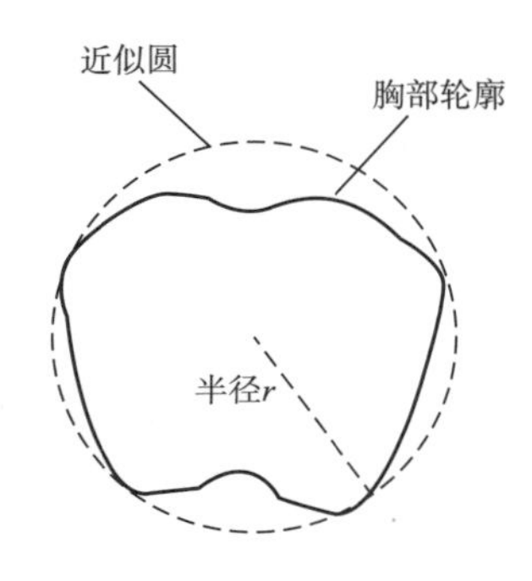

图 1-7　胸部截面近似圆示意图

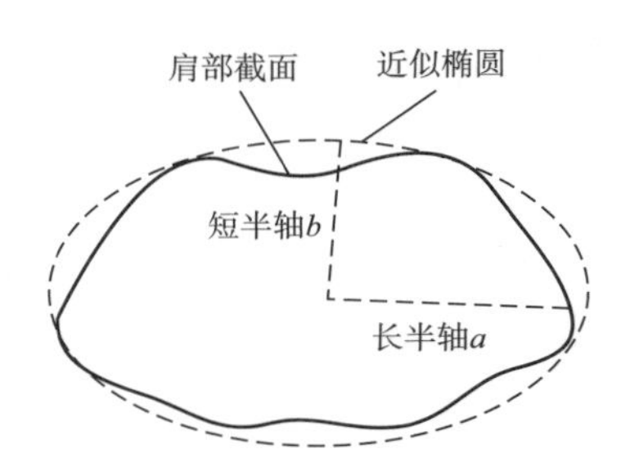

图 1-8　肩部截面近似椭圆示意图

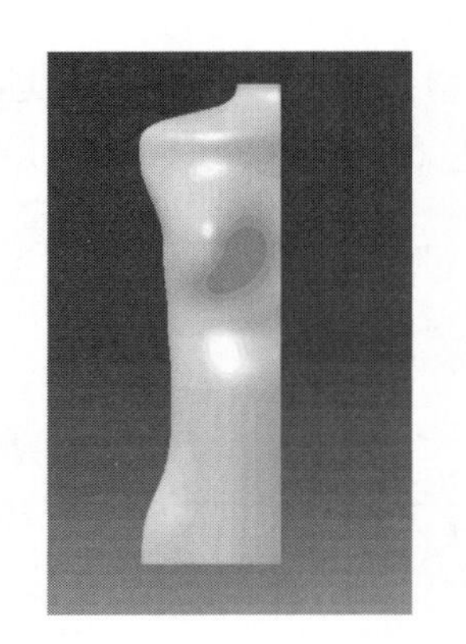

图 1-9　上半身左半部分躯干模型

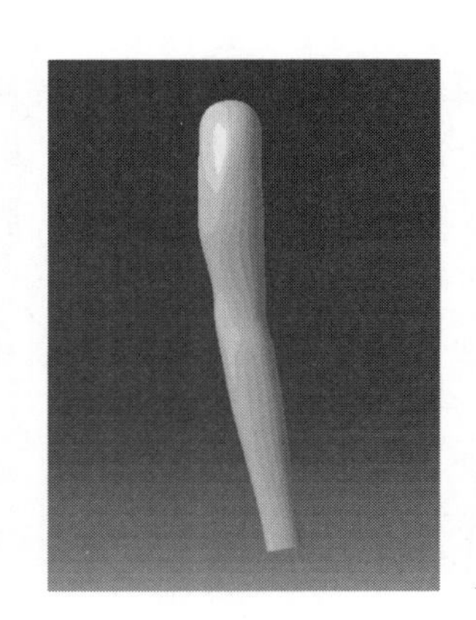

图 1-10　手臂模型

三、结构模型中的孔缝处理

服装结构设计中，需要在服装上多个地方开孔，或者两块面料在缝合时产生一定宽度的缝隙等，这些是影响服装完整性的重要因素。比如领口、袖口、线缝、拉链等，服装结构模型对这些部件的处理主要采取等效方法，即将其看成是等效作用的孔洞或缝隙。如图 1-11、图 1-12 所示，将纽扣、拉链等区域看成等效孔缝，提取其弹性节点并对其进行特征描述，从而使服装的整体模型符合实际。

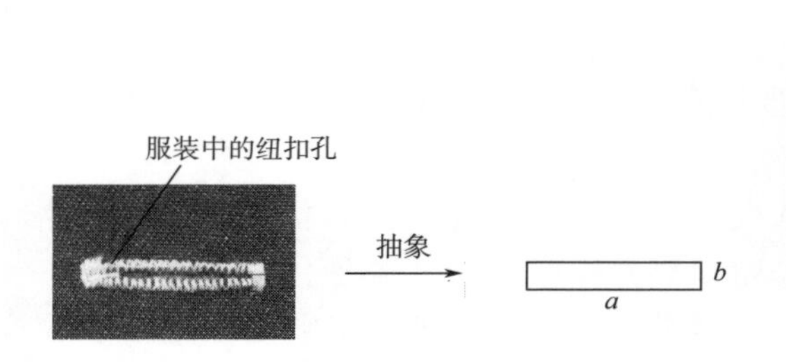

图 1-11　纽扣孔模型

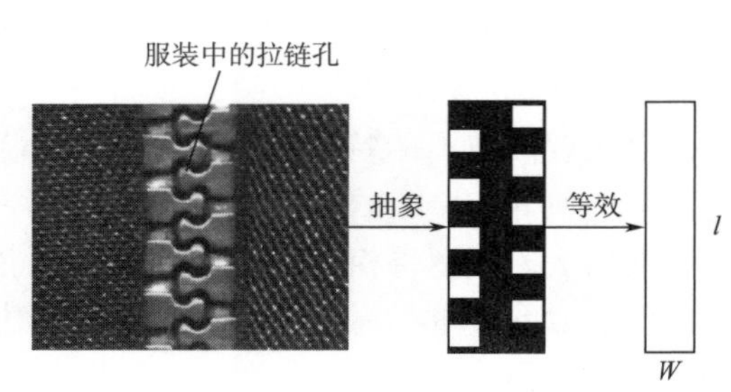

图 1-12　拉链孔模型

通过分析孔、缝对电磁屏蔽服装屏蔽效能的影响提取孔、缝的特征量，根据提取的特征量（孔的面积、孔的个数、孔的间距以及缝隙的宽窄）可以建立带孔、缝的电磁屏蔽服装模型。图 1-13 是孔的面积不同时建立的服装模型之一，孔的面积由孔的长（a）和宽（b）来决定，其具体数据如表 1-3 所示。

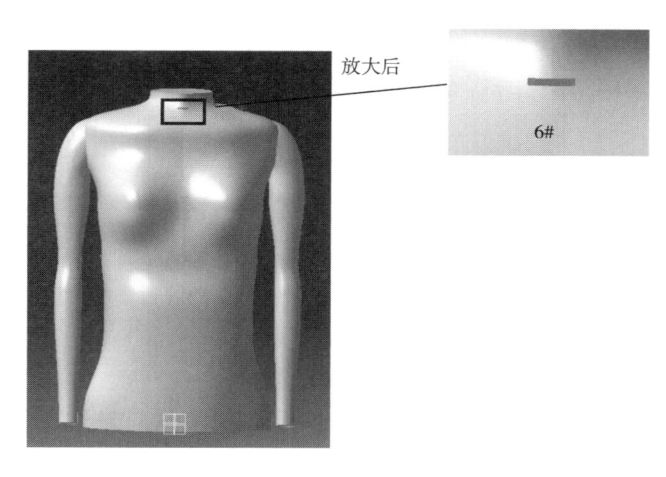

图 1-13 纽扣孔大小不同时的服装模型

表 1-3 孔的长、宽参数设置

编号	1#	2#	3#	4#	5#	6#
孔长 a/mm	15	15	15	20	20	20
孔宽 b/mm	1	2	3	1	2	3

图 1-14 是缝隙的长度不变，宽度不同时建立的服装模型。

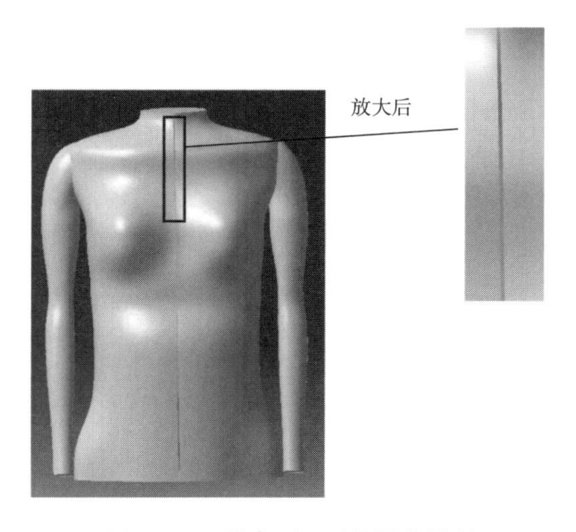

图 1-14 缝宽不同时的服装模型

四、结构模型的空间离散

为了进行细致的电磁分析，需要将基于弹性节点的人体模型在弹性节点的基础上进行空间离散，并在离散点集的基础上补差连续函数，使这条连续曲线可以通过函数给定全部的数据点，从而建立较好的人体模型。根据原始人体模型，如图 1-15 所示，将参与分析的数据点集定义为三维数据点集 $\boldsymbol{P}$，其三维坐标值分别存放在 x，y，z 三个向量中，对点集 $\boldsymbol{P}$ 进行三维插值。选用一维数据插值函数 interp1，分步进行插值运算。MATLAB 中的一维插值函数为 interp1，其调用格式如式（1-1）所示：

$$y_i = \text{interpl}(x, y, x_i, \text{method}) \tag{1-1}$$

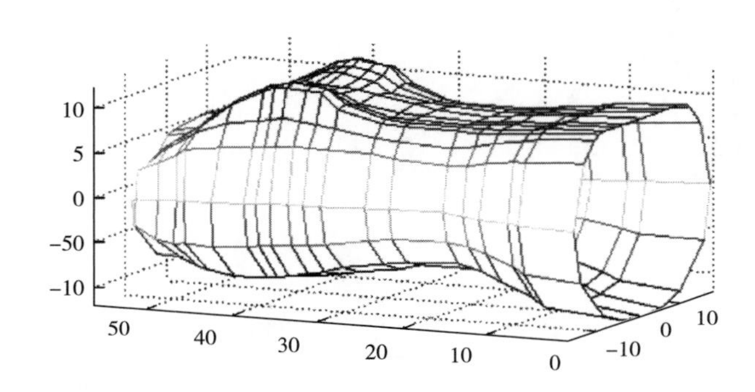

图 1-15　原始数据构建的人体模型

定义函数 $S(x) \in C^2[a, b]$，且在每个小区间 $[x_j, x_{j+1}]$ 上是三次多项式，其中 $a=x_0<x_1<\cdots<x_n=b$ 是给定节点，则称 $S(x)$ 是节点 x_0，x_1，…，x_n 上的三次样条函数。

若在节点 x_j 上给定函数值 $y_j=f(x_j)$ $(j=0, 1, \cdots, n)$，并有：

$$S(x_j) = y_j(j = 0, 1, \cdots, n) \tag{1-2}$$

则称 $S(x)$ 为三次样条插值函数。

必须在每个小区间 $[x_j, x_{j+1}]$ 上确定 4 个待定系数，共有 n 个小区间，故确定的参数总个数为 $4n$ 个才可求出 $S(x)$。根据 $S(x)$ 在上二阶导数连续，在节点 x_j $(j=0, 1, \cdots, n-1)$ 处应满足连续性条件式（1-3）：

$$S(x_j - 0) = S(x_j + 0),\ S'(x_j - 0) = S'(x_j + 0),\ S''(x_j - 0) = S''(x_j + 0) \tag{1-3}$$

进一步定义函数 $f(x)$ 在 $[a, b]$ 上有一阶连续导数，且 $n+1$ 个互异点 x_0，x_1，x_2，…，$x_n \in [a, b]$。如果存在至多为 $2n+1$ 阶的多项式 $H_{2n+1}(x)$ 满足式（1-4）：

$$\left.\begin{cases} H_{2n+1}(x_j) = f(x_j) \\ H'_{2n+1}(x_j) = f'(x_j) \end{cases}\right\}(j = 0, 1, 2, \cdots, n) \tag{1-4}$$

则称 $H_{2n+1}(x)$ 为函数 $f(x)$ 在点 x_0，x_1，x_2，…，x_n 的 $2n+1$ 阶多项式。

根据 $2n+1$ 阶埃尔米特插值多项式定理，根据人体模型弹性节点及特征点的分布，

可知当 $n=1$ 时满足 $H_3(x_0)=y_0$，$H_3(x_1)=y_1$，$H'_3(x_0)=y'_0$，$H'_3(x_1)=y'_1$的三阶埃尔米特插值多项式如式（1-5）所示：

$$H_3(x)=\left[\left(1+2\frac{x-x_0}{x_1-x_0}\right)y_0+(x-x_0)\,y'_0\right]\left(\frac{x-x_0}{x_1-x_0}\right)^2+\left[\left(1+2\frac{x-x_1}{x_0-x_1}\right)y_1+(x-x_0)\,y'_1\right]\left(\frac{x-x_1}{x_0-x_1}\right)^2 \tag{1-5}$$

基于弹性节点离散后再经拟合形成的特征点部分集合模型如图 1-16 所示。

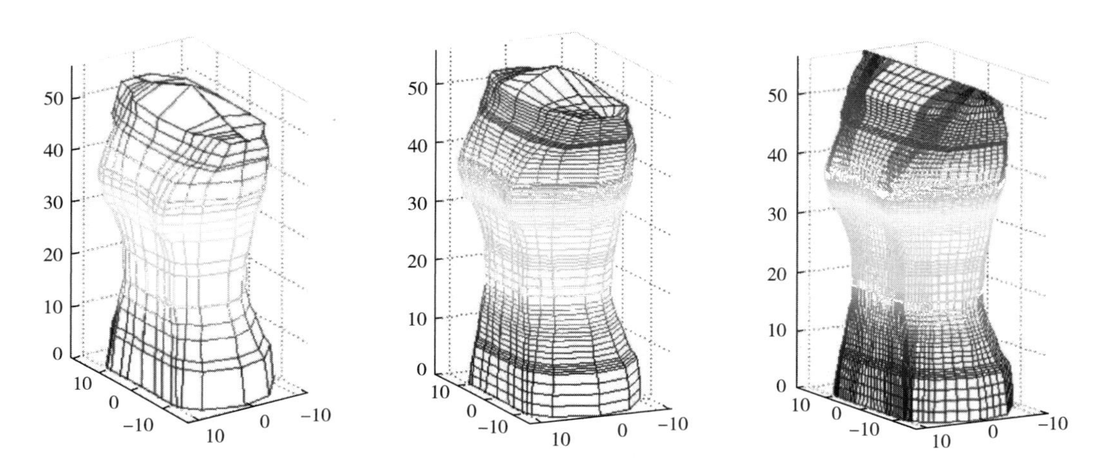

图 1-16　基于弹性节点离散后的数据集模型局部

离散后可用于进一步电磁计算和分析的电磁屏蔽服装模型如图 1-17 所示。图 1-18 则是不同电磁计算用途的模型对比。图 1-19 及图 1-20 是使用不同离散方法获取的模型对比。

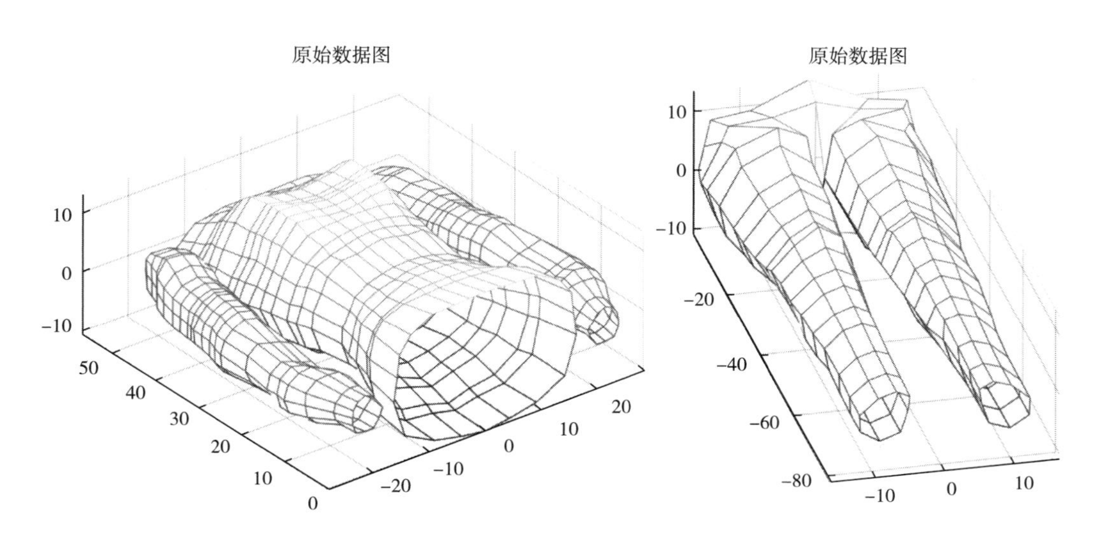

图 1-17　离散化弹性节点服装模型

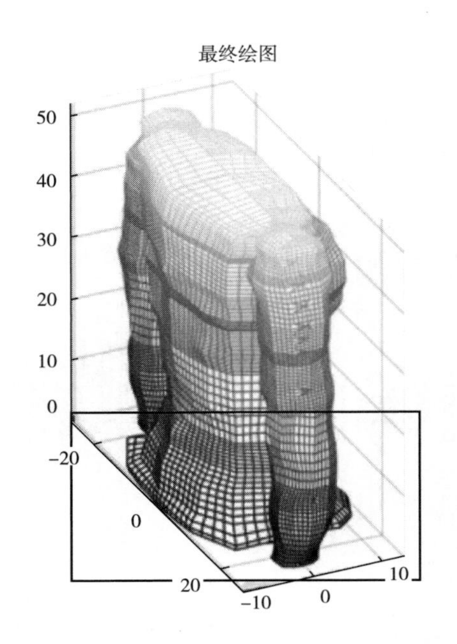

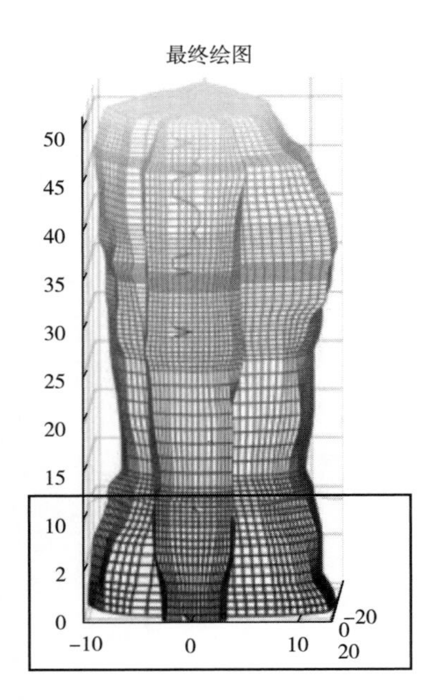

图 1-18　用于不同电磁计算分析的模型对比

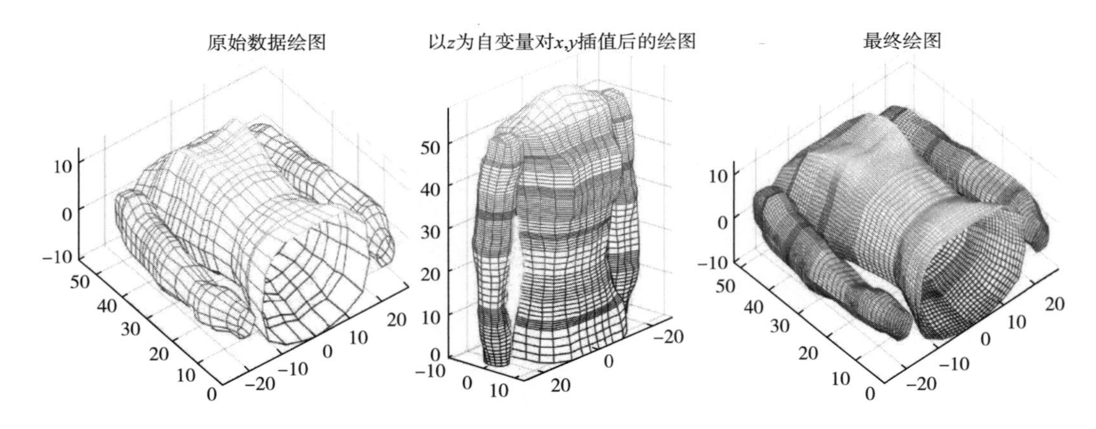

图 1-19　不同离散方法获得的上身模型

五、服装内部电磁场强的点图及云图绘制方法

采用数值计算方法，根据离散后的弹性节点服装模型对三维人体内部电磁场强进行计算并显示，图 1-21 是其中腿部电磁场强的计算云图。同时，利用所编写的软件，可以根据模型自动获取弹性节点和相关特征点，通过编写程序并结合上述数值计算方法启动计算各个点的屏蔽效能值，如图 1-22 所示。图 1-23 则进一步根据各个点的电磁场强数值计算结果对某点屏蔽效能进行获取。

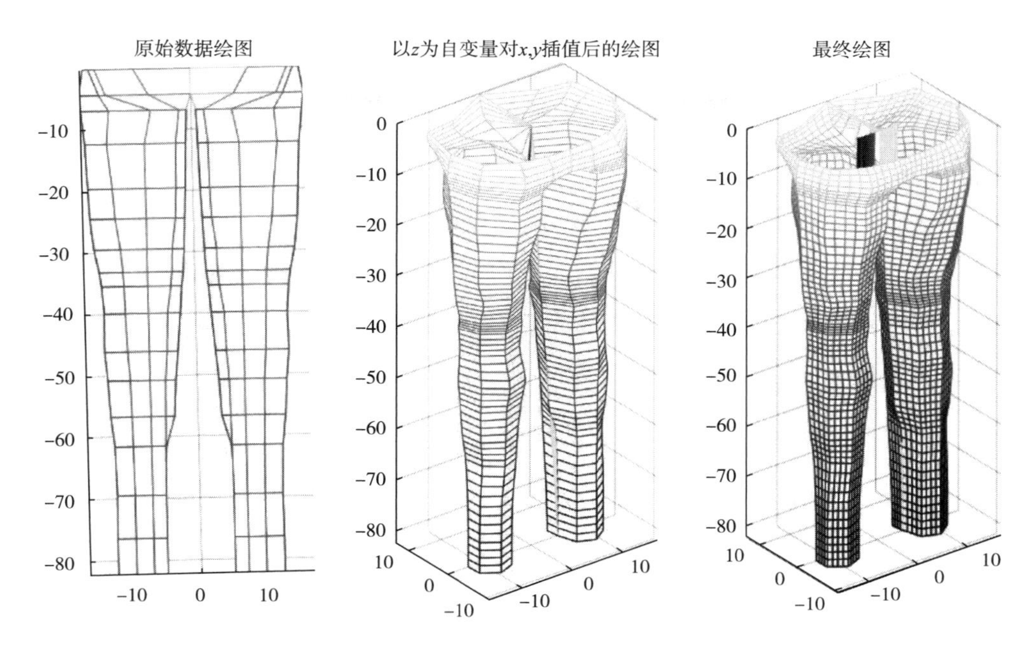

图 1-20　不同离散方法获得的下身模型

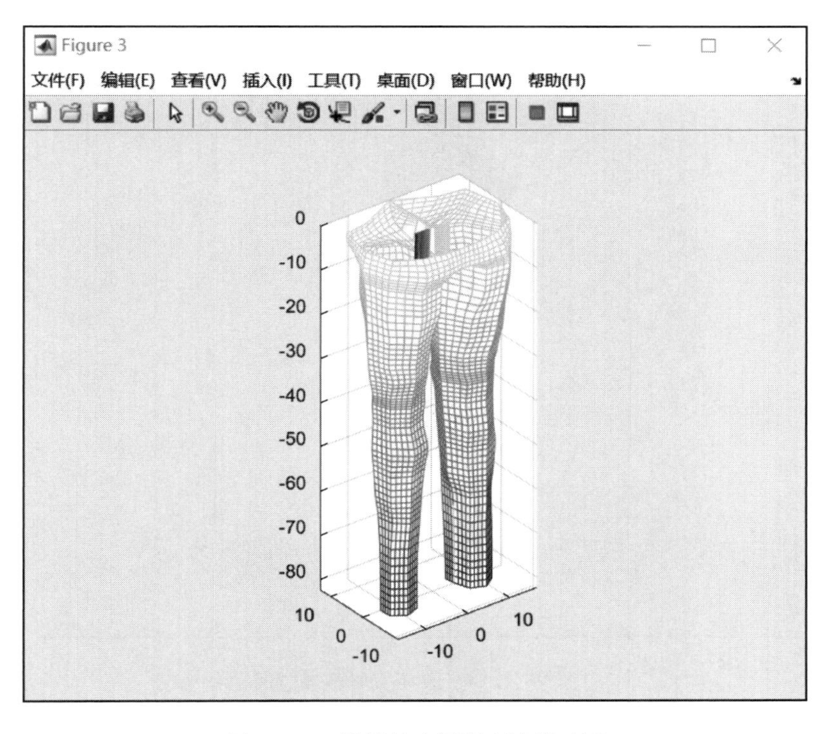

图 1-21　腿部的电场强度计算云图

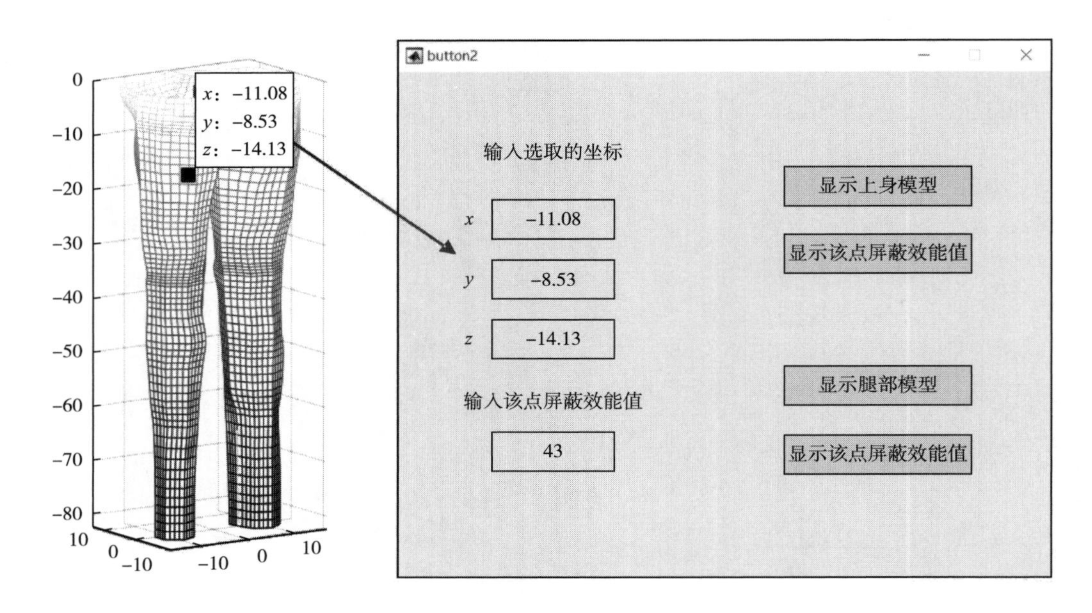

图 1-22 电场强度的任意获取

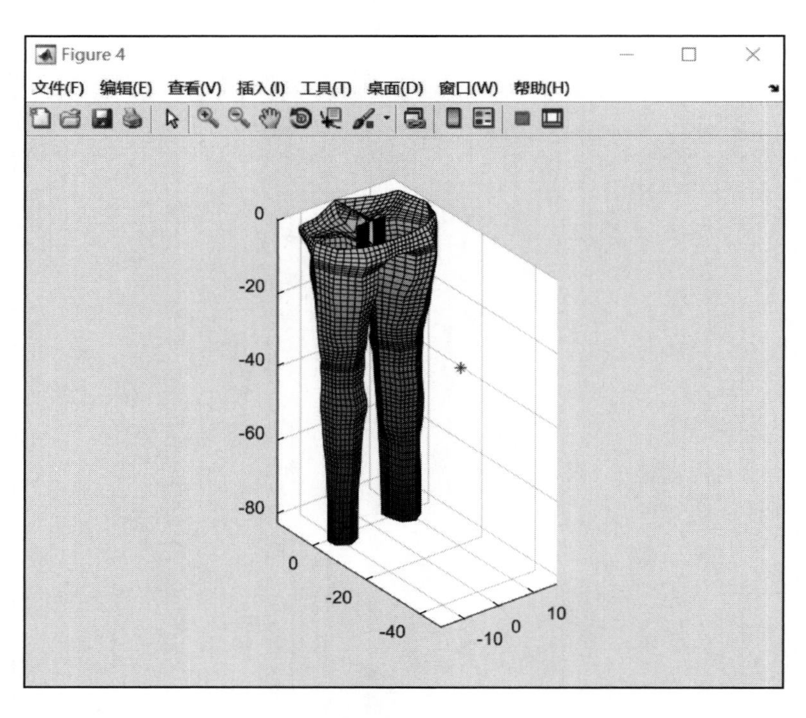

图 1-23 获取某点屏蔽效能值

以上过程仅演示了腿部模型中某一点的屏蔽效能值的绘制效果，可不断运行程序，完成相关数据计算，最终在人台模型周围显示出大量高度不同的点，将这些点进行必要的处理，即可得到最终的人体各个点的屏蔽效能值的分布图。

六、小结

本节工作基于弹性节点探索电磁屏蔽服装的各个区域特征及描述参数，为分析电磁屏蔽服装的各种电磁性能的准确性提供了理论保证，为后续的产生机理、形成规律等奠定了基础，并可在后续及相关的研究中得到应用。所建立的可较好描述电磁屏蔽服装的弹性节点三维结构模型，以及孔缝处理方法、空间离散方法、点图及云图绘制方法，为电磁屏蔽服装的性能规律及机理的研究奠定了基础，可应用在类似服装的电磁屏蔽对象的数值计算与仿真实验中，丰富了电磁屏蔽服装领域的特征描述、数学建模等理论。

第二节 电磁屏蔽服装屏蔽效能的数值计算模型

目前通过常用面料的屏蔽效能评价电磁屏蔽服装的防护性能，存在两个缺陷：一是测试时织物在平整状态下进行，没有考虑其制成服装后往往是以曲面形态存在的因素；二是测试是在织物完全封闭状态下进行，未考虑织物制成服装后很多局部是以开口状态存在的因素。因此，单纯的平面织物测试结果难以描述实际穿着时电磁屏蔽织物呈曲面时的屏蔽效果，研究服装穿着时的整体和局部的屏蔽效能成为一个新的亟待解决的问题。另外，服装款式千变万化，总是通过测试完成对服装的屏蔽效能评价显然很不现实，并且现在也没有成熟的设备出现。若能根据制作服装的织物屏蔽性能以及服装的局部形态估算出该局部的屏蔽效能值，无疑将是一件非常有意义的工作，这样就可根据服装的具体款式估算其某个局部的屏蔽效能大小，从而完成对服装的整体屏蔽效果的评估。

本书认为，电磁屏蔽服装的整体屏蔽效能不仅与制作服装的屏蔽织物的屏蔽效能密切相关，也很大程度地受服装的局部形态所决定，必须将织物本身的屏蔽效能与服装的局部形态相结合才能构建出合适的服装局部屏蔽效能计算模型。正是基于这个考虑，本节提出了一种新的基于屏蔽效能矢量的服装对称局部屏蔽效能计算模型。将织物曲面分解成若干具有屏蔽效能矢量的微平面区域，通过对微平面屏蔽效能矢量的分解，结合曲面形态对某一位置的屏蔽效能进行计算，从而建立曲面织物屏蔽效能的计算模型。进一步将测试结果与该方法计算结果进行比较，得出该模型可较好计算服装对称局部屏蔽效能的结论。

一、模型构建的思路

假设电磁波以一定角度入射任意平面织物，此时织物可被看作一理想屏蔽体。根据电磁波发射距离的远近，织物的屏蔽效能可根据远场及近场两种情况进行讨论。其中远场中织物的屏蔽效能理论模型如式（1-6）所示：

$$SE_{\mathrm{far}} = 168.16 - 10\lg\frac{u_{\mathrm{r}} f}{\sigma_{\mathrm{r}}} + 1.31t\sqrt{f u_{\mathrm{r}} \sigma_{\mathrm{r}}}\,(\mathrm{dB}) \tag{1-6}$$

近场中织物的屏蔽效能理论模型如式（1-7）所示：

$$SE_{\mathrm{near}} = 321.7 - 10\lg\frac{u_{\mathrm{r}} f^3 \gamma^2}{\sigma_{\mathrm{r}}} + 1.31t\sqrt{f u_{\mathrm{r}} \sigma_{\mathrm{r}}}\,(\mathrm{dB}) \tag{1-7}$$

式中，t 为理想屏蔽体的厚度，cm；μ_{r} 为相对磁导率，H/m；σ_{r} 为相对电导率，S/m；f 为频率，H_z；γ 为屏蔽体与磁场源的距离，cm，所有屏蔽效能变量的单位为，dB。

根据式（1-6）及式（1-7）可知，在频率及发射距离一致的情况下，理想织物屏蔽体的屏蔽作用取决于相对磁导率、相对电导率以及厚度，这三个因素则由纱线的金属含量及织物的组织结构决定。织物在制成服装局部呈曲面状态后，如图 1-24 所示，可看作是由多个足够小的平面构成，我们把这些足够小的平面称为微平面。对于均匀没有延伸性的理想织物的任一微平面，当微平面足够小到成为一个点时，由于其纱线及组织结构没有发生变化，在频率及发射距离一致的情况下，该点（微平面）的屏蔽效能也不会发生改变。因此，电磁屏蔽织物呈曲面时其每一点的屏蔽效能是相等的。

织物制成服装后局部的屏蔽作用是依靠曲面上的多个点实现的。如图 1-25 所示，F 是曲面形态的屏蔽织物，O 是被 F 所屏蔽保护的对象的任意点。当电磁波入射 F 时，F 上的多个微平面都承担屏蔽的任务，对点 O 的屏蔽作用是依靠多个微平面的共同屏蔽作用综合决定的。很明显，若 O 与 F 之间的位置不同，则 F 对其的综合屏蔽作用也不同。

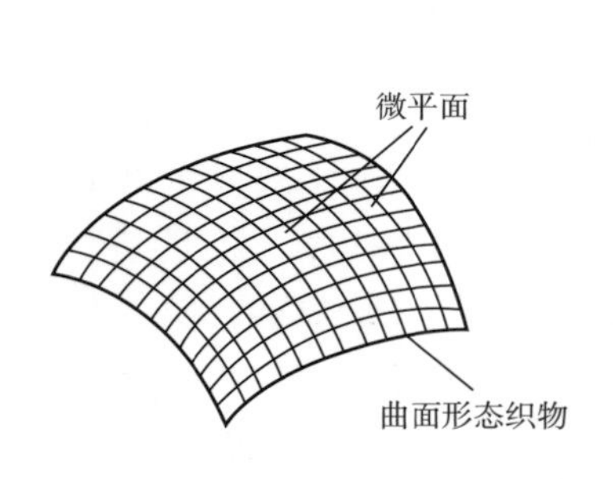

图 1-24　曲面织物微平面示意图

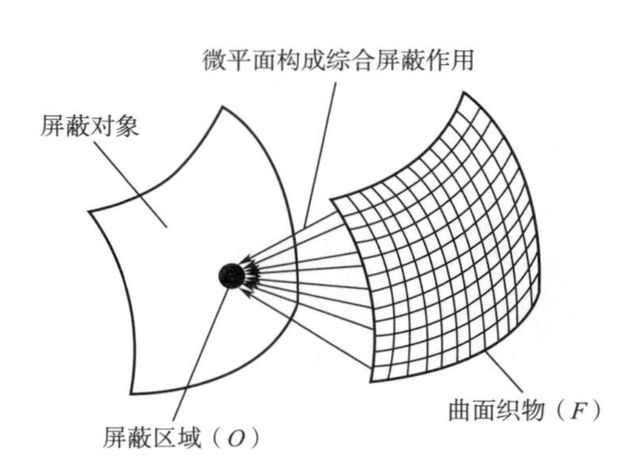

图 1-25　曲面织物的综合屏蔽作用示意图

综上所述给出如下假设：

（1）曲面电磁屏蔽织物上的每个微平面都对应一个与微平面垂直的屏蔽效能矢量。

（2）曲面织物对被屏蔽对象上的某一点的综合屏蔽作用由其上的每个微平面的屏蔽效能矢量综合决定。

（3）在发射频率及距离不变的情况下，电磁屏蔽织物每个微平面的屏蔽效能矢量的大小是相等的。

根据上述三个条件构建一种基于屏蔽效能矢量的曲面形态电磁屏蔽织物的综合屏蔽效能计算模型，并通过实验进行验证。图 1-26 是模型的示意图，其思路是将曲面看成由若干足够小的微平面组成，每个微平面对应一个屏蔽效能矢量，其方向与该平面垂直，大小均为织物平面状态时所测得的屏蔽效能值。

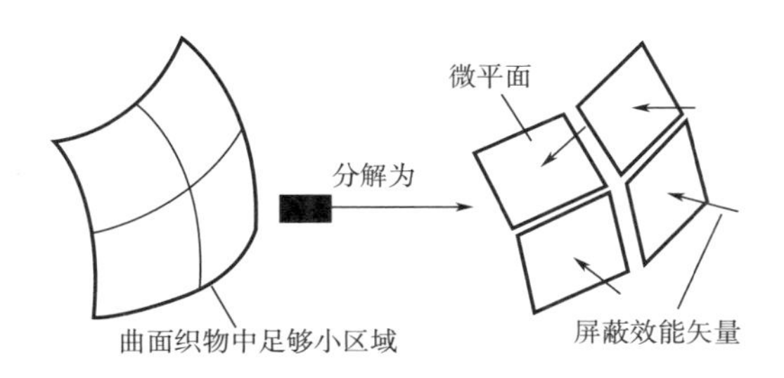

图 1-26　曲面形态电磁屏蔽织物综合屏蔽效能模型示意图

二、对称局部的通用计算模型

根据上文对模型的描述，从比较简单的对称局部来探讨曲面电磁屏蔽织物屏蔽效能的计算。对称局部适合描述人体胸部、腰部、胳膊等处具有对称特点的封闭区域。如图 1-27 所示，设电磁屏蔽织物曲面为 Π，其表面是均匀光滑的，其参数方程如式（1-8）所示：

$$\begin{cases} x = \varphi(t) \\ y = \phi(t) \\ z = \omega(t) \end{cases} \tag{1-8}$$

Π 由多个微平面构成，设第 i 个为 S_i，则每个微平面对应的屏蔽效能矢量为 $\boldsymbol{SE}_i$，其方向与微平面垂直，大小为织物平面状态时所测得的屏蔽效能 SE。Π 有三个截面，上下截面相等且周长最小，用 t_1 表示，中间截面周长最大，用 t_2 表示。

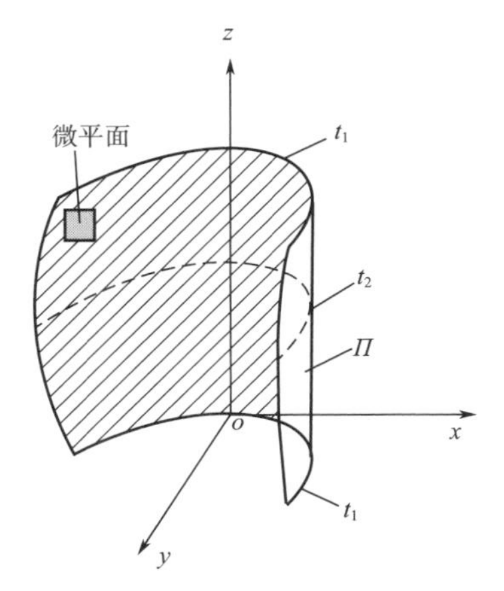

图 1-27　理想对称曲面局部

由于理想对称曲面在高度方向曲线形状保持一致，首先考虑曲面投影到 xoy 坐标形成的投影曲线 L，如图 1-28 所示，以方便公式推导。此时 L 的参数方程如式（1-9）所示：

$$\begin{cases} x = \varphi(t) \\ y = \phi(t) \end{cases} \tag{1-9}$$

图 1-29 是第 i 个微平面 S_i 所对应的屏蔽效能矢量的微观示意图。假设 S_i 与 x 轴的夹角为 α，其对应的屏蔽效能矢量 $\boldsymbol{SE}_i$ 与微平面垂直，则其与 y 轴的夹角一定为 α。为

了推导曲面所有微平面的屏蔽效能矢量的综合作用，将 $\boldsymbol{SE_i}$ 分解成 x、y 方向的两个分量，分别为 $\boldsymbol{SE_{xi}}$ 及 $\boldsymbol{SE_{yi}}$。

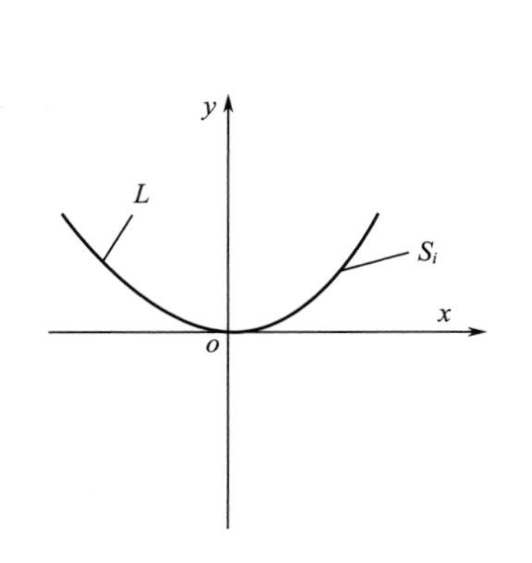

图 1-28　理想对称曲面在小坐标平面上的投影曲线

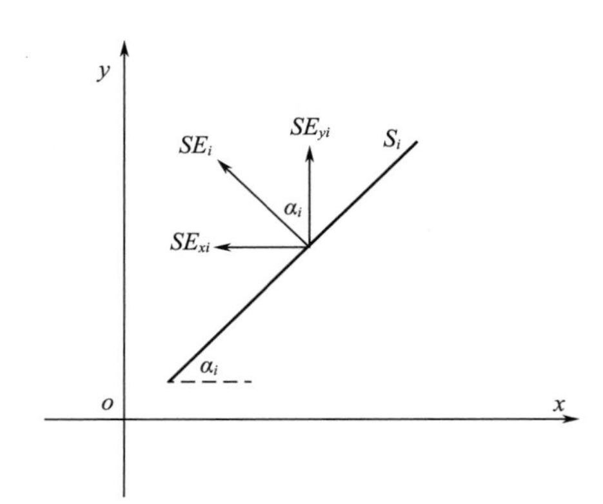

图 1-29　微平面屏蔽效能矢量分解图

根据图 1-29，有式（1-10）~式（1-12）：

$$\tan\alpha_i = \frac{Y'_i}{X'_i} = \frac{\phi'(t_i)}{\varphi'(t_i)} \tag{1-10}$$

$$\sin\alpha_i = \frac{\phi'(t_i)}{\sqrt{\phi'^2(t_i) + \varphi'^2(t_i)}} \tag{1-11}$$

$$\cos\alpha_i = \frac{\varphi'(t_i)}{\sqrt{\phi'^2(t_i) + \varphi'^2(t_i)}} \tag{1-12}$$

即：

$$SE_{xi} = SE\frac{\phi'(t_i)}{\sqrt{\phi'^2(t_i) + \varphi'^2(t_i)}} \tag{1-13}$$

$$\boldsymbol{SE_{yi}} = SE\frac{\varphi'(t_i)}{\sqrt{\phi'^2(t_i) + \varphi'^2(t_i)}} \tag{1-14}$$

设 SE_x、SE_y 分别为截面 t 上 x、y 方向上的综合屏蔽效能，λ 为 n 的倒数，则可得式（1-15）及式（1-16）：

$$SE_x = \frac{\lim\limits_{\lambda\to 0} SE \cdot \sum\limits_{i=1}^{n}\sin\alpha_i \cdot \Delta S_i}{n} = \frac{SE[\phi(t_2) - \phi(t_1)]}{n} \tag{1-15}$$

$$SE_y = \frac{\lim\limits_{\lambda\to 0} SE \cdot \sum\limits_{i=1}^{n}\cos\alpha_i \cdot \Delta S_i}{n} = \frac{SE[\varphi(t_2) - \varphi(t_1)]}{n} \tag{1-16}$$

进一步考虑整个曲面 Π 的情况。设 SE_x、SE_y 分别为曲面 Π 上 x、y 方向上的屏蔽效能分量，曲面的上截面和下截面在 z 轴上的坐标分别为 t_1 及 t_2，可得式（1-17）及式（1-18）：

$$SE_x = \int_{\omega(t_1)}^{\omega(t_2)} SE_x \mathrm{d}z = \frac{SE[\phi(t_2) - \phi(t_1)]}{n}\mathrm{d}z \tag{1-17}$$

$$SE_y = \int_{\omega(t_1)}^{\omega(t_2)} SE_y \mathrm{d}z = \frac{SE[\varphi(t_2) - \varphi(t_1)]}{n}\mathrm{d}z \tag{1-18}$$

设整个曲面对 o 点的综合屏蔽效能为 SE_{T}，则得到式（1-19）：

$$SE_{\mathrm{T}} = \sqrt{SE_x^2 + SE_y^2} \tag{1-19}$$

三、计算模型的应用实例

根据上述模型，以人体腹部为例讨论织物在对称曲面状态时的电磁屏蔽效能。如图 1-30 所示，将人体腰腹部的局部曲面看作是一个理想的椭面曲面的一部分，记为 Π_{a}，它是无数个不同大小椭圆在 z 轴方向的组合。以椭圆曲面的顶点作为空间坐标系的原点。对于其中的任意截面 t，其周长为 L，长轴长为 a，短轴长为 b，它们之间的关系式为：$L=2\pi b+4(a-b)$。设人体宽度方向为 x 方向，人体厚度方向为 y 轴方向，入射波与人体厚度方向一致。将曲面平均分成 n 小块微平面 ΔS_i，SE_i 是微平面 ΔS_i 的对应屏蔽效能，其方向与微平面垂直，$\cos\alpha_i$、$\cos\beta_i$、$\cos\gamma_i$ 分别是 SE_i 与 x、y、z 轴正方向夹角的余弦。根据椭圆锥面的定义，可知 Π_{a} 如式（1-20）所示：

$$\frac{x^2}{a^2} + \frac{y^2}{b^2} = z^2 \tag{1-20}$$

当 $z=t$ 时 Π_{a} 的方程为式（1-21）：

$$\frac{x^2}{(at)^2} + \frac{y^2}{(bt)^2} = 1 \tag{1-21}$$

图 1-31 为 $z=t$ 时曲面横截面在 xoy 坐标面上的投影，其中 P_1、P_2、P_3、P_4 四点的坐标为 $p_1(a_t, 0, t)$，$p_2(-a_t, 0, t)$，$p_3(0, b_t, t)$，$p_4(0, -b_t, t)$。

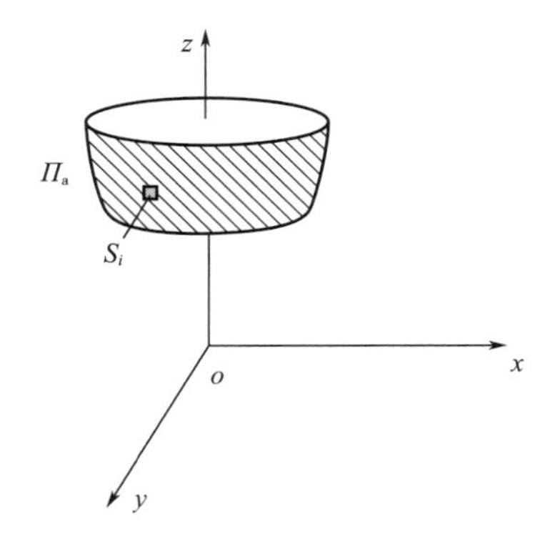

图 1-30　人体腹部理性曲面模型

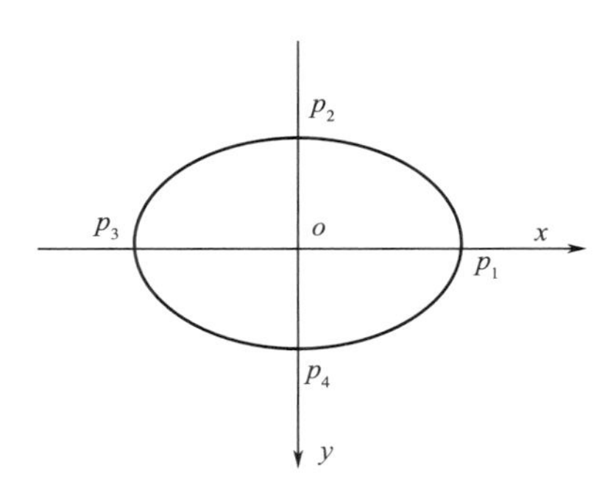

图 1-31　曲面在xoy 坐标面的投影

因此，对任意截面 t，根据上一节原理求得截面 t 的 $\boldsymbol{SE}_{xi}$ 及 $\boldsymbol{SE}_{yi}$ 如式（1-22）及式（1-23）所示：

$$SE_{xi} = SE_i \frac{x_i}{\sqrt{a_t^4 z_i^2 + x_i^2 + \frac{a_t^4}{b_t^4} y_i^2}} \quad (1-22)$$

$$SE_{yi} = SE_i \frac{y_i}{\sqrt{b_t^4 z_i^2 + y_i^2 + \frac{a_t^4}{b_t^4} x_i^2}} \quad (1-23)$$

根据式（1-22）及式（1-23），结合实际测定的腹部尺寸，即可确定整个模型中所有截面的 a、b、z 的取值范围，进一步根据通用模型中的公式计算最终的 SE_x 及 SE_y。为了加快计算，这一步采用 MATLAB7.0 程序进行计算，其具体步骤如图 1-32 所示。

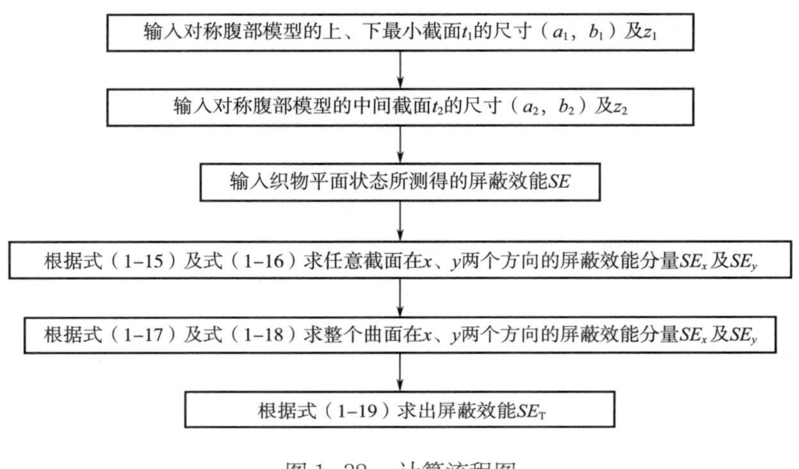

图 1-32　计算流程图

四、模型验证

（一）测试方法和材料

为了验证构建的模型，制作了如图 1-33 所示的腹部仿真中空人体局部模型，测试其截面中心点（即对称曲面屏蔽织物对人体腹部内部中点位置脏器的屏蔽作用，从健康角度讲，这个部位比皮肤更需要保护）的屏蔽效能值。仿真局部模型采用对电磁波屏蔽的金属薄板制作，为中空半封闭结构。内部中心处有微型信号接收探头，安装在仿真模型的封闭面。测试面（未封闭面）可包裹屏蔽织物，通过塑料撑布圈使织物形成对称曲面形态。测试在电磁屏蔽室内进行，如图 1-34 所示。仿真局部模型前端放置有发射天线，可发射不同频率的信号。模型内的信号接收探头与网络分析仪相连，以记录数据为屏蔽效能的计算提供依据。测量时首先测量无屏蔽织物的电磁场强度，然后测量包裹屏蔽织物时的电磁场强度，采用式（1-24）可计算仿真局部模型中心位置的屏蔽效能 SE。

$$SE = 20\lg \frac{U_0}{U_S} \tag{1-24}$$

式中，U_0 为不包裹织物时的某频点接收功率，W；U_S 为包裹织物时该频点的接收功率，W。

测试所用织物为：不锈钢/棉混纺电磁屏蔽织物，上海爱使股份有限公司提供，金属含量为 15%，平面状态采用波导管测试的屏蔽效能 SE 为 37。

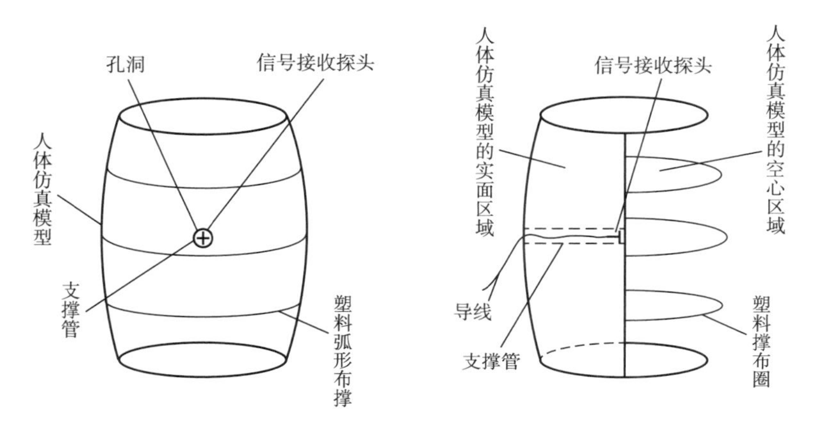

图 1-33　仿真人体局部模型正面

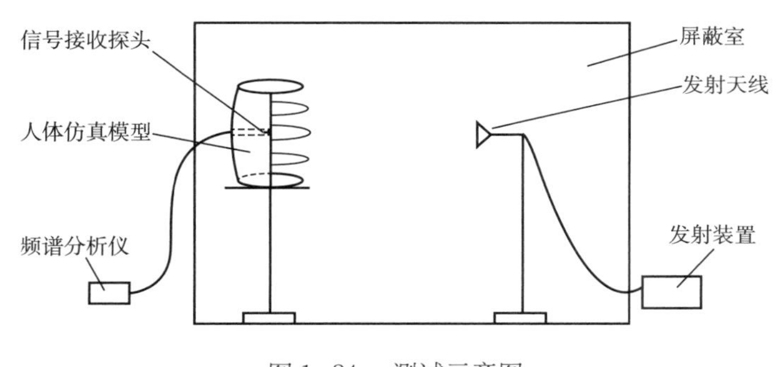

图 1-34　测试示意图

（二）测试结果

实验制作了 5 种仿真对称局部模型，腰围为最小周长处，其截面椭圆的半长轴及半短轴为［a_1，b_1］，肚围为最大周长处，其截面椭圆的半长轴及半短轴为［a_2，b_2］。每个人台之间的尺寸相差 10%，编号为 M1，M2，M3，M4，M5。将不锈钢/棉混纺型屏蔽织物包覆在这些规格不同的模型的撑布圈上，选择信号频率为 0.6GHz～1.8GHz，测试包覆在模型之上的屏蔽织物的综合屏蔽效能。

实验结果显示，频率相同条件下，包覆相同屏蔽织物的不同规格人体局部仿真人台的变化规律是一样的，因此仅列出当发射频率为 1.2GHz 时的不同规格的人台屏蔽效能变化规律，具体见表 1-4。

表 1-4　不同人台的实际测量屏蔽效能（f=1.2GHz）

人台编号	腰围尺寸/cm (a_1, b_1)	肚围尺寸/cm (a_2, b_2)	人台高度/cm	测试屏蔽效能（织物 SE 的百分数）
M1	(24.3，19.4)	(20.3，14.6)	34.0	0.92
M2	(27.0，21.6)	(22.5，16.2)	34.0	0.88
M3	(30.0，24.0)	(25.0，18.0)	34.0	0.85
M4	(33.0，26.4)	(27.5，19.8)	34.0	0.83
M5	(36.3，29.0)	(30.3，21.8)	34.0	0.81

五、分析

（一）理论计算结果

根据式（1-15）~式（1-23），按照图 1-32 编写 MATLAB 计算程序，对用于实验的 5 个型号的仿真对称局部模型在包覆屏蔽织物时其中心点的屏蔽效能进行理论计算。其结果见表 1-5。

表 1-5　根据计算模型计算的不同人台的理论屏蔽效能（%）（f =1.2GHz）

人台编号	SE_x	SE_y	SE_t
M1	0.75	0.57	0.94
M2	0.70	0.55	0.89
M3	0.67	0.54	0.86
M4	0.61	0.58	0.84
M5	0.56	0.61	0.83

（二）实测数据及理论数据的偏差率

采用偏离率分析实测数据及对比理论数据。设实测数据为 SE_{T_T}，理论分析数据为 SE_{T_C}，则偏差率 δ 如式（1-25）所示：

$$\delta = \frac{SE_{T\_C} - SE_{T\_T}}{SE_{T\_T}} \times 100\% \tag{1-25}$$

得到理论计算与实测数据之间的偏差率见表 1-6。

表 1-6　理论计算的屏蔽效能与实测数据之间的偏差率

人台编号	M1	M2	M3	M4	M5
δ/%	2.17	1.14	1.18	1.20	2.47

（三）理论计算与实验测试结果之间的规律

为了更好地探讨对称曲面的屏蔽效能变化规律，根据表 1-5 及表 1-6 作出对称曲面屏蔽效能的理论与实测值的对比图，随尺寸变化的曲线图及理论计算和实测计算之间差异的对比曲线，如图 1-35 所示。

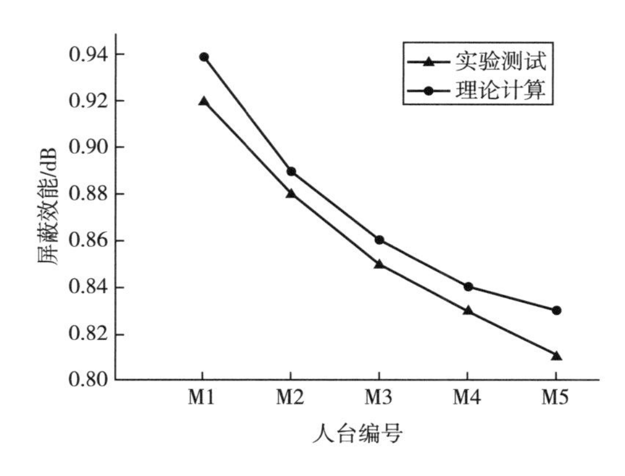

图 1-35　对称曲面屏蔽效能理论及实测值对比

根据图 1-35 可知：

（1）屏蔽效能的理论计算值和屏蔽材料的屏蔽效能值有一定偏差，屏蔽效能的理论计算值均比屏蔽材料的屏蔽效能实测值要大，根据表 1-6 的计算值，其偏差在 3%之内。

（2）屏蔽效能的理论值曲线与实测值曲线在中间部位有一个贴近区域，即偏差率较小，如 M2、M3 规格，两端曲线则疏远，即偏差率较大。这证明理论计算值存在一个最佳区域使误差率最小。

（3）无论是理论计算还是实际测量所得出的对称曲面的屏蔽效能值，均与曲面织物的曲率成反比，曲率越大（如 M5）则屏蔽效能越小。

（四）理论计算值与实测值存在差异的原因分析

本书认为，之所以产生表 1-6 及图 1-35 的结果，主要有如下原因：

（1）理论计算屏蔽效能时，假设电磁波从曲面织物入射，其余方向没有电磁波的影响，所以计算时并未考虑仿真人台其他几个面对屏蔽效能的影响。实际测量中，由于电磁屏蔽室制作时的误差或者织物包裹在暗室上可能存在微小的电磁波泄漏，导致测量的屏蔽效能有所下降。因此产生了实测值小于理论计算值的结果。

（2）当曲面织物的曲率大于或小于某个值时，理论计算值和实测值的差距越来越大，说明理论模型的应用是有一定范围的。之所以产生这种现象，我们认为是不锈钢纤维排列形态改变的原因。当曲面面曲率大于某个值时，不锈钢纤维的排列会产生不均匀现象，并且空隙增加，而理论计算仍是以织物均匀为前提的，因此此时偏差率较大。当曲率小于某个值时，织物接近平面状态，再用曲面方式计算也会导致不准确结果。

(3) 曲面织物在弯曲时，其织物结构会发生微小的变化，主要表现在其中的不锈钢金属导电纤维局部排列空隙的增加，这就无形中增加了电磁波透射的概率，曲面越大，空隙增加越多，因此屏蔽效能就越小，导致了无论是测试还是理论计算，仿真模型的屏蔽效能均有 M1>M2>M3>M4>M5 的规律。

六、小结

(1) 理论分析及实验证明，将屏蔽效能当作矢量建立曲面屏蔽织物的综合屏蔽效能计算模型是正确可行的，可以仅通过织物曲面的特征对其综合屏蔽效能进行计算。

(2) 根据屏蔽效能矢量所构建的服装对称局部的屏蔽效能计算模型可较好地计算服装局部的屏蔽效能，其偏差率与实际测试不超过 3%。对称局部存在一个尺寸范围，在此区域中，理论计算值与实测值的偏差率最小。

(3) 理论计算值与实测值存在差异的原因与电磁屏蔽织物包裹严密程度、曲面的曲率大小有关。无论是理论计算值还是实测值，曲面织物的屏蔽效能大小与尺寸大小呈负增长关系。

第三节 FDTD 方法在电磁屏蔽服装模型中的应用

FDTD 算法是一种求解麦克斯韦微分方程的直接时域方法，思路是将电磁材料分割成合适的 YEE 氏网格，对每个网格建立麦克斯韦旋度方程，通过求解这些方程组获得电场和磁场的分布，从而计算材料的屏蔽效能、反射系数等参数，其在精确性、分析速度、适用范围等方面都有很多优势，尤其是适合分析任意三维形状材料的电磁问题，已经成为电磁工程领域和学术界的一个新型热点方法，在很多领域都有了较多应用，但 FDTD 在电磁屏蔽服装方面的应用至今还鲜有报道，本节探索将 FDTD 应用在电磁屏蔽服装的电磁分析方面。

一、服装缝隙区域 FDTD 计算模型的建立

为了研究电磁屏蔽服装中缝隙结构对服装屏蔽效能的影响，现将该问题简化为表面带缝隙的屏蔽织物的屏蔽效能研究，在服装封闭区域的 FDTD 计算模型研究中，将服装封闭区域等效为周期结构，但在服装缝隙区域中，由于缝隙的存在，破坏了织物表面均匀的周期性结构，若再采用该计算模型则比较困难。为了有效地模拟带缝隙区域结构特点，将带缝隙织物等效为带缝隙的金属平板，其等效金属平板结构如图 1-36 所示。其中，织物的等效金属平板的等效厚度与实际织物的关系可用式

（1-26）求得：

$$t_0 \cdot 1 \cdot \alpha\% = t \cdot 1 \tag{1-26}$$

式中，$\alpha\%$为织物金属纤维含量；t_0为织物实际厚度，mm；t为等效金属平板的厚度，mm。在计算带缝隙织物的等效金属平板FDTD模型时，设织物平板平面无限大，如图1-36所示，带缝隙织物的等效金属平板厚度为t，缝隙长为g（mm），宽为h（mm），入射波为TM_z波，则带缝隙织物等效金属平板的FDTD迭代公式可采用式（1-27）计算：

$$E_z = E_0\exp[j(\omega t - k_x x - k_y y)] \tag{1-27}$$

则空间沿x轴方向距离为m个周期的空间两个点的场强值表示为式（1-28）：

$$\widetilde{\Psi}(x + mT_x,\ y,\ \omega) = \widetilde{\Psi}(x,\ y,\ \omega)\exp(-jmk_xT_x) \tag{1-28}$$

式中，$\widetilde{\Psi}$为电磁场领域中的某一分量；m为整数；T_x为周期结构x方向的周期长度；θ为入射角；$k_x = k\sin\theta$为x方向的波数，即是Floquet定理的频域形式。当$m=1$时，Floquet定理的时域形式可表示为式（1-29）：

$$\varphi(x + T_x,\ y,\ t) = \varphi\left(x,\ y,\ t - \frac{T_x}{\nu_{\phi x}}\right) \tag{1-29}$$

式中，$\nu_{\phi x}=c/\sin\theta$（$c$为光速）为沿$x$轴方向的相速，将Floquet定理频域形式表示为时域形式时，式（1-28）中两点之间的“相移”k_xT_x过渡为时间的“推移”。

设织物A、B两点沿x轴方向的间距为T_x（周期），即$T_B=T_A+T_x$，由式（1-29）得到式（1-30）及式（1-31）：

$$\widetilde{\psi}(x_B,\ y,\ \omega) = \widetilde{\psi}(x_A,\ y,\ \omega)\exp(-j\Phi_x) \tag{1-30}$$

$$\widetilde{\psi}(x_A,\ y,\ \omega) = \widetilde{\psi}(x_B,\ y,\ \omega)\exp(+j\Phi_x) \tag{1-31}$$

由式（1-30）及式（1-31）得式（1-32）及式（1-33）：

$$\varphi(x_B,\ y,\ t) = \varphi\left(x_A,\ y,\ t - \frac{T_x}{\nu_{\phi x}}\right) \tag{1-32}$$

$$\varphi(x_A,\ y,\ t) = \varphi\left(x_B,\ y,\ t + \frac{T_x}{\nu_{\phi x}}\right) \tag{1-33}$$

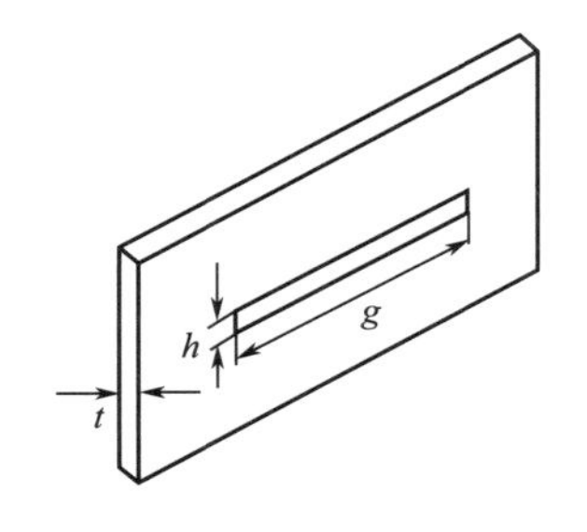

图1-36　带缝隙织物的等效金属平板结构

在FDTD数值模拟中，为了取得无限大平面效果，将等效金属平板设置在PML介质层中，图1-37和图1-38为等效金属平板的FDTD建模三维结构和yoz平面下的

FDTD 结构，长方体 6 个面都为 PML 吸收边界，发射源设置在距离织物等效金属平板中心一侧，观察点设置在等效金属板的另一侧。

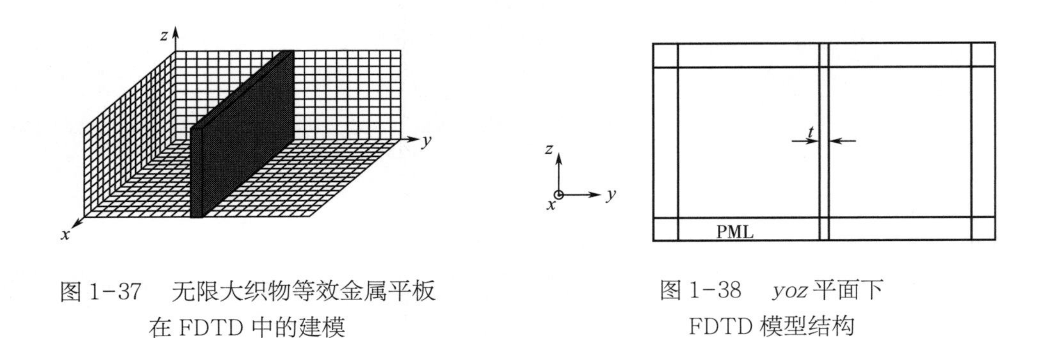

图 1-37　无限大织物等效金属平板在 FDTD 中的建模

图 1-38　*yoz* 平面下 FDTD 模型结构

在上述空间问题中，为了保证 FDTD 解的稳定性和收敛性，根据 FDTD 数值稳定性条件，取空间步长 $\Delta x=\Delta z=1\text{mm}$、$\Delta y=0.1\text{mm}$，空间间隔满足 $c\Delta t=\delta/2$，其中 c 为光速，在计算中，取 $\Delta t=0.1\text{ps}$，整个区域为 60×100×60 个网格，等效金属平板厚度为 2 个网格。

在 x、y 和 z 轴方向的吸收边界设置为 PML 开放性边界，PML 边界层为 6 个网格。在计算中激励源类型选为高斯脉冲波源，频率范围为 2250MHz~2650MHz。观察点设置在 z 轴方向上+30 个网格处，通过计算观察点在放置等效金属平板前后的场强衰减情况，可得到等效金属平板对电磁波的屏蔽效果。

在 FDTD 仿真中，设缝长方向为 x 轴方向，缝宽方向为 y 轴方向，厚度方向为 z 轴方向，取带缝隙的等效金属平板厚度为 2 个网格，等效金属平板中缝隙的具体规格如表 1-7 所示。

表 1-7　等效金属平板的缝隙规格

编号	缝长/mm（实际尺寸）	缝宽/mm（实际尺寸）	缝长（网格数目）	缝宽（网格数目）
1#	10	1	10	1
2#	20	1	20	1
3#	30	1	30	1
4#	60	3	60	3
5#	60	5	60	5
6#	60	10	60	10

根据上述 FDTD 仿真模型建立条件以及等效金属平板中缝隙规格，得到 FDTD 仿真计算模型如图 1-39~图 1-44 所示。

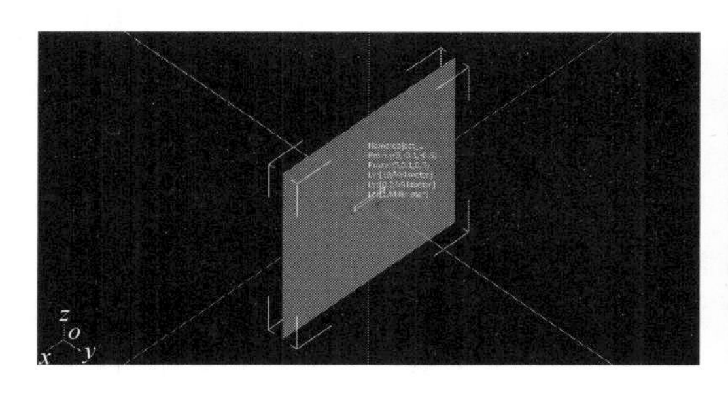

图 1-39　1#FDTD 仿真计算模型

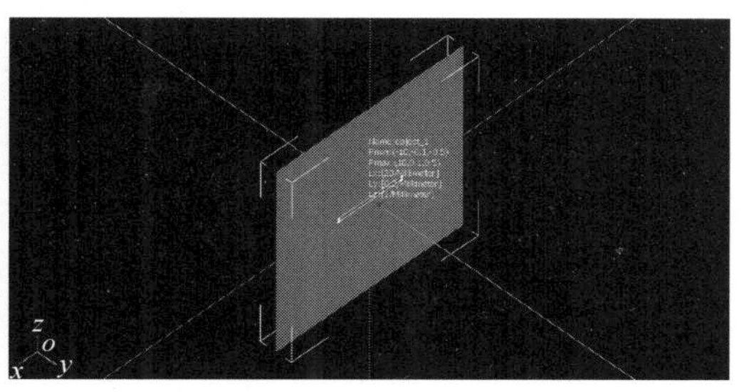

图 1-40　2#FDTD 仿真计算模型

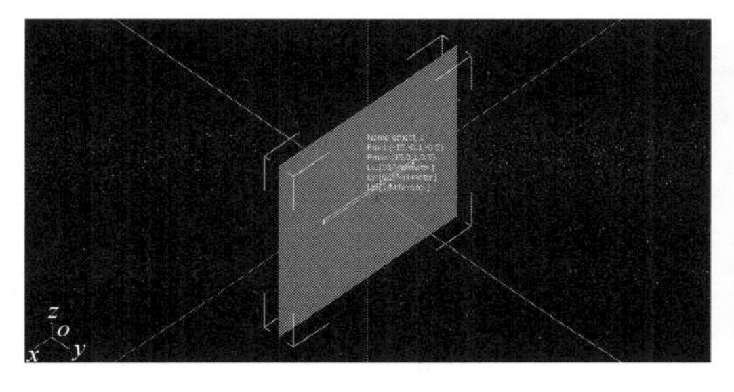

图 1-41　3#FDTD 仿真计算模型

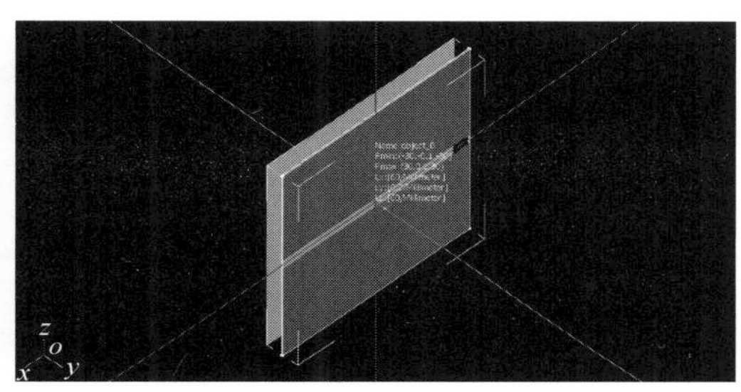

图 1-42　4#FDTD 仿真计算模型

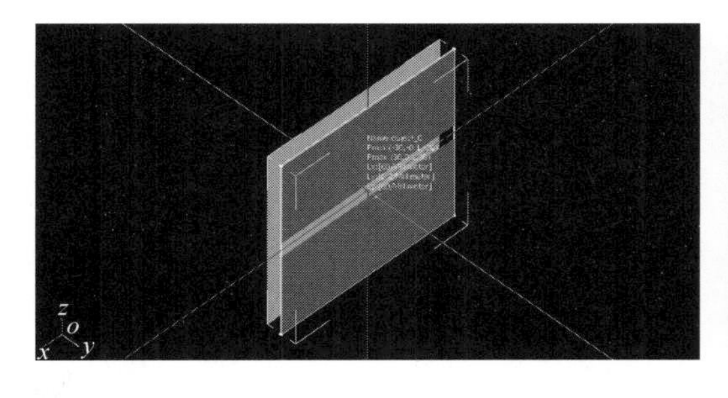

图 1-43　5#FDTD 仿真计算模型

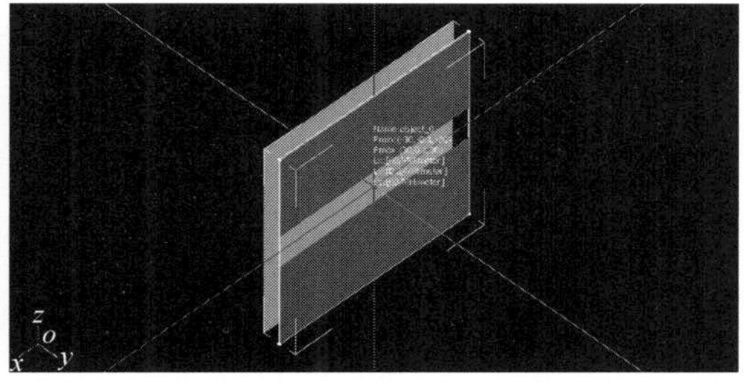

图 1-44　6#FDTD 仿真计算模型

二、服装孔洞区域 FDTD 计算模型的建立

为了研究防电磁辐射服装中孔洞结构对服装屏蔽效能的影响，将该问题简化为表面含孔洞的屏蔽织物的屏蔽效能研究，与带缝隙屏蔽织物的 FDTD 计算模型研究类似，将含孔洞屏蔽织物等效为含孔洞的金属平板，其等效简化模型如图 1-45 所示。

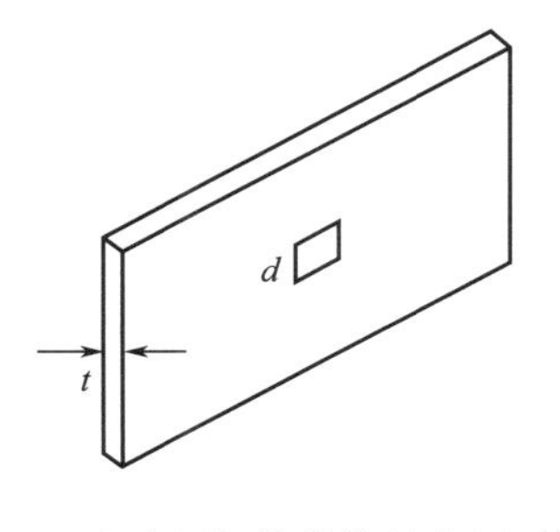

图 1-45　含孔洞织物的等效金属平板结构

t—织物等效金属平板厚度；d—孔洞边长

设含孔洞屏蔽织物等效金属平板厚度为 t，正方形孔洞边长为 d。根据 FDTD 数值稳定

性条件得：空间步长 $\Delta x=\Delta z=1\text{mm}$、$\Delta y=0.1\text{mm}$，时间步长 $\Delta t=0.1\text{ps}$。取整个空间区域为 60×100×60 网格，等效金属平板厚度为 2 个网格，在 x、y 和 z 轴方向上的吸收边界设置为 PML 开放性边界，PML 边界层为 6 个网格。观察点设置在 z 轴方向上+30 个网格处，激励源类型选为高斯脉冲波源，频率范围为 2250MHz~2650MHz。

本节通过建立服装含孔洞区域的等效金属平板研究服装中孔洞对服装屏蔽效能的影响，在 FDTD 仿真中，设孔洞边长方向分别为 x、y 轴方向，等效金属平板厚度方向为 z 轴方向，取等效金属平板厚度为 2 个网格，金属平板中孔洞的具体规格如表 1-8 所示。

表 1-8　等效金属平板的孔洞规格

编号	孔洞大小/mm（实际尺寸）	孔洞总面积/mm^2（实际尺寸）	孔洞数目
7#	3	—	1
8#	7	—	1
9#	10	—	1
10#	—	1000	1
11#	—	1000	2
12#	—	1000	3

根据上述 FDTD 仿真模型建立条件以及等效金属平板中缝隙规格，得到 FDTD 仿真计算模型如图 1-46~图 1-51 所示。

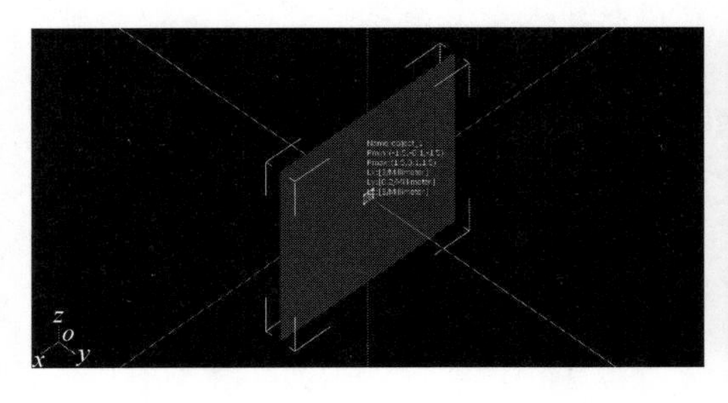
图 1-46　7#FDTD 仿真计算模型

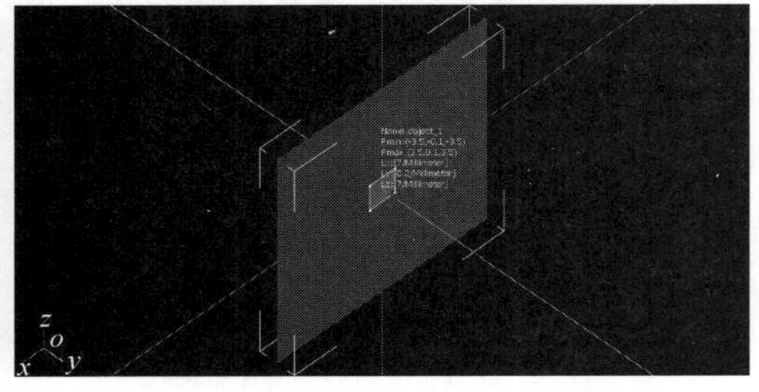
图 1-47　8#FDTD 仿真计算模型

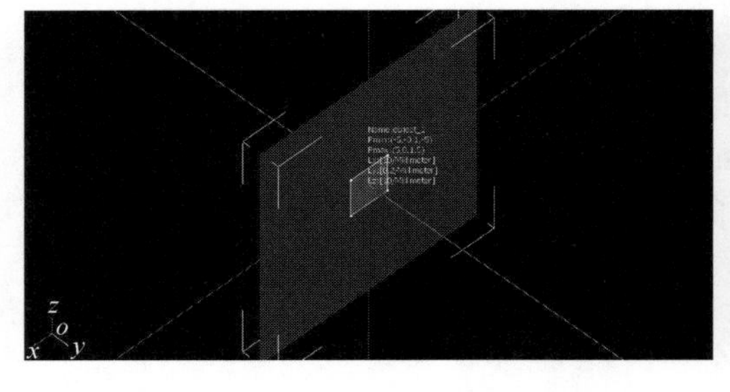
图 1-48　9#FDTD 仿真计算模型

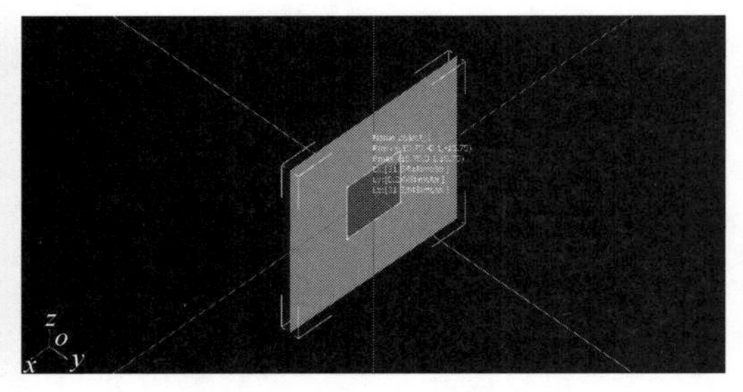
图 1-49　10#FDTD 仿真计算模型

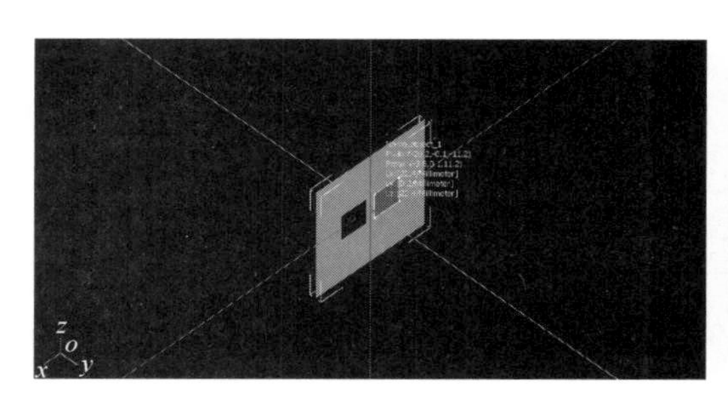

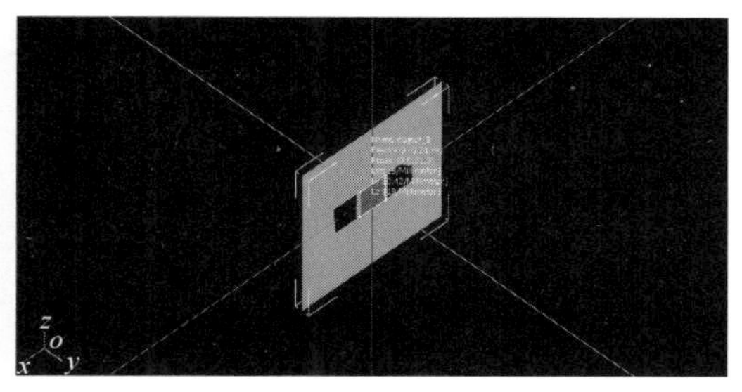

图 1-50　11#FDTD 仿真计算模型

图 1-51　12#FDTD 仿真计算模型

三、服装缝隙区域 FDTD 计算结果

为考察缝隙大小对服装局部区域屏蔽效能的影响，保持服装材料类型和面料厚度不变，分别改变缝隙的缝长和缝宽，得到服装局部区域屏蔽效能随缝隙大小变化的曲线图。

（一）缝宽不变，缝长改变

在 FDTD 计算中，将入射波射入 1#、2#、3#FDTD 仿真计算模型，得到观察点的电场振幅衰减图，图 1-52 为服装缝隙区域的等效金属平板中缝隙的缝宽不变，改变缝长时观察点的电场振幅衰减图。

从图 1-52 中可以得到，入射波入射到带缝隙的等效金属平板后，在时间步长为 1200 左右时，入射波达到观察点位置，波形的增幅减小，这说明信号在穿过带缝隙的等效金属平板时，有一定的幅度衰减和相位延迟。由图 1-52 中还可以得到，保持缝隙的缝宽不变时，随着缝长的增大，等效金属平板对电磁波的衰减强度减小。同理，可以得到带缝隙的等效金属平板的屏蔽效能曲线，如图 1-53 所示。

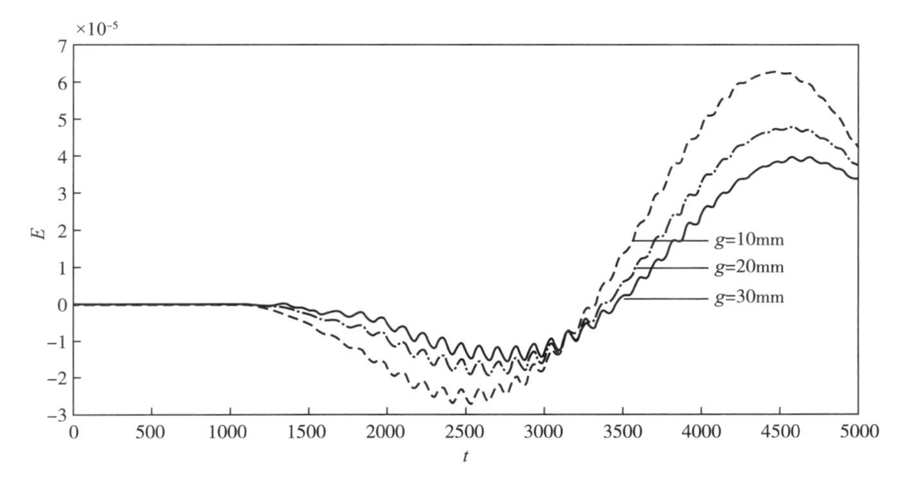

图 1-52　1#、2#、3#观察点的时域波形

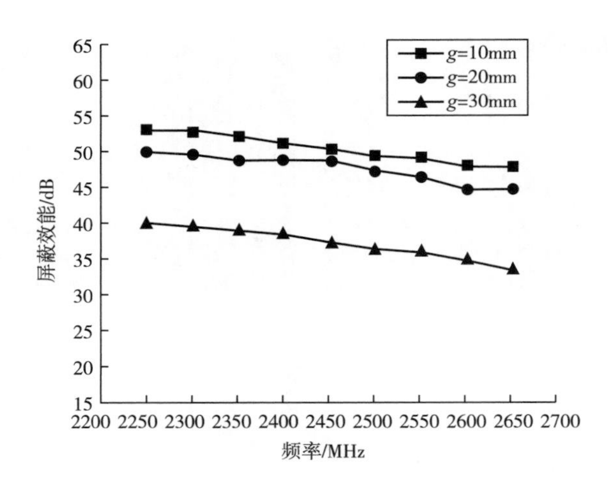

图 1-53　1#、2#、3#FDTD 计算结果

（二）缝长不变、缝宽改变

在 FDTD 计算中，将入射波射入 4#、5#、6#FDTD 仿真计算模型，得到观察点的电场振幅衰减图，图 1-54 为服装缝隙区域的等效金属平板中缝隙的缝长不变，改变缝宽时，观察点的电场振幅衰减图。

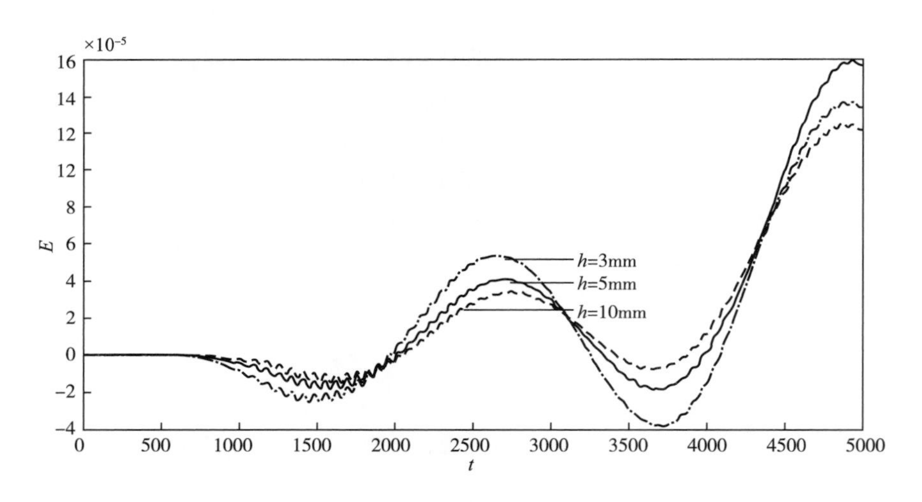

图 1-54　4#、5#、6#观察点的时域波形

从图 1-54 中可以得到，入射波入射到服装缝隙区域的等效金属平板后，在时间步长为 700 左右时，入射波达到观察点位置，波形的增幅减小，这说明信号在穿过带缝隙的等效金属平板时，有一定的幅度衰减和相位延迟。由图 1-54 还可以得到，保持缝隙的缝长不变时，随着缝隙的缝宽的增大，带缝隙的等效金属平板对电磁波的衰减强度减小。同理可以得到带缝隙的等效金属平板的屏蔽效能曲线，如图 1-55 所示。

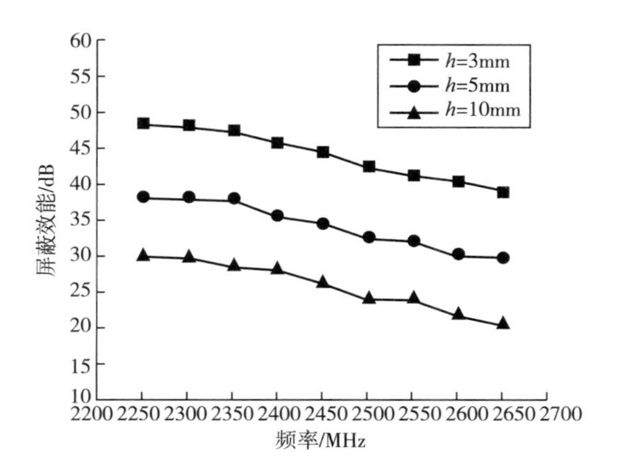

图 1-55　4#、5#、6#FDTD 计算结果

四、服装孔洞区域 FDTD 计算结果

（一）孔洞数目不变，孔洞边长改变

为考察服装孔洞区域的孔洞大小与服装孔洞区域的屏蔽效能的关系，保持服装材料类型和面料厚度不变，改变正方形孔洞的边长，得到服装孔洞区域的屏蔽效能与孔洞大小的关系曲线。在 FDTD 计算中，将入射波射入 7#、8#、9#FDTD 仿真计算模型，得到观察点的电场振幅衰减图，如图 1-56 所示为服装孔洞区域的等效金属平板观察点的电场振幅衰减图。

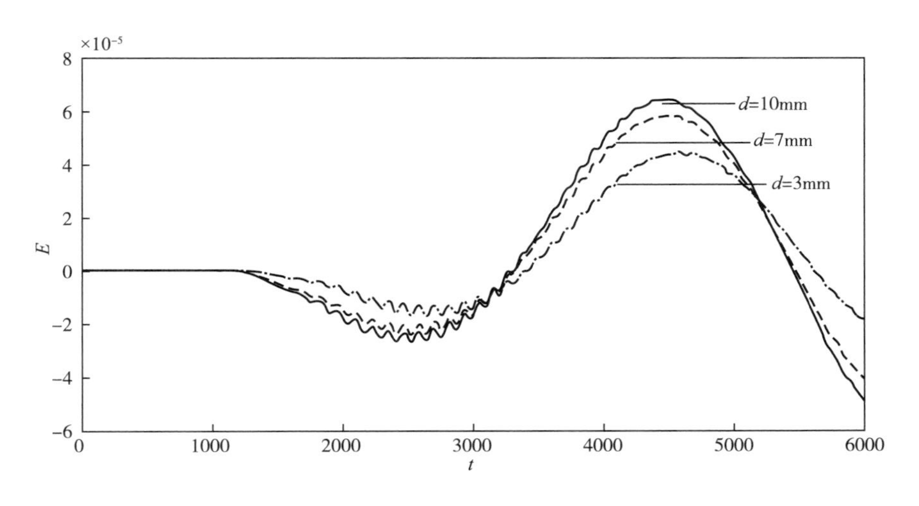

图 1-56　7#、8#、9#观察点的时域波形

从图 1-56 中可以得到，入射波入射到含孔洞的等效金属平板后，在时间步长为 600 左右时，入射波达到观察点位置，波形的振幅减小，说明信号在穿过含孔洞的等效

金属平板时，有一定的幅度衰减和相位延迟。从图 1-56 中还可以看出，正方形边长越小对等效金属平板的衰减越大。同理，得到含孔洞的等效金属平板的屏蔽效能曲线，如图 1-57 所示。

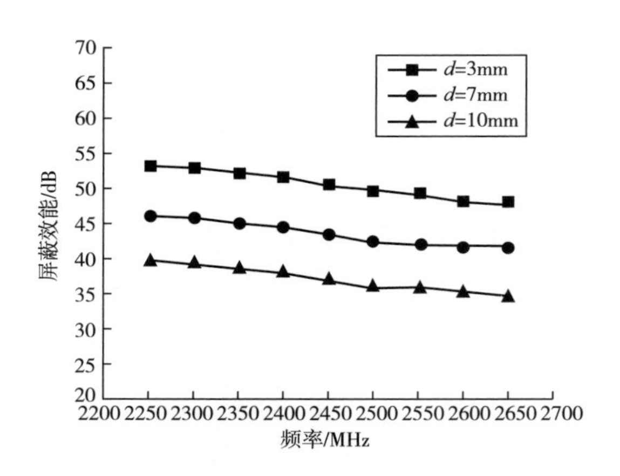

图 1-57　7#、8#、9#FDTD 计算结果

（二）孔洞总面积不变，孔洞数目改变

为考察织物中孔洞数目与织物屏蔽效能的关系，保持织物材料类型、织物厚度和孔洞面积不变，改变织物孔洞的数目，得到织物屏蔽效能与织物中含孔洞数目的关系。在 FDTD 计算中，将入射波射入 10#、11#、12#FDTD 仿真计算模型，得到观察点的电场振幅衰减图，如图 1-58 为服装孔洞区域的等效金属平板观察点的电场振幅衰减图。

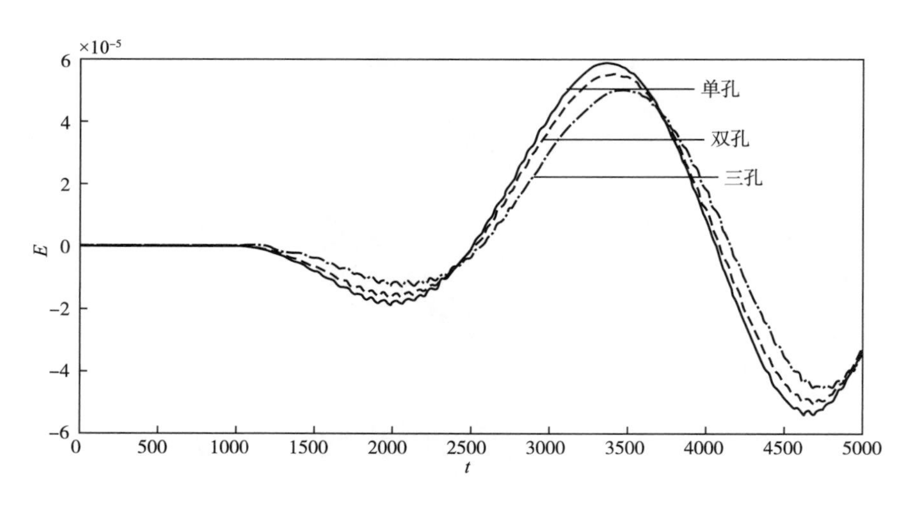

图 1-58　10#、11#、12#观察点的时域波形

从图 1-58 中可以得到，入射波入射到含孔洞的等效金属平板后，在时间步长为 1000 左右时，入射波达到观察点位置，波形的振幅减小，说明信号在穿过含孔洞的等

效金属平板时，有一定的幅度衰减和相位延迟。从图1-58中还可以看出，孔洞总面积保持不变时，孔洞数目越多，金属平板对电磁波的衰减越大。同理，得到含孔洞的等效金属平板的屏蔽效能曲线图，如图1-59所示。

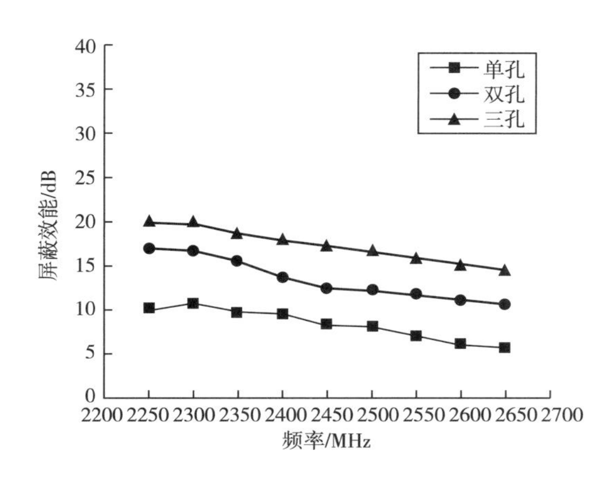

图1-59　10#、11#、12#FDTD计算结果

五、FDTD计算结果的验证

为了验证FDTD计算结果的有效性，本节采用波导管方法得到服装局部区域屏蔽效能的测试数据。表1-9和表1-10为t、g、h、d值变化时部分服装局部区域屏蔽效能FDTD计算数据和波导管法测试数据。应用T检验得到FDTD计算数据和波导管法测试数据的T相关性概率如表1-11所示。

在统计学中，当$p \leqslant 0.01$时，两结果差异非常显著；当$p \leqslant 0.05$时，两结果有差异；当$p>0.05$时，两结果差异不显著。由表1-11可知计算数据与测试数据有差异，但并不显著，且针对不同的检验对象，其相关性差别很大，造成这一结果的原因可能有，一是FDTD仿真模型的计算受计算机内存的影响，计算的时间步长受到限制；二是由于实际织物具有复杂的结构，而所建立的计算模型理想化，不能很真切地表现织物的内部结构；三是由于波导管测试法在测试过程中，会受到外界环境影响、实验设备影响、实验样布影响等。因此根据客观误差允许范围，该T检验结果说明FDTD在计算服装局部区域屏蔽效能时具有一定的可行性。

表1-9　t、g、h变化时服装局部区域FDTD计算数据和波导管法测试数据

频率/MHz	t=0.2mm 计算	t=0.2mm 测试	g=30mm 计算	g=30mm 测试	h=5mm 测试
2250	52.21	50.57	32.84	39.97	40.45
2300	51.72	47.96	31.75	39.45	37.47
2350	51.02	44.55	29.5	39	34.63

续表

频率/MHz	$t=0.2$mm 计算	$t=0.2$mm 测试	$g=30$mm 计算	$g=30$mm 测试	$h=5$mm 测试
2400	48.93	44.86	28.92	38.45	35.05
2450	48.33	42.34	26.44	37.28	32.98
2500	46.75	42.92	26.07	36.38	32.95
2550	46.11	44.11	26.92	35.91	33.82
2600	44.57	42.99	25.47	34.71	32.63
2650	43.49	45.59	27.43	33.54	34.74

表 1-10　h、d及孔洞数量变化时服装局部区域 FDTD 计算数据和波导管法测试数据

频率/MHz	$h=5$mm 计算	$d=7$mm 计算	$d=7$mm 测试	三个孔洞计算	三个孔洞测试
2250	38.3	46.39	46.04	20	21.53
2300	38.13	46.03	42.55	19.8	20.28
2350	37.96	45.05	41.78	18.6	18.34
2400	35.79	44.88	41.09	18.04	18.91
2450	34.62	43.7	39.7	17.2	17.01
2500	32.44	42.52	40.15	16.67	16.48
2550	32.25	42.03	41.55	15.82	17.37
2600	30.07	42.14	40.62	15.12	15.79
2650	29.88	41.95	42.99	14.42	17.82

表 1-11　T相关性概率

检验对象	$t=0.2$mm	$g=30$mm	$h=5$mm	$d=7$mm	三个孔洞
T检验p值	0.018	0.013	0.1	0.019	0.06

六、FDTD 计算结果的分析

（一）厚度与服装封闭区域屏蔽效能的关系

如图 1-60 所示为服装封闭区域的 FDTD 计算结果和测试结果。由图 1-60 的 FDTD 计算结果和波导管法测试结果可知，在 2250MHz～2650MHz 频率范围内，随着频率的增加，服装封闭区域屏蔽效能呈下降趋势，服装封闭区域厚度为 0.2mm 时，服装封闭

区域屏蔽效能值为 45~55dB，而随着厚度的增加，其屏蔽效能增大。从该组计算结果可知，服装封闭区域屏蔽效能与服装面料的厚度有关，在服装材料材质相同的情况下，服装面料越厚，服装的屏蔽效能越高。因此，在制作防电磁辐射服装时，增加服装面料的厚度可以提高服装的整体屏蔽效果，但是由于服装面料的增厚，也同时会降低服装的不舒适度，因此应根据实际需要，选择合适的面料厚度，以便达到最优的组合。

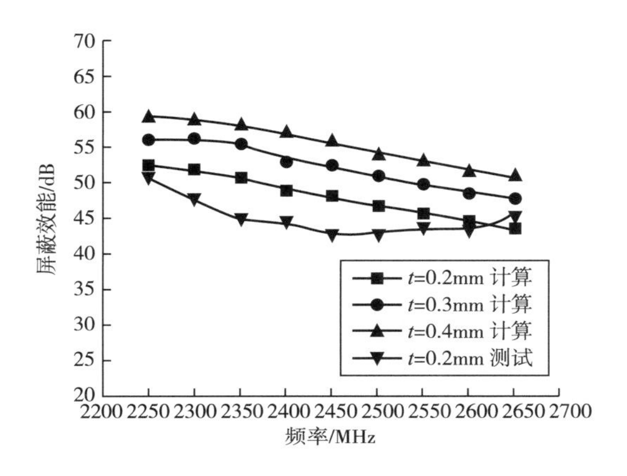

图 1-60 封闭织物计算结果和测试结果

（二）缝隙与服装缝隙区域屏蔽效能的关系

图 1-61 为服装缝隙区域中，保持缝宽不变而缝长变化时，服装缝隙区域屏蔽效能的 FDTD 计算结果和波导管测试结果。

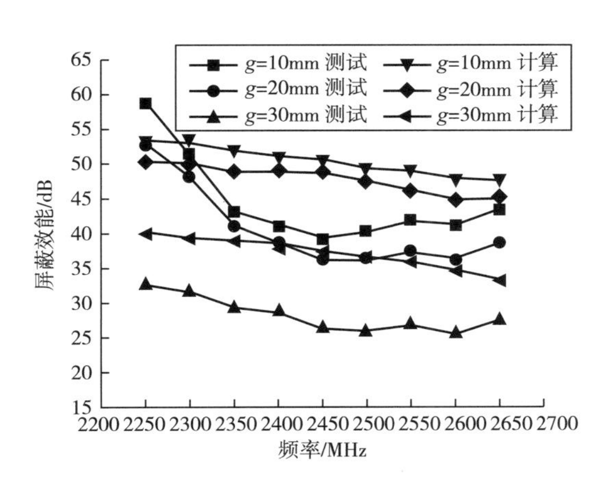

图 1-61 缝长变化时计算结果和测试结果

由图 1-61 中可知，在 2250MHz~2650MHz 频率范围内，随着频率的增加，服装缝隙区域屏蔽效能呈下降趋势；随着缝长的增大，电磁泄漏增大，其屏蔽效能减小。由图 1-61 中计算结果和测试结果可知，缝长为 10mm 时，服装缝隙区域屏蔽效能最高，其值为 45～55dB，其值与服装封闭区域屏蔽效能相近，说明该缝隙长度下，缝隙对服装缝隙区域屏蔽效能无影响；随着缝长的增大，服装封闭区域屏蔽效能逐渐减小，当缝长增大为 30mm 时，其屏蔽效能最低，其值为 35～40dB。

图 1-62 为服装缝隙区域中，保持缝长不变，缝宽变化时，服装缝隙区域屏蔽效能的 FDTD 计算结果和波导管测试结果。

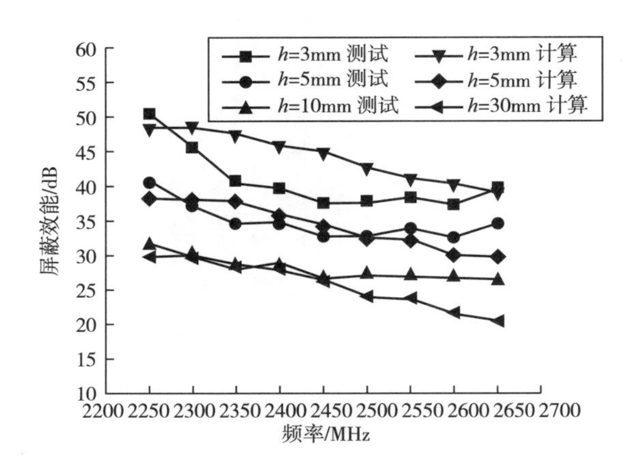

图 1-62　缝宽变化时计算结果和测试结果

由图 1-62 可知，在 2250MHz～2650MHz 频率范围内，在服装缝隙区域厚度、缝隙的缝长一定时，随着入射波频率的增加，服装缝隙区域屏蔽效能减小；当缝宽为 3mm 时，服装缝隙区域对电磁波的衰减能力较强，屏蔽效能值为 40～50dB；随着缝宽的增加，电磁泄漏增强，屏蔽效能降低，当缝宽为 10mm 时，其屏蔽效能最小，屏蔽效能值为 20～30dB。该组结果说明，保持缝隙的缝长不变时，随着缝宽的增加，服装缝隙区域的屏蔽效能降低，当缝隙的缝宽为 3mm 时，缝隙对服装缝隙区域的屏蔽效能几乎无影响；当缝宽为 5mm、10mm 时，缝隙的存在使得服装缝隙区域的屏蔽效能降低。

从上述两组服装缝隙区域的屏蔽效能结果中得到，缝隙的大小能够影响服装缝隙区域的屏蔽效能，保持缝隙的缝宽不变时，增大缝隙的缝长，其屏蔽效能减小；保持缝隙的缝长不变时，增加缝隙的缝宽，其屏蔽效能减小。从两组结果中还得到，当缝隙的缝宽或缝长很小时，缝隙对服装缝隙区域的屏蔽效能无影响，造成这一结果的原因是服装缝隙区域的屏蔽效能不仅与缝隙的大小有关也与入射波的波长有关，当缝隙的尺寸小于波长时，缝隙对服装缝隙区域的屏蔽效能无影响；当缝隙的尺寸大于波长时，缝隙的存在使得服装缝隙区域本身成为一个电磁波辐射源，严重影响服装的屏蔽效能。结果说明，在服装中设计开缝、门禁重叠缝隙时，应根据实际情况选择适当的开缝尺寸，以减小缝隙造成的电磁泄漏。

（三）孔洞与服装孔洞区域屏蔽效能的关系

图 1-63 为服装孔洞区域中，保持正方形孔洞数目不变，孔洞边长变化时，服装孔洞区域屏蔽效能的 FDTD 计算结果和波导管测试结果。

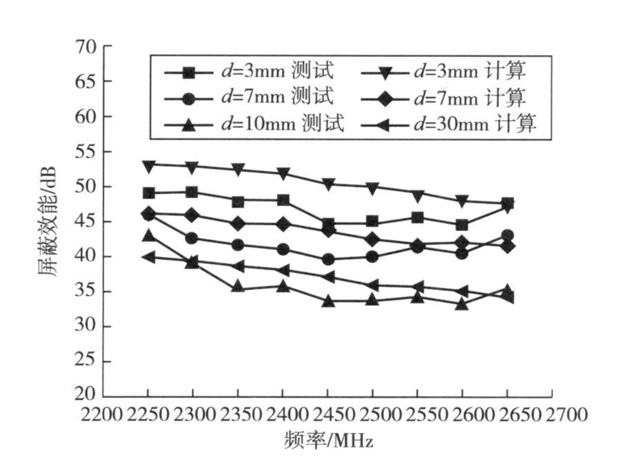

图 1-63　孔洞边长变化时计算结果和测试结果

由图 1-63 可知，在 2250MHz～2650MHz 频率范围内，随着频率的增加，服装孔洞区域屏蔽效能减小；在服装孔洞区域面料厚度一定，正方形孔洞边长为 3mm 时，服装孔洞区域屏蔽效能为 45～55dB；正方形孔洞边长为 10mm 时，等效金属平板的屏蔽效能为 35～40dB。该组结果说明，服装孔洞区域屏蔽效能随着正方形孔洞边长的增大而减小，当正方形孔洞边长为 3mm 时，孔洞对服装屏蔽效能无影响；当孔洞边长增大为 7mm、10mm 时，服装孔洞区域对电磁波的衰减能力降低，其屏蔽效能减小。

图 1-64 为服装孔洞区域中，保持正方形孔洞总面积不变，孔洞数目变化时，服装孔洞区域屏蔽效能的 FDTD 计算结果和波导管测试结果。

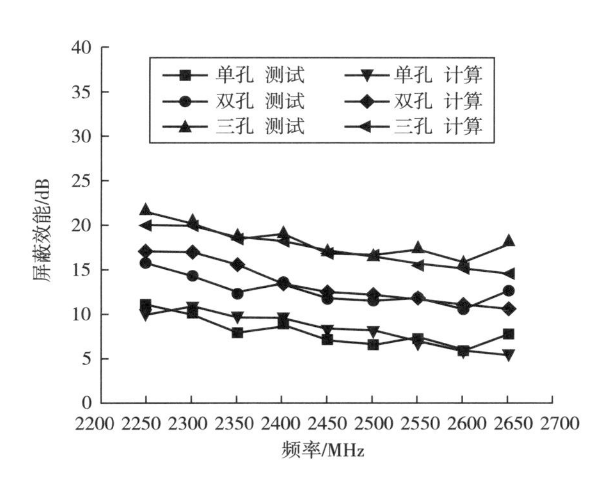

图 1-64　孔洞数目变化时计算结果和测试结果

由图 1-64 可知，在 2250MHz～2650MHz 频率范围内，服装孔洞区域屏蔽效能随着频率的增加而减小。当服装孔洞区域的面料厚度和孔洞总面积一定时，随着孔洞数目的增加，服装孔洞区域对电磁波的衰减能力增大，其屏蔽效能增大。当孔洞面积为 $1000mm^2$，且孔洞数目为一个孔洞时，其屏蔽效能值为 5～10dB，几乎无屏蔽效能；当孔洞数目为三个孔洞时，其屏蔽效能为15~20dB，屏蔽效能很低。该组结果说明，服装孔洞区域的孔洞面积很大时，其屏蔽效能很低，该孔洞区域几乎无屏蔽效果，当保持孔洞总面积大小一致时，增加孔洞的数目能够提高其屏蔽效能。因此在设计防电磁辐射服装时，应避免较大的开孔设计，或者将较大的开孔分散处理，以提高服装的屏蔽效果。

在研究孔洞对服装孔洞区域屏蔽效能的影响时，由两组结果得到，保持孔洞的数目不变时，随着孔洞面积的增大，服装孔洞区域屏蔽效能降低；保持孔洞的面积不变时，随着孔洞数目的增加，服装孔洞区域屏蔽效能增大。由两组结果还得到，在孔洞面积较小时，服装孔洞区域的屏蔽效能降低的程度较弱，当孔洞面积增大到一定程度时，服装孔洞区域几乎没有屏蔽效果。造成上述结果的原因是含孔洞屏蔽体的屏蔽效能与孔洞数目、孔洞面积以及入射波波长有关。结果表明，在设计防电磁辐射服装时，应充分减少孔洞的总面积或增加孔洞的数目，以减少电磁泄漏，增大服装的屏蔽效能。

七、小结

本节主要对服装封闭区域、服装缝隙区域以及服装孔洞区域的屏蔽效能的FDTD计算结果和波导管法测试结果进行了分析，得出如下结论：

（1）在服装局部区域FDTD仿真计算结果和波导管测试结果的验证分析中，在计算服装局部区域屏蔽效能时，FDTD算法计算结果与实验测试结果的*T*检验相关性符合统计学误差允许范围，说明FDTD算法对服装局部区域屏蔽效能的计算具有可行性。而由于FDTD仿真建模受计算内存限制较大，所建立的服装局部区域模型比较理想化，因此计算结果与测试结果还是存在一定差异。

（2）在服装封闭区域的FDTD仿真计算和波导管测试的研究中，得到2250MHz~2650MHz频率范围内，封闭区域的银纤维屏蔽服装面料的屏蔽效能随着频率的增加呈下降趋势。在保持服装材料类型不变时，随着服装面料厚度的增加，服装封闭区域的屏蔽效能增大。

（3）在服装缝隙区域的FDTD仿真计算和波导管测试的研究中，得到2250MHz~2650MHz频率范围内，带缝隙的银纤维屏蔽服装面料的屏蔽效能随着频率的增加呈下降趋势。保持服装缝隙区域的面料厚度、缝隙的缝宽不变时，增大缝隙的缝长，缝隙区域对电磁波的衰减能力减小，其屏蔽效能降低；保持缝隙的缝长不变，增大缝隙的缝宽时，服装缝隙区域屏蔽效能降低。

（4）在服装孔洞区域的FDTD仿真计算和波导管测试的研究中，得到2250MHz~2650MHz频率范围内，含孔洞的银纤维屏蔽服装面料的屏蔽效能随着频率的增加呈下降趋势。在保持正方形孔洞的数目不变时，增大正方形孔洞的边长，其屏蔽效能降低，当孔洞边长增加到一定程度时，服装孔洞区域几乎无屏蔽效能。当保持正方形孔洞总面积不变时，增加孔洞的数目，其屏蔽效能增大。

第二章

开口对电磁屏蔽服装防护性能的影响

开口是保证电磁屏蔽服装舒适性的重要因素，也是降低其屏蔽效能的重要原因，如何合理地设计开口，使其既满足服装的舒适性又保证服装的防护性能是一项挑战性工作。但目前开口区域影响服装屏蔽效能的规律仍未揭示，这种现状导致电磁屏蔽服装的设计、生产及评价缺乏科学依据，市场产品良莠不齐，甚至有些对人体具有明显伤害作用的电磁屏蔽服装产品还在大量销售中。因此，研究开口区域对电磁屏蔽服装防护性能的影响规律是该领域的迫切需求。本章首先介绍开口区域的模型构建及分析方法，然后针对常规开口对服装屏蔽效能的影响进行分析，进而以袖口为例阐述具体开口类型对服装屏蔽效能的影响，以期为深入探索开口对电磁屏蔽服装的影响规律提供参考。

第一节 开口区域的模型构建及分析

为了分析方便，本节仅考虑开口尺寸等参数对入射电磁波的影响，将开口看成是电磁屏蔽织物中的孔洞，即将实际开口理想化为织物中的椭圆和矩形等孔洞。目前开口对入射电磁波的影响研究主要集中在含孔洞金属屏蔽箱体领域，所采用方法有解析计算法、传输线法、时域有限差分法、矩量法、传输线矩阵法等。但这些研究所讨论的孔洞内表面均较为光滑且形状规则，与服装开口边缘具有多介质且形状不规则的情况不同，因此其结论并不适用本节。针对这种情况，首先确定描述孔洞尺寸的参数，然后设计实验测试不同孔洞尺寸时电磁屏蔽织物的屏蔽效能，进一步根据电磁理论及实验结果分析孔洞对电磁屏蔽织物屏蔽效能的影响规律和影响机理，从而为电磁屏蔽服装的设计、生产和评价提供参考。

一、开口区域模型构建

（一）电磁理论分析

根据电磁理论，对于理想屏蔽体上的圆孔或方孔，假设孔洞的面积为 S（mm^2），屏蔽体整体面积为 A（mm^2），当 $A \gg S$，且圆孔的直径或方孔的边长也远小于波长时，则孔洞泄漏的磁场强度 H_p 可以采用式（2-1）估算：

$$H_p = 4\left(\frac{S}{A}\right)^{\frac{3}{2}} H_0 \tag{2-1}$$

式中，H_p 为屏蔽体孔洞漏泄的磁场强度，A/m；H_0 为屏蔽体外侧表面的磁场强度，A/m。

设屏蔽体本身透射系数为 T_s，孔洞电磁波的投射系数为 T_h，则有孔洞时总投射系数如式（2-2）所示：

$$T_z = T_s + T_h \tag{2-2}$$

该金属板实际屏蔽效能如式（2-3）所示：

$$SE = 20\lg\left(\frac{1}{T_s + T_h}\right) = 20\lg\left[\frac{1}{T_s + 4\left(\frac{S}{A}\right)^{\frac{3}{2}}}\right] \tag{2-3}$$

式（2-3）仅是理想状态下孔洞对屏蔽体效能的影响，其前提是屏蔽体为均匀介质，表面光滑，面积要比孔洞足够大，且孔洞形状要规则。而织物孔洞与理想屏蔽体不同，如图 2-1 所示。

（1）电磁屏蔽织物并非均匀介质，如图 2-1（a）所示，其间有很多缝隙，这些缝隙形成的泄漏波会与孔洞的泄漏波产生叠加现象。

（2）由于织物的柔韧性，导致裁剪的孔洞多是近似椭圆或近似矩形，如图 2-1（b）所示，其边缘呈现微小的不规则形状，势必会影响电磁波的泄漏。

（3）孔洞的内表面并不光滑，有大量毛羽存在，如图 2-1（c）所示，尤其是金属纤维形成的毛羽会使电磁波在孔洞的周界不遵循光滑界面的反射。

（4）式（2-3）仅是针对平行波的一种计算公式，未对极化波的方向进行考虑，因此不能用来分析极化波入射时织物孔洞的电磁泄漏问题。

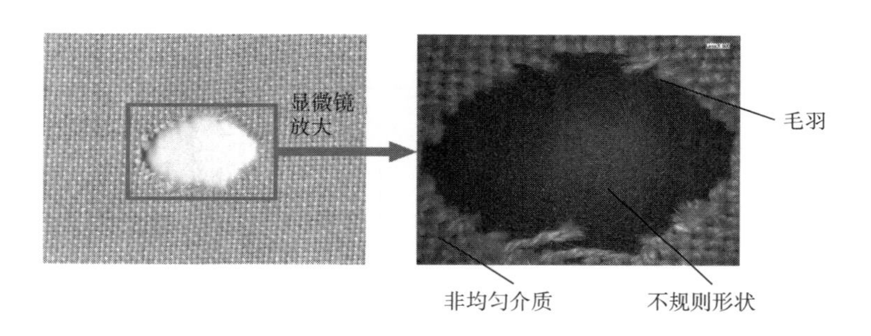

图 2-1　电磁屏蔽织物开口的特点

上述特点导致式（2-1）~式（2-3）不适合分析电磁屏蔽织物中孔洞对电磁波的泄漏问题，必须结合电磁屏蔽织物的特点深入探讨孔洞对其屏蔽效能的影响规律，才能为构建适合电磁屏蔽织物的电磁波泄漏计算方法奠定基础。

（二）孔洞参数模型

考虑到一般分析电磁波泄漏时总考虑电磁波的极化方向以及泄漏处的孔隙大小，采用垂直最大尺寸 V_{max}（mm）、水平最大尺寸 H_{max}（mm）及孔洞的面积 S_h（mm^2）描述孔洞的尺寸参数。图 2-2 是典型孔洞尺寸的参数示意图。

二、模型验证

（一）测试设备与测试方法

图 2-3 为波导管测试系统。信号通过发射传感器发射，中间被织物阻挡，然后由

接收传感器接收，并输入网络分析仪，最后由分析仪计算织物的屏蔽效能 *SE*。

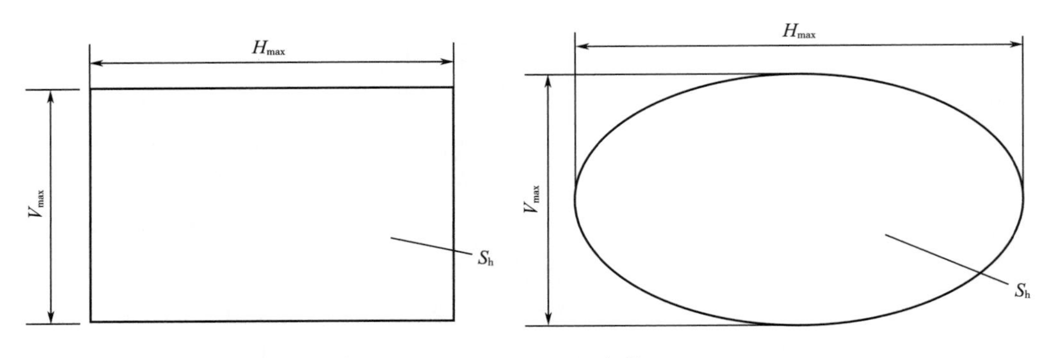

图 2-2　孔洞参数

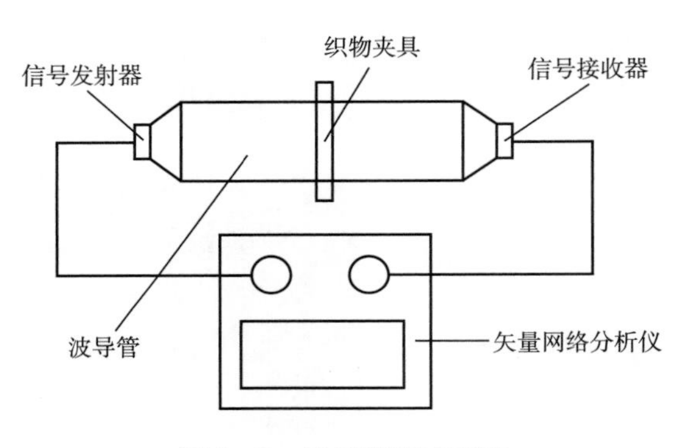

图 2-3　波导管测试系统

（二）孔洞试样的准备

选择不锈钢纤维混纺织物制作孔洞，采用图 2-3 所示波导管系统测试织物没有孔洞时的屏蔽效能，其参数如表 2-1 所示。

表 2-1　实验用电磁屏蔽织物的参数

混纺比例	纱支/英支	密度/（根/10cm）	厚度/cm	屏蔽效能/dB
涤（35%）/ 棉（40%）/不锈钢（25%）	21 英支/3	305×238	0.28	44.9

制作两组含椭圆及矩形孔洞的电磁屏蔽织物样布，所有样布尺寸为 20cm×20cm。每组样布孔洞的垂直最大尺寸 V_{max} 在尺寸区间［0.5，2.5］内按步长 0.5 递增，水平最大尺寸 H_{max} 在尺寸区间［0.5，2.5］内按步长 0.5 递增，根据排列组合每组形成 5×5=25 块样布，表 2-2 列出了每组孔洞的尺寸设计参数。

表 2-2　样布孔洞的具体尺寸

编号	椭圆			矩形		
	V_{max} /cm	H_{max} /cm	S_h /cm	V_{max} /cm	H_{max} /cm	S_h /cm
1#	0. 5	0. 5	0. 20	0. 5	0. 5	0. 25
2#	0. 5	1	0. 39	0. 5	1	0. 5
3#	0. 5	1. 5	0. 59	0. 5	1. 5	0. 75
4#	0. 5	2	0. 79	0. 5	2	1
5#	0. 5	2. 5	0. 988	0. 5	2. 5	1. 25
6#	1	0. 5	0. 39	1	0. 5	0. 5
7#	1	1	0. 78	1	1	1
8#	1	1. 5	1. 18	1	1. 5	1. 5
9#	1	2	1. 57	1	2	2
10#	1	2. 5	1. 96	1	2. 5	2. 5
11#	1. 5	0. 5	0. 59	1. 5	0. 5	0. 75
12#	1. 5	1	1. 18	1. 5	1	1. 5
13#	1. 5	1. 5	1. 77	1. 5	1. 5	2. 25
14#	1. 5	2	2. 36	1. 5	2	3
15#	1. 5	2. 5	2. 95	1. 5	2. 5	3. 75
16#	2	0. 5	0. 79	2	0. 5	1
17#	2	1	1. 57	2	1	2
18#	2	1. 5	2. 36	2	1. 5	3
19#	2	2	3. 14	2	2	4
20#	2	2. 5	3. 93	2	2. 5	5
21#	2. 5	0. 5	0. 98	2. 5	0. 5	1. 25
22#	2. 5	1	1. 96	2. 5	1	2. 5
23#	2. 5	1. 5	2. 95	2. 5	1. 5	3. 75
24#	2. 5	2	3. 93	2. 5	2	5
25#	2. 5	2. 5	4. 91	2. 5	2. 5	6. 25

（三）实验方法

极化波频率均选择固定值 2200MHz，采用波导管对每块样布的屏蔽效能测试三次，取平均值作为该样布的最终屏蔽效能。

三、结果与分析

（一）垂直最大尺寸V_{max}恒定时孔洞对屏蔽效能的影响

当入射波为垂直极化波且垂直最大尺寸 V_{max} 恒定时，各样布屏蔽效能随水平最大

尺寸 H_{max} 的变化关系如图 2-4、图 2-5 所示。

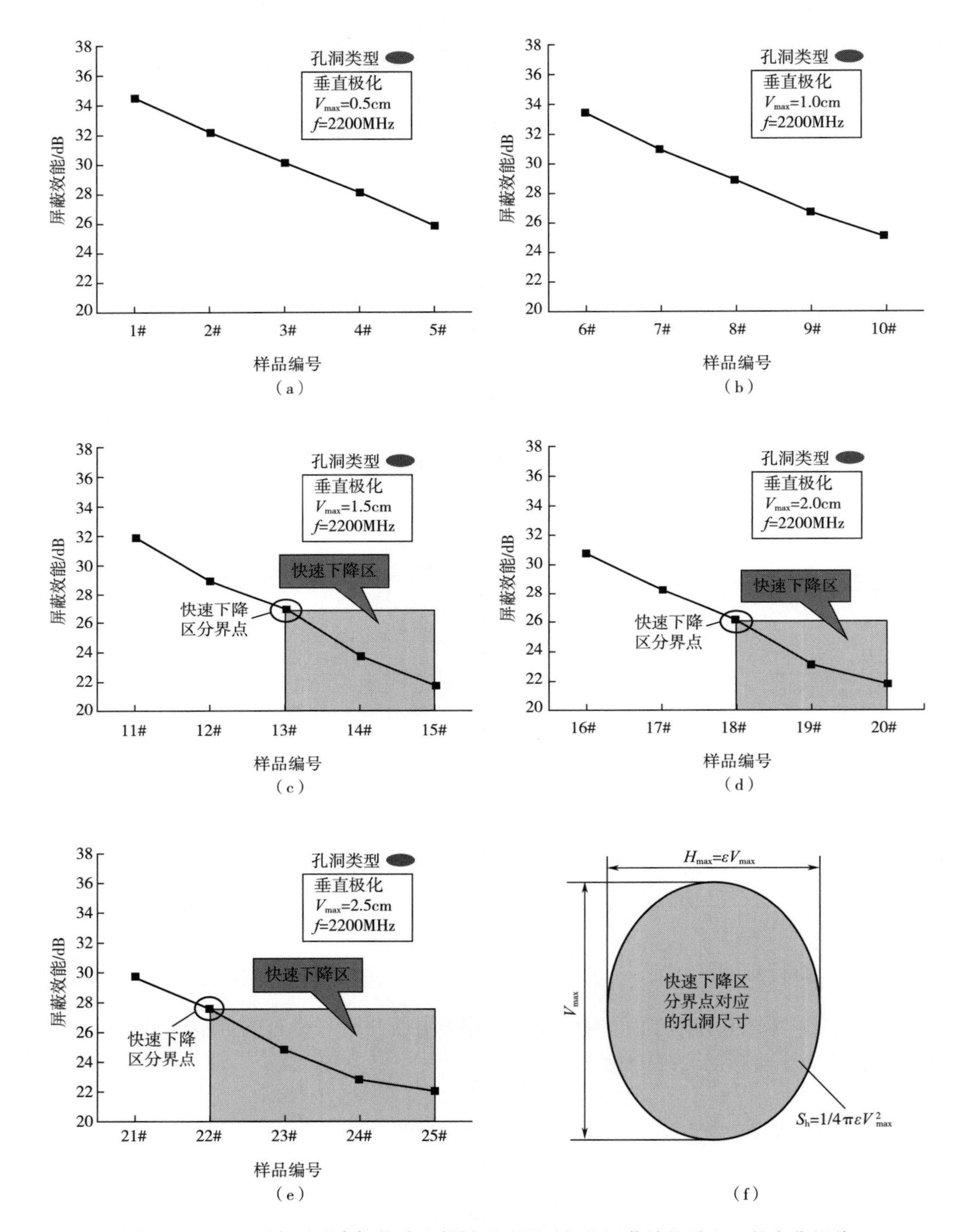

图 2-4　V_{max}不变时垂直极化波入射椭圆孔洞时织物屏蔽效能随H_{max}的变化规律

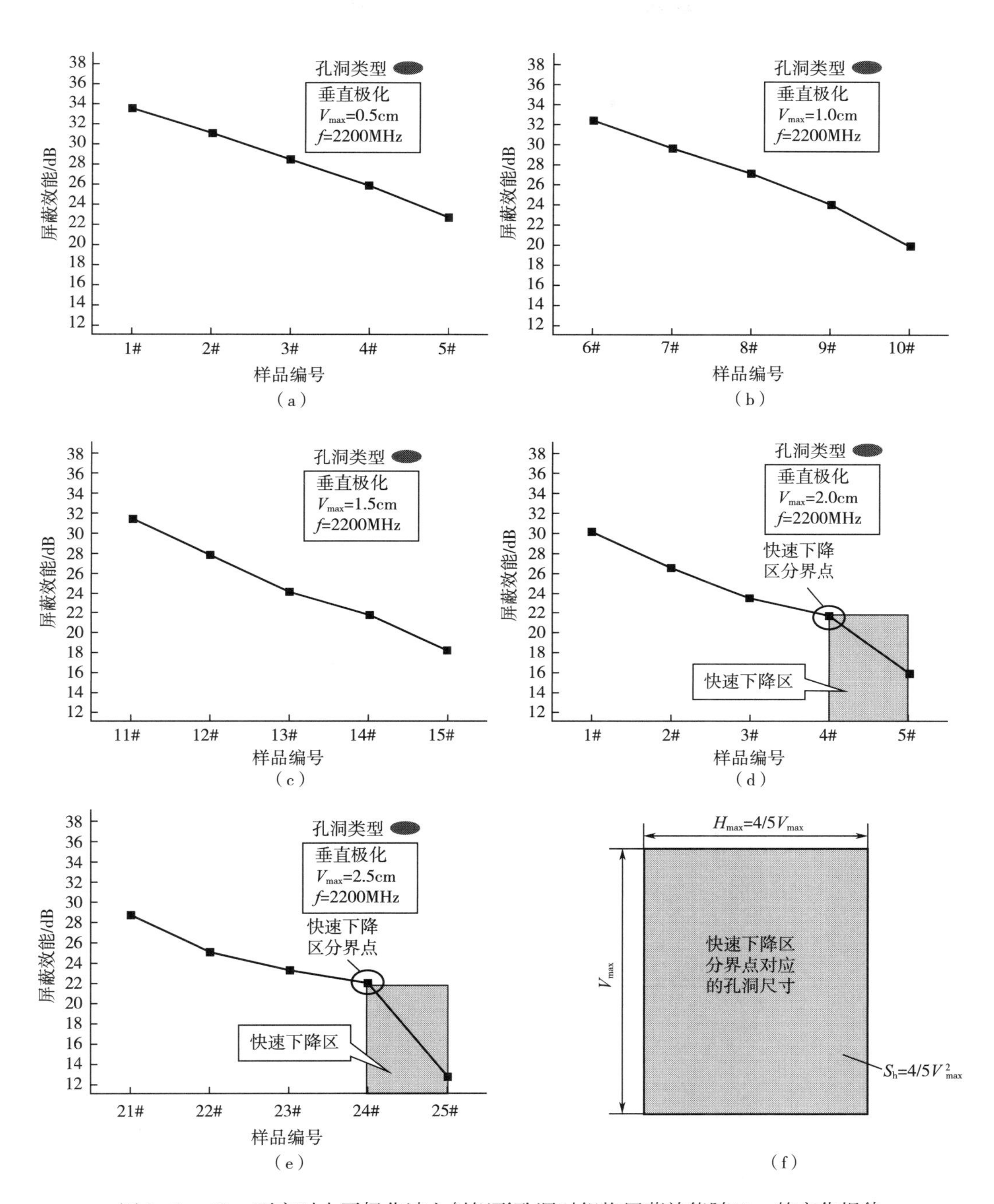

图 2-5　V_{max}不变时水平极化波入射矩形孔洞时织物屏蔽效能随H_{max}的变化规律

由图 2-4 及图 2-5 可知，当入射波为垂直极化波且垂直最大尺寸 V_{max} 恒定时：

（1）无论是椭圆还是矩形孔洞，各样布屏蔽效能随水平最大尺寸 H_{max} 的增加而降低。

（2）对于椭圆，当 V_{max} 增加到一定程度时，在 H_{max} 变化过程中会出现一个屏蔽效能的“先快后慢”的快速下降区，如图 2-4 中的（c）（d）（e），此时有式（2-4）及式（2-5）所示关系：

$$H_{max} = \varepsilon V_{max} \tag{2-4}$$

$$S_n = \frac{1}{4}\pi\varepsilon V_{max}^2 \tag{2-5}$$

根据实验，一般情况下 ε 可取$\frac{3}{5}$，则有式（2-6）所示关系：

$$S_n = \frac{3}{20}\pi V_{max}^2 \tag{2-6}$$

（3）对于矩形，当 V_{max} 增加到一定程度时，在 H_{max} 变化过程中会出现一个屏蔽效能的“快速下降区”，如图 2-5 中的（d）（e），此时有：

$$H_{max} = \frac{4}{5}V_{max} \tag{2-7}$$

$$S_n = \frac{1}{5}V_{max}^2 \tag{2-8}$$

（二）水平最大尺寸H_{max}恒定时孔洞对屏蔽效能的影响

当入射波为水平极化波且水平最大尺寸 H_{max} 恒定时，各样布屏蔽效能随垂直最大尺寸 V_{max} 的变化关系如图 2-6 及图 2-7 所示。

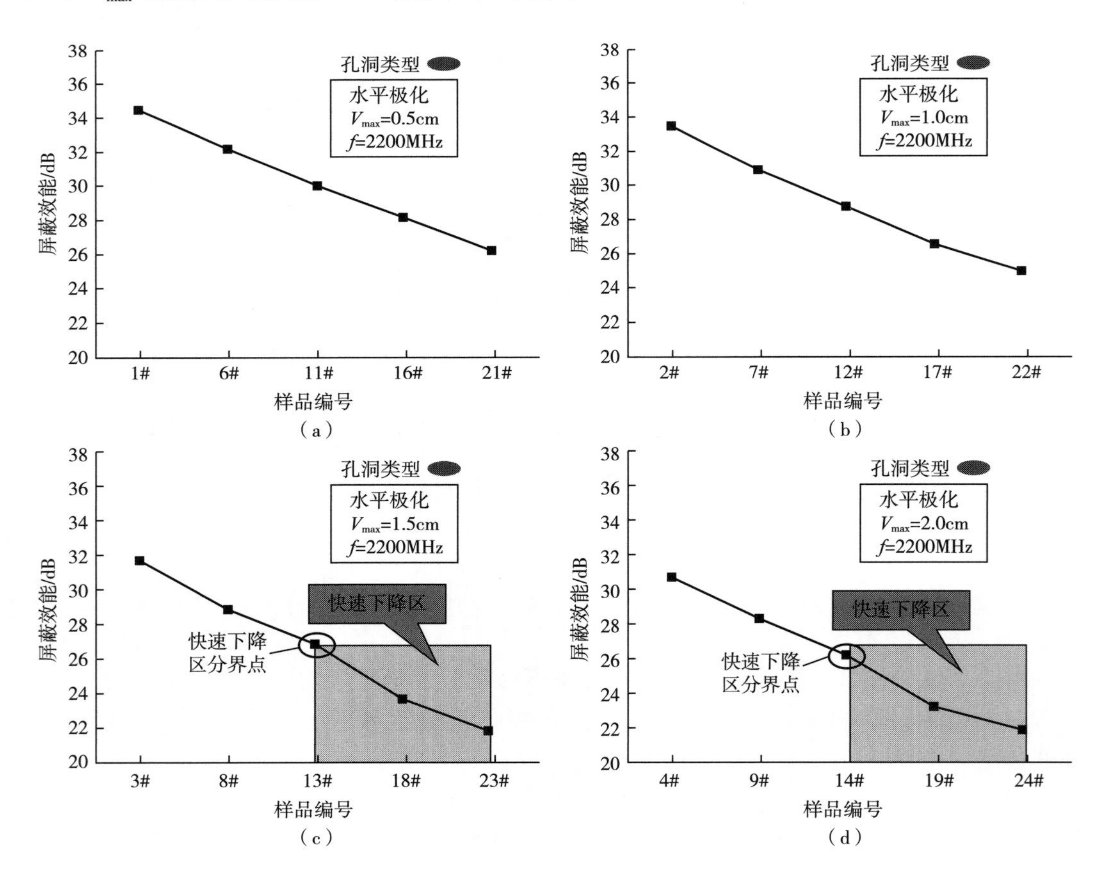

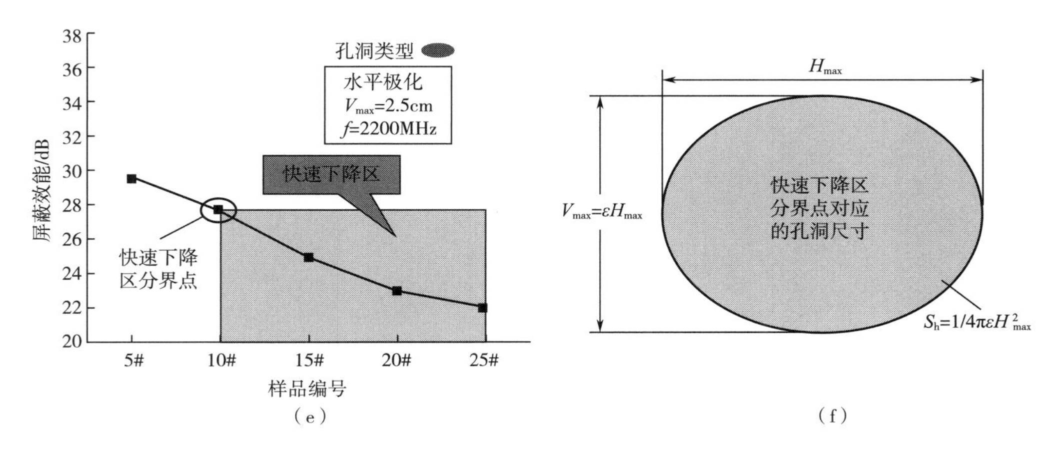

图 2-6　H_{max}固定时水平极化波入射椭圆孔洞时织物屏蔽效能随V_{max}的变化规律

由图 2-6 及图 2-7 可以看出，当入射波为水平极化波且水平最大尺寸 H_{max} 恒定时：

（1）无论是椭圆还是矩形，各样布屏蔽效能随垂直最大尺寸 V_{max} 的增长而降低。

（2）对于椭圆，当 H_{max} 增加到一定程度时，在 V_{max} 变化过程中会出现一个屏蔽效能的“先快后慢”的快速下降区，如图 2-6 中的（c）（d）（e），此时有式（2-9）及式（2-10）所示关系：

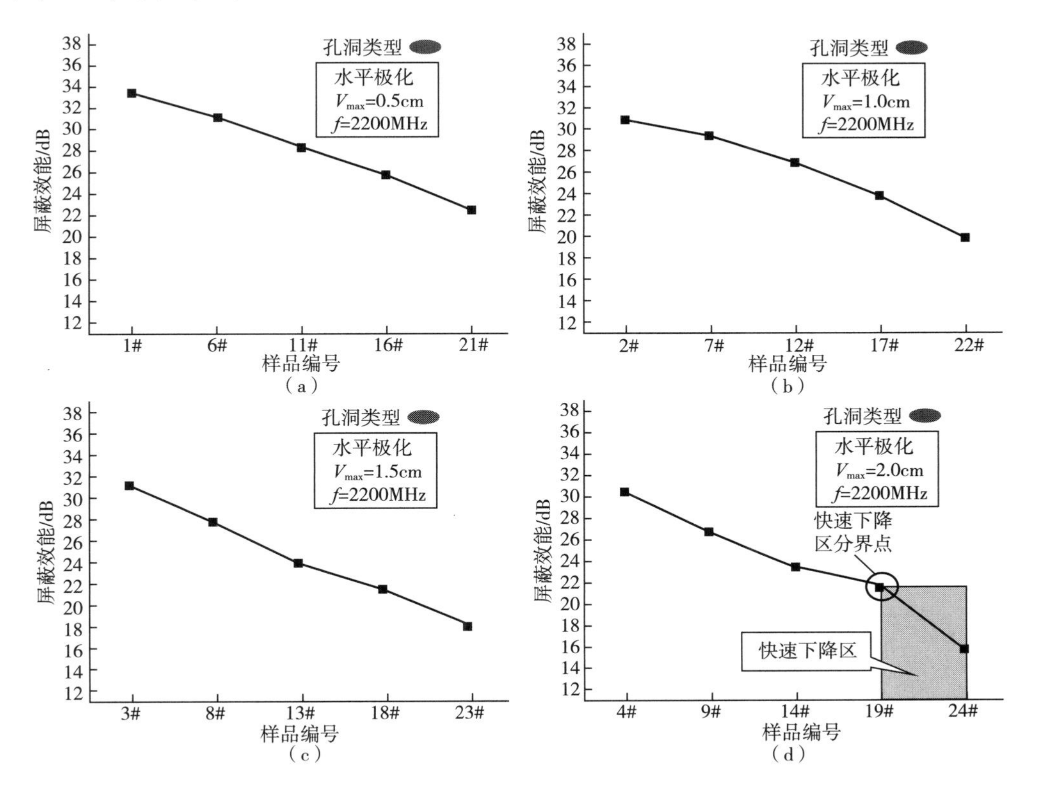

图 2-7

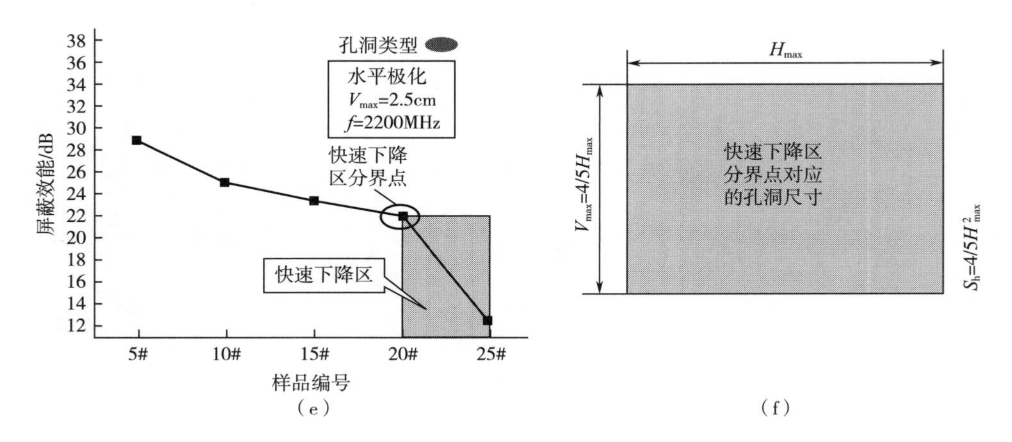

图 2-7　H_{max}固定时水平极化波入射矩形孔洞时织物屏蔽效能随V_{max}的变化规律

$$V_{max} = \varepsilon H_{max} \tag{2-9}$$

$$S_n = \frac{1}{4}\pi\varepsilon H_{max}^2 \tag{2-10}$$

根据实验，一般情况下 ε 可取$\frac{3}{5}$，则有式（2-11）所示关系：

$$S_n = \frac{3}{20}\pi H_{max}^2 \tag{2-11}$$

（3）对于矩形，当 H_{max} 增加到一定程度时，在 V_{max} 变化过程中会出现一个屏蔽效能的“快速下降区”，如图 2-7 中的（d）（e），此时有式（2-12）及式（2-13）所示关系：

$$V_{max} = \frac{4}{5}H_{max} \tag{2-12}$$

$$S_n = \frac{1}{5}H_{max}^2 \tag{2-13}$$

（三）面积相近时孔洞类型对屏蔽效能的影响

实验发现，若椭圆和矩形孔洞与极化波方向同向的最大尺寸 H_{max} 或 V_{max} 相等，当两种类型孔洞面积一致时，其所在织物的屏蔽效能也会相等。图 2-8 给出了矩形和椭圆孔洞垂直最大尺寸相等时，且入射极化波也为垂直时屏蔽效能随面积的变化情况，其中（a）~（f）上均有一段重合，显示两种类型孔洞面积相同时电磁屏蔽织物具有几乎同样的屏蔽效能。设椭圆及矩形的垂直最大尺寸分别为 V'_{max}及 V''_{max}，面积分别为 S'_{max}及 S''_{max}，屏蔽效能分别为 SE'及 SE''，则当式（2-14）成立时：

$$(V'_{max} = V''_{max})\text{and}(S'_{max} = S''_{max}) \tag{2-14}$$

有式（2-15）成立：

$$SE' = SE'' \tag{2-15}$$

根据式（2-14）及式（2-15），结合椭圆和矩形的面积公式，得出椭圆和矩形孔洞之间的水平最大尺寸 H'_{max}及 H''_{max}有如式（2-16）所示关系：

$$H'' = \frac{1}{4}\pi H'_{max} \tag{2-16}$$

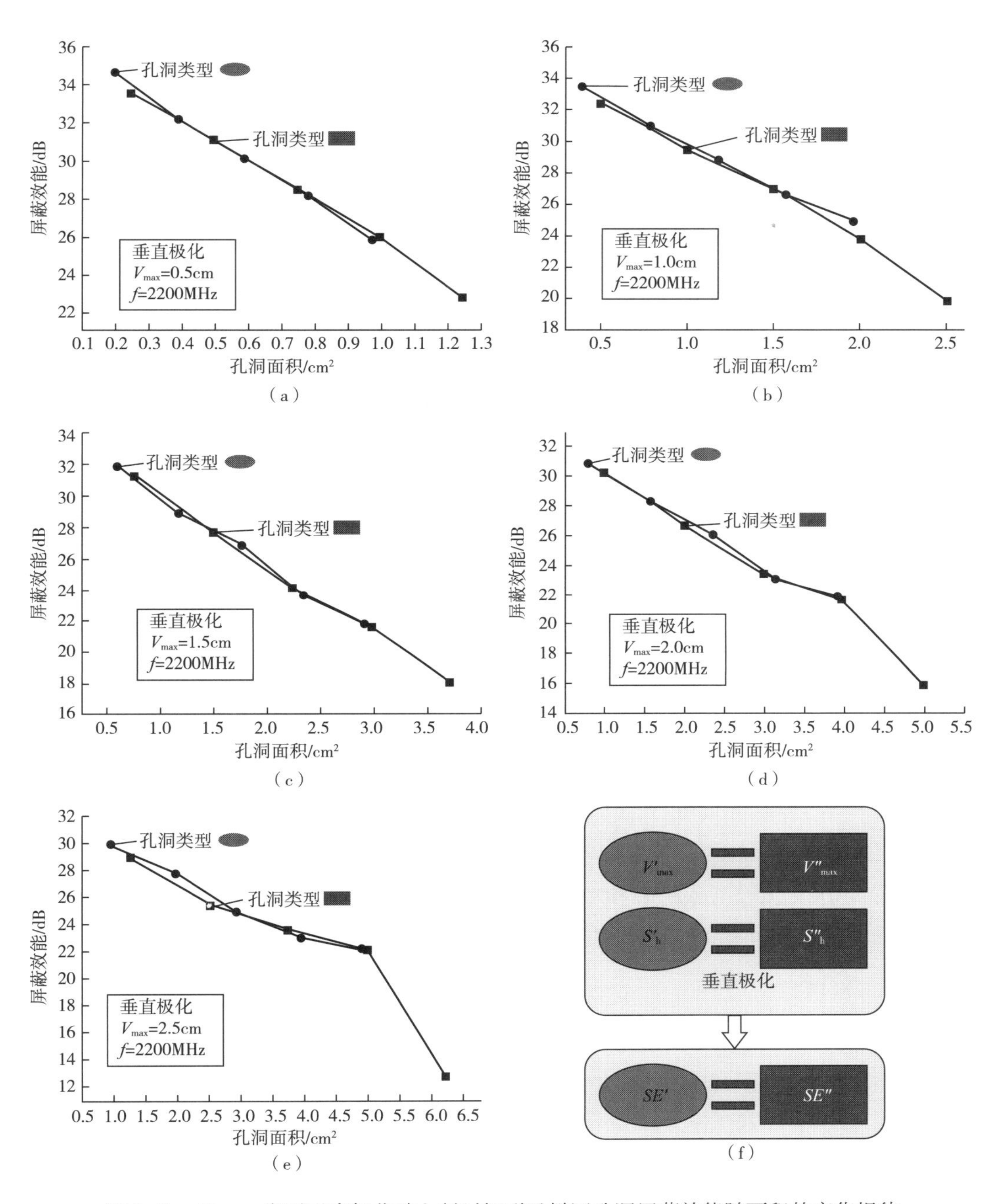

图 2-8　V_{max}一定时垂直极化波入射时矩形及椭圆孔洞屏蔽效能随面积的变化规律

（四）与极化波方向垂直的最大尺寸变化对织物屏蔽效能的影响

本部分分析孔洞某个方向保持不变且极化波方向与该尺寸方向垂直时，另一个方向最大尺寸改变时织物屏蔽效能的变化规律。图 2-9 给出了当椭圆垂直最大尺寸 V_{max} 取不同值时，极化波水平入射样布 1#~25#时水平最大尺寸 H_{max} 对织物屏蔽效能的影响规律。从图 2-9 中可以看出，椭圆孔洞在 V_{max} 保持恒定时（V_{max} = 0.5，1.0，1.5，2.0，2.5 的各个区域），随着 H_{max} 的增加，织物屏蔽效能也随之降低。

图 2-10 也展示了这种情况，矩形孔洞在 V_{max} 保持恒定时（V_{max} = 0.5，1.0，1.5，2.0，2.5 的各个区域），当极化波方向为水平时，随着 H_{max} 的增加，织物屏蔽效能也随之降低。

从图 2-9 及图 2-10 还可看出，当极化波方向水平，椭圆或孔洞的 H_{max} 不变时，V_{max} 增加仍然会使织物的屏蔽效能降低。

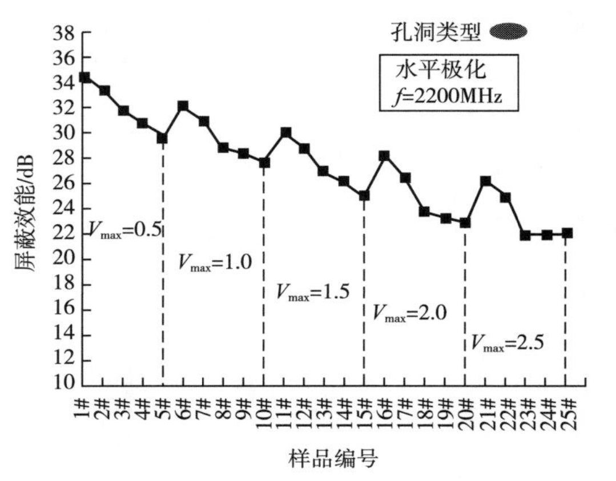

图 2-9　极化波水平入射椭圆孔洞且 V_{max} 保持恒定时 H_{max} 与织物屏蔽效能的变化

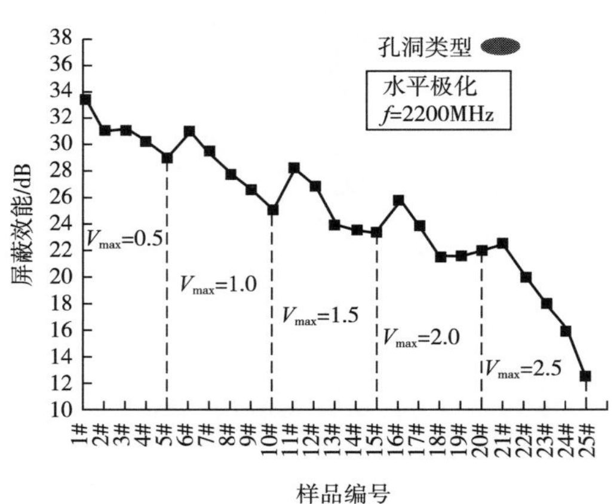

图 2-10　极化波水平入射矩形孔洞且 V_{max} 保持恒定时 H_{max} 与织物屏蔽效能的变化

同理，当极化波垂直入射样布时，若 H_{max} 保持恒定，随着 V_{max} 的增加，织物屏蔽效能也随之降低，与图 2-9 及图 2-10 所呈现关系一致，此处不再列出。

（五）机理分析

上述现象是由极化波的本身特点、孔洞形状等因素决定的，为此提出了关键尺寸及次要尺寸理论解释上述现象。如图 2-11 所示，无论是椭圆还是矩形，我们称垂直最大尺寸 V_{max}，水平最大尺寸 H_{max} 为关键尺寸，其余尺寸为次要尺寸。

根据极化波的定义，极化波的方向决定了电场强度的方向，而电场强度的方向是决定电磁波泄漏大小的关键因素。如图 2-11 所示，当电场强度为垂直时，阻挡其通过的决定因素是孔洞的垂直最大尺寸 V_{max}，当该尺寸大小变化时，泄漏的场强多少也发生变化，尺寸越大，阻挡作用越小，因此织物的屏蔽效能也越差。同理，当极化方向为水平即电场强度为水平时，水平最大尺寸 H_{max} 是阻挡其通过的决定因素，其越大，则场强泄漏越多，织物的屏蔽效能越小。因此，无论是椭圆还是矩形，与极化波方向一致的孔洞最大尺寸是影响织物屏蔽效能的关键因素，其值越大，则织物的屏蔽效能越小。

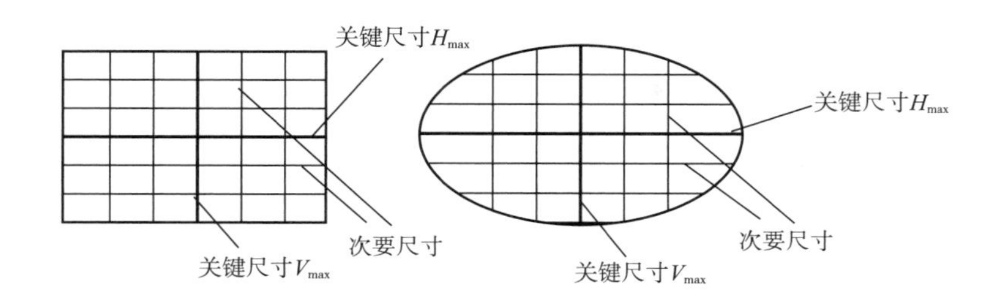

图 2-11　孔洞的关键尺寸和次要尺寸

椭圆孔洞及矩形孔洞均出现一个快速下降的分界点，其原因是任何孔洞对波的阻碍作用都是有限的。到达一定程度后，电磁波可以较为顺利地通过孔洞，因此出现了一个尺寸分界点。当未达到这个分界点时，孔洞的尺寸对电磁波的阻碍作用较为明显有效，但超过这个分界点后，孔洞的尺寸会对电磁波的泄漏难以控制。出现分界点的原因有很多，例如，孔洞周围的屏蔽材料电磁参数大小、排列形态、织物厚度、毛羽以及电磁波频率等，其作用机制是一个非常复杂的体系，目前很难用数学模型进行量化描述。

椭圆孔洞出现先快后慢现象及矩形孔洞出现快速下降区现象和极化波方向与次要尺寸有关。如图 2-11 所示，除了关键尺寸，我们将孔洞的其他区域看成是无数个比关键尺寸小的尺寸的组合，称为次要尺寸，每个尺寸对极化波的电场强度均有阻挡作用。很明显，矩形的次要尺寸永远和关键尺寸一致，因此每个次要区域的次要尺寸对极化波的泄漏是一致的，当泄漏达到分界点时，即出现一个快速的直线下降区域。而椭圆由于次要尺寸区域的次要尺寸在不断减小，因此虽然达到一个无法阻挡电磁波泄漏的分界点使屏蔽效能快速下降，但随着次要尺寸的逐步减小，其对极化波的阻挡作用逐渐加强，因此减缓了快速下降的趋势，形成了先快后慢的下降趋势。

当极化波方向一致及某个方向关键尺寸一致时，椭圆及矩形孔洞面积相同时其屏蔽效能相同也是由于次要尺寸的影响。因为除了关键尺寸外，电磁波的泄漏可以看作是多个具有一定宽度的次要尺寸作用的叠加，即取决于参与阻挡电磁波的所有次要尺寸的总长度，而这个总长度其实就是孔洞的面积。因此，无论是椭圆还是矩形，当极化波方向及关键尺寸一致时，相同的孔洞面积产生了相同的电磁波阻挡作用，即其屏蔽效能是一致的。

与极化波方向垂直的关键尺寸变化对织物屏蔽效能的影响也遵循尺寸的影响。虽然此时极化波方向与固定不变的尺寸方向垂直，但另一个方向的尺寸增加意味着固定尺寸方向的总长度在增加，即面积在增加，因此屏蔽效能随之减少。

（六）对生产和设计的指导意义

本节所阐述的规律及机理可为电磁屏蔽服装含孔洞细部的设计与生产等环节提供参考，也可为以电磁屏蔽织物为基体的复合材料开孔、电磁屏蔽帐篷气孔的设计与生产提供参考。综合起来，可从以下几个方面考虑：

（1）应考虑孔洞出现分界点对屏蔽效能的影响规律，以尽量保证尺寸能达到分界点以下来进行开孔，避开快速下降区域。

（2）应考虑服装或孔洞的垂直最大尺寸和水平最大尺寸对屏蔽效能的影响，合理选择孔洞的尺寸，在满足开孔尺寸要求的前提下，尽量选择对屏蔽效能影响较小的垂直和水平孔洞尺寸。

（3）在考虑选择矩形还是椭圆孔洞形状时，可根据面积对含孔洞织物的影响规律及一定条件下面积相同椭圆及矩形具有相同屏蔽效能的规律，合理选择孔洞的形状。

四、小结

（1）在极化波入射时，垂直最大尺寸、水平最大尺寸、面积是描述孔洞形状的关键尺寸参数。

（2）孔洞对电磁屏蔽织物的影响与垂直最大尺寸、水平最大尺寸及极化波方向关系密切。

（3）当极化波为垂直（或水平）时，孔洞的垂直最大尺寸（或水平最大尺寸）越大织物的屏蔽效能越小。

（4）当垂直（或水平）最大尺寸固定时，水平（或垂直）最大尺寸越大织物屏蔽效能越小。

（5）当垂直（水平或）尺寸增大到一定程度时，水平（或垂直）最大尺寸会出现一个前后屏蔽效能呈不同下降趋势的分界点。

（6）当入射波极化方向与同方向的孔洞最大尺寸一致时，椭圆与矩形面积相同则织物屏蔽效能相同。

第二节 开口区域对电磁屏蔽服装屏蔽效能的影响

本节以多年在该领域所开展的工作成果为基础，结合具体实验结果，阐述常规开口区域对电磁屏蔽服装的影响，并在合理设计及科学评价方面提出了一些新建议，以期为学术研究及市场应用提供一定的参考。采用半电波暗室搭建系统对含单个及多个开口的电磁屏蔽服装进行测试，结合电磁理论对实验结果进行分析，探索开口区域对服装整体屏蔽效能的影响规律及发生机理，并据此提出设计及评价服装的一些新思路。

一、实验方法

如图 2-12（a）所示，测试系统由半电波暗室、人体模特、发射天线（DR6103 型宽带双脊喇叭天线）、信号接收器（DR-P01 型微型全向电场探头）、功率放大器（DRA00818）、信号源（AV3629D 型微波矢量网络分析仪）、主控机及测试系统等组成，发射频率范围选择 1GHz～3GHz。测试部位选择胸部，发射天线高度与胸部相同，并且正对信号接收器，测试距离选择为 3m，如图 2-12（b）所示，模特着装、信号接收器类型及位置见图 2-12（c）。

在固定功率输出的条件下，若同一测试部位人体模型未穿着服装时的电场强度为 E_0（V/m），穿着服装的电场强度为 E_1（V/m），则该位置的屏蔽效能可用公式（2-17）计算：

$$SE = 20\lg \frac{E_0}{E_1} \tag{2-17}$$

为了探索单一开口及多个开口对服装屏蔽效能的影响，本节给出了一种局部封闭测试新方法：在电磁屏蔽服装上设计具有不同尺寸的领部、袖口等开口区域，如图 2-12（d）所示。当测试领部、袖口及下摆其中的某个开口变化时的服装屏蔽效能时，将其他开口区域延长捆扎或者用面料覆盖，仅改变所测试开口的大小参数，从而考察单一开口对服装的影响。这样的测试除扎口处款式有稍微变化外，服装整体款式其余部分保持不变，经验证误差可以忽略不计，可以满足研究单个开口对服装电磁性能影响的需要。

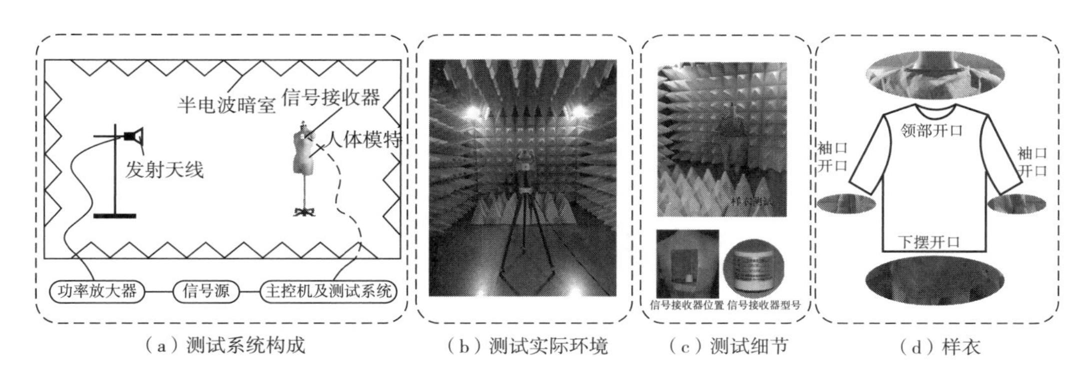

（a）测试系统构成　（b）测试实际环境　（c）测试细节　（d）样衣

图 2-12　实验测试系统及样衣准备

为了简化测试过程及分析对象，测试样衣选择符合国家标准的有放松量的原型结构。面料为 30%不锈钢纤维/30%涤纶/40%棉混纺织物，颜色为粉红、蓝色及米黄等，缝纫线为不锈钢长丝，统一采用平缝工艺，表 2-3 列出了除开口外服装其他固定不变的规格参数。

表 2-3　实验用样衣固定不变的规格参数

规模参数	胸围	肩宽	腰围	衣长
服装固定尺寸/cm	112	46	112	67
面料关键参数	成分	线密度/tex	经密和纬密/（根/10cm）	厚度/mm
	30%不锈钢/30%棉/40%涤纶	31	269×158	0.30

二、不同开口区域对服装屏蔽效能的影响

（一）领部开口区域的影响

领部是电磁屏蔽服装重要的结构要素，也是对服装屏蔽效能产生影响的主要开口区域之一。实验显示，领部开口区域可对服装整体屏蔽效能产生直接影响，图2-13是其他开口封闭，且样衣其他规格不变的情况下，当领口宽分别为不同尺寸时服装的屏蔽效能变化曲线。

由图2-13（a）可知，在领深保持不变的情况下，领宽的增加扩大了开口面积，从而导致服装整体屏蔽效能下降，这与电磁波透射含孔洞材料的相关电磁理论基本一致。图2-13（b）是领宽不同时服装屏蔽效能的均值，从中可以更加直观地看出，随着领宽的增加，服装屏蔽效能的均值较快地减少，进一步证实了图2-13（c）的变化规律。

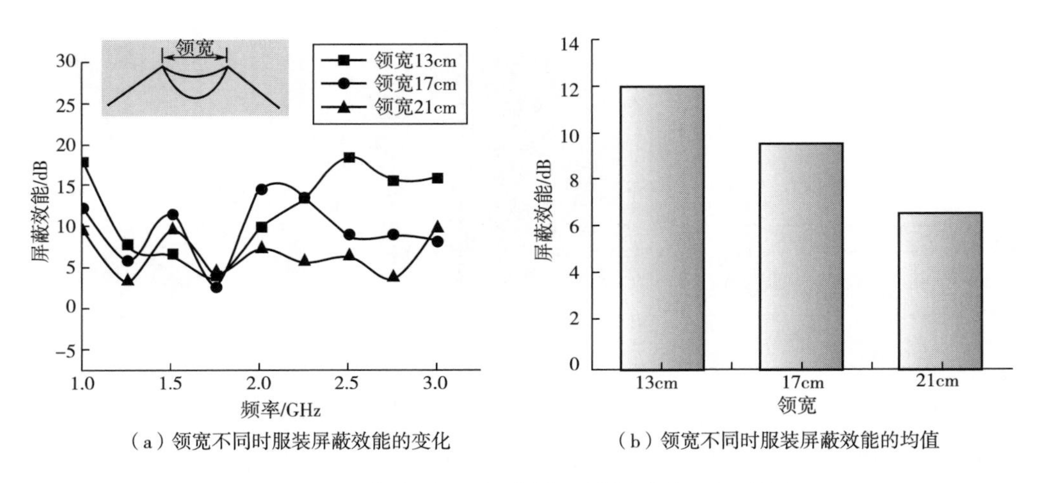

（a）领宽不同时服装屏蔽效能的变化　　（b）领宽不同时服装屏蔽效能的均值

图2-13　不同领宽尺寸时服装屏蔽效能的变化及均值

对于具体的某一尺寸领口，当入射频率增加时，服装整体屏蔽效能并非呈固定的增长或下降趋势，而是大都呈现先降后升或先降后升再降的趋势，说明对于不同参数的开口区域，电磁波入射服装后的传输特性是随频率变化的。

不仅领宽尺寸对服装的屏蔽效能产生影响，领部的款式也对服装的屏蔽效能产生较为明显的影响。图2-14是领宽尺寸不变时，领部款式为立领时服装屏蔽效能的变化。从图2-14（a）中可以看出，立领阻挡电磁波的效果要好于圆领，所有立领的服装屏蔽效能比圆领的服装屏蔽效能有一定增加，图2-14（b）所计算的不同领部款式时服装屏蔽效能的均值对比也更加清晰地说明了这一点。图2-14（a）中屏蔽效能曲线及图2-14（b）中屏蔽效能均值均显示，对于不同的立领款式，开口越大服装的屏蔽效能越低，即内斜式立领的服装屏蔽效能大于垂直式立领，而垂直式立领的服装屏

蔽效能大于外斜式立领。

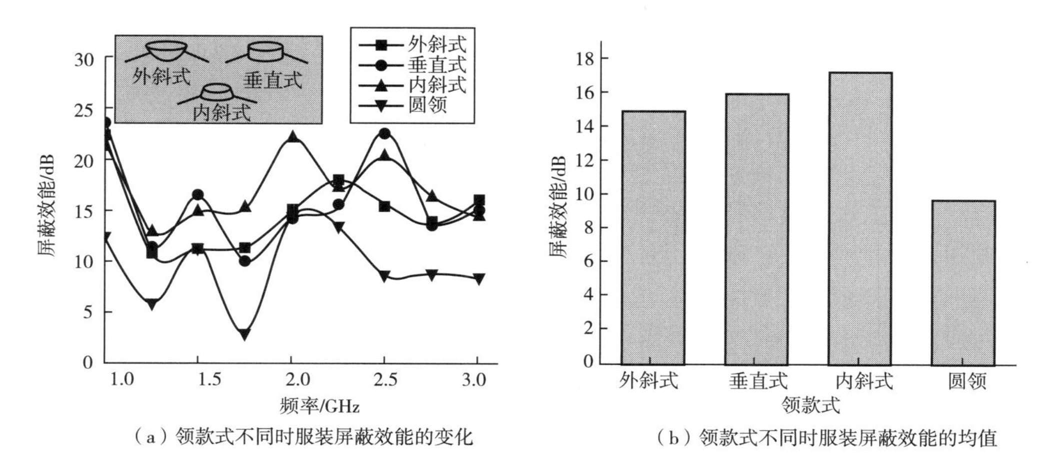

（a）领款式不同时服装屏蔽效能的变化

（b）领款式不同时服装屏蔽效能的均值

图 2-14　领部款式变化对服装屏蔽效能的影响

（二）袖口区域的影响

袖口区域的开口也是影响电磁屏蔽服装的一个重要因素，但是与领口处的影响趋势并不相同，其尺寸变化对服装屏蔽效能的影响如图 2-15 所示。由图 2-15（a）可知，当袖口宽逐渐增大时，服装的屏蔽效能呈下降趋势。对于所设计的所有袖口宽尺寸，服装的屏蔽效能随频率增加均呈正增长趋势，没有出现明显的抑制波段。从图 2-15（b）中也可看出这种规律，当袖口宽从 13cm 增加到 17cm 时，服装的屏蔽效能均值从 19dB 逐步降低到 16dB 和 12dB 附近。

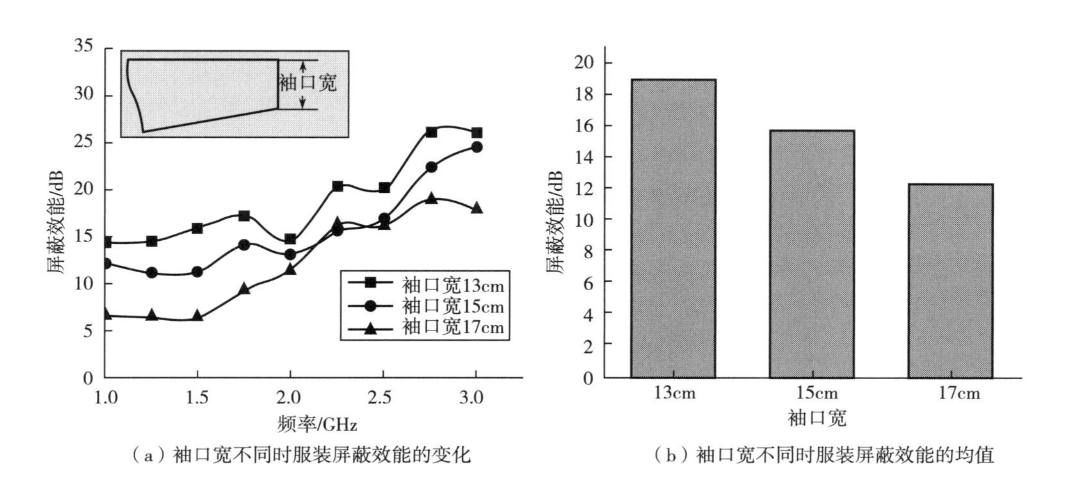

（a）袖口宽不同时服装屏蔽效能的变化

（b）袖口宽不同时服装屏蔽效能的均值

图 2-15　袖口对服装屏蔽效能的影响

与领口相比，袖口区域对服装屏蔽效能的影响较小。例如，袖口为 17cm 时，服装的屏蔽效能最高接近 18dB，而领口也为 17cm 时，服装屏蔽效能最高不超过 15dB，两者差距 3dB 左右，而这种现象在其他尺寸时表现得更为明显，例如，当袖口和领宽均为 13cm 并单独存在时，服装屏蔽效能的最大值分别接近 27dB 及 20dB，差距为 7dB 左右。

当袖口款式发生变化时，也会对电磁屏蔽服装屏蔽效能产生影响。图 2-16 是当袖口宽尺寸一致时，袖部款式对服装屏蔽效能的影响。从图 2-16（a）中可以看出，服装屏蔽效能的变化与袖口款式关联密切。松紧式不仅实际袖口缩小，而且有褶皱，对电磁波的阻挡效果好，因此服装的屏蔽效能最佳，而内斜式袖口的实际袖口亦有所减少，因此服装的屏蔽效能比直筒式的要大，外斜式由于实际袖口宽增加，因此服装的屏蔽效能比直筒式要小。图 2-16（b）给出了不同袖口款式服装屏蔽效能的均值，也可以印证服装屏蔽效能受不同款式袖口宽度和褶皱程度影响这一规律，即收紧式袖口的服装屏蔽效能最大，其次为内斜式及直筒式，最小的则为外斜式。

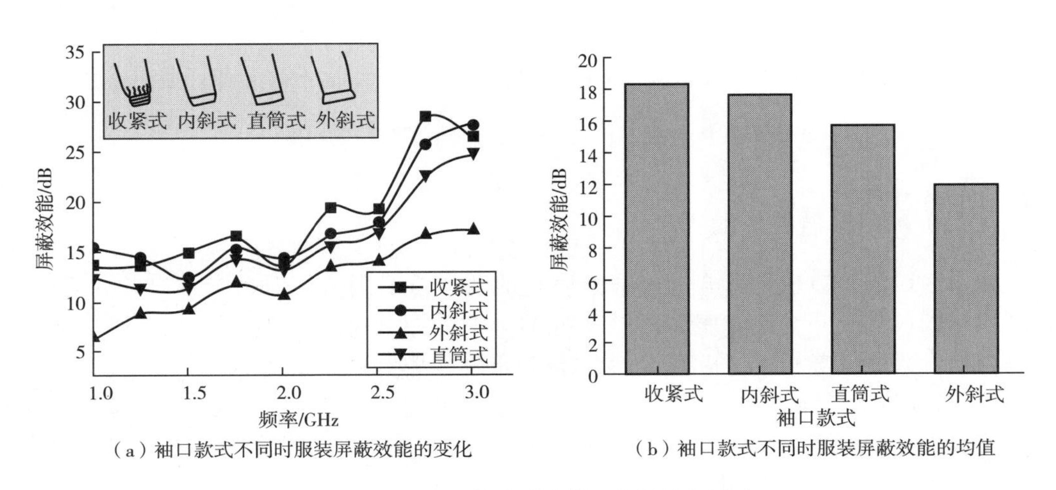

（a）袖口款式不同时服装屏蔽效能的变化

（b）袖口款式不同时服装屏蔽效能的均值

图 2-16　袖口款式对服装屏蔽效能的影响

（三）下摆区域的影响

下摆区域是服装中较大的开口，明显大于领口、袖口等区域，但事实上其对服装整体屏蔽效能的影响并不比这两个区域显著。图 2-17 是其他尺寸不变时，样衣下摆围对服装整体屏蔽效能的影响。

图 2-17（a）显示，当下摆围度增加时服装屏蔽效能呈整体下降趋势，但这种下降并不十分明显，对于任意频点，当围度为 94cm、100cm 及 106cm 时，屏蔽效能的下降幅度均较小。当下摆围度从 94cm 变化到 100cm 时，在高频段服装屏蔽效能的下降基本不超过 3dB 左右，在低频段基本也不超过 5dB。当下摆围度从 100cm 变化到 106cm 时，除了在频段 1GHz 附近下降幅度接近 4dB 左右，其余频段下降幅度基本不超过 2dB。另外，无论下摆围度为何值，当频率从 1GHz 变化到 3GHz 时，服装的屏蔽效能的变化整体均较为平稳，基本不会出现随频率波动较大的情况。服装的整体屏蔽效能值的范围也在一个狭窄区域波动，如图 2-17（b）所示，当下摆围度分别为 94cm、100cm 及 106cm 时，服装的屏蔽效能值分别为 14dB、12. 9dB 及 12. 1dB。上述现象证

明，对于本节测试条件，下摆区域虽然开口较大，但对服装整体屏蔽效能的影响却较小，这一点在其他实验中均得到了证实。

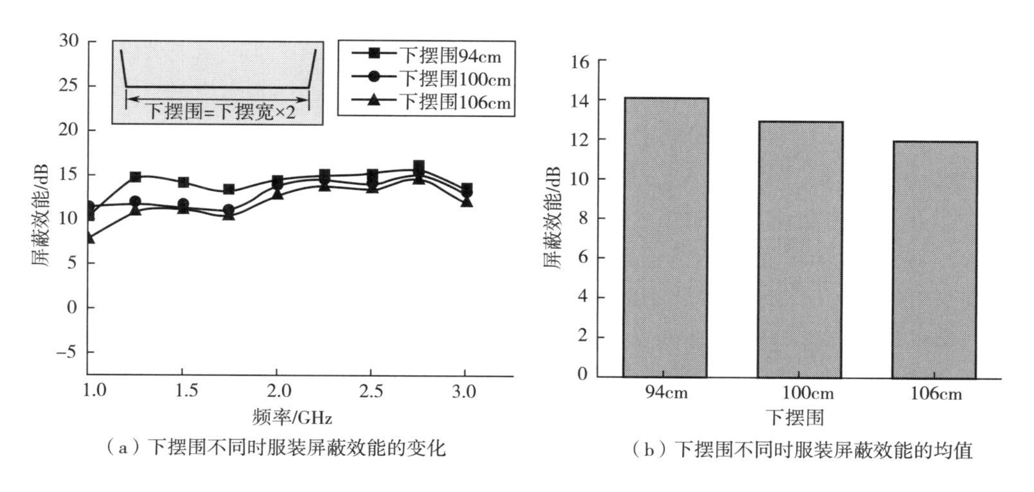

（a）下摆围不同时服装屏蔽效能的变化

（b）下摆围不同时服装屏蔽效能的均值

图 2-17　下摆围对服装屏蔽效能的影响

下摆类型对服装的屏蔽效能也有一定影响，总体而言，当围度尺寸相同时，不同的下摆类型对服装屏蔽效能的影响是由其开口靠近服装内部的附近区域的尺寸决定的。如图 2-18（a）所示，收紧式、正常式及外扩式下摆开口围尺寸保持一致，但收紧式靠服装内部区域的尺寸围度比开口小，能更好地阻挡电磁波，因此此时服装屏蔽效能整体较高，而外扩式靠服装内部区域的尺寸围度扩大，对阻挡电磁波不利，因此导致服装的整体屏蔽效能较低。而正常式下摆靠近服装内部区域的围度尺寸并无变化，因此服装的屏蔽效能介于收紧式及外扩式之间。图 2-18（b）给出了不同下摆款式时服装在全频段范围的屏蔽效能均值，也体现了收紧式下摆服装的屏蔽效能最大，正常式次之，外扩式最小的规律。

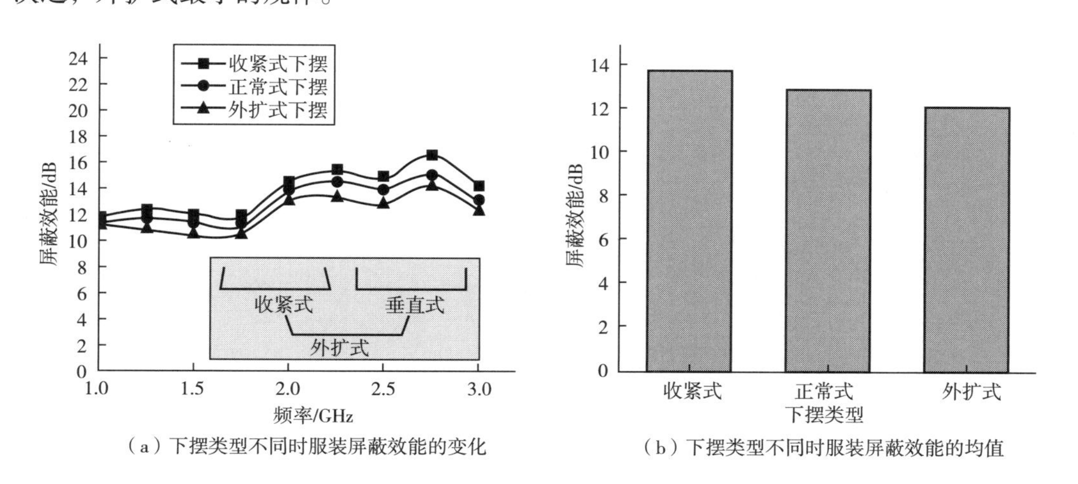

（a）下摆类型不同时服装屏蔽效能的变化

（b）下摆类型不同时服装屏蔽效能的均值

图 2-18　下摆类型对服装屏蔽效能的影响

（四）各个开口区域的综合影响

实际穿着中所有开口同时存在，共同影响着服装的屏蔽效能，但不同的开口区域的影响作用有所不同。图 2-19 是样衣 A1、样衣 A2 及样衣 A3 不同规格服装所有开口同时存在时服装屏蔽效能的变化图。

将图 2-19（a）与图 2-13（a）、图 2-15（a）及图 2-17（a）进行对比，可看出无论样衣尺寸如何，服装的屏蔽效能的最高值均小于领口、袖口及下摆单独存在时的屏蔽效能，最小值也均小于领口、袖口及下摆单独存在时的屏蔽效能值，例如，对于样衣 A2，其最大值及最小值分别约为 12dB 及 2.5dB，而 17cm 领宽单独存在时服装的最大值及最小值分别约为 15dB 及 3dB，15cm 袖口宽单独存在时服装屏蔽效能的最大值及最小值分别约为 18dB 及 7dB，而 100cm 下摆围单独存在时服装屏蔽效能的最大值及最小值分别约为 14dB 及 11dB，这充分证明在多个开口作用下，服装的屏蔽效能进一步呈现整体下降的趋势。同时也可以看出，无论是样衣 A1、样衣 A2 还是样衣 A3，多开口存在时电磁屏蔽服装屏蔽效能的变化趋势并不是单个不同开口区域的影响结果的叠加，而是适应“就近”法则，即更接近距离信号接收器最近的开口单独存在时的服装屏蔽效能的变化趋势和大小，如图 2-19（a）和图 2-14（a）所示，在多个开口作用下，服装的屏蔽效能也是呈现先降后升的态势，与领口单独存在时的趋势最为接近。

另外，从图 2-19 中可以看出，样衣 A3 的屏蔽效能在频率为 1GHz~1.35GHz 范围出现了负值，这说明此时人体模特内部的电磁场强比未着装时还有所增加，服装的防护作用不但失去，甚至会对人体产生更大的伤害。事实上，这种情况在很多含开口的服装测试中都有所发现，后文章节将对此产生的原因做进一步讨论。上述现象证明，服装多个开口并存时，距离信号接收器最近的开口区域对服装整体屏蔽效能的影响最大，而距离信号接收器较远的开口区域影响次之，但对服装的屏蔽效能有降低作用。随着开口与信号发射器的距离增加，开口的影响呈现逐渐减弱的趋势。

各个开口主要尺寸

领宽	13cm	圆领	样衣A1
袖口宽	13cm	正常式	
下摆宽	94cm	垂直式	

领宽	17cm	圆领	样衣A2
袖口宽	15cm	正常式	
下摆宽	100cm	垂直式	

领宽	21cm	圆领	样衣A3
袖口宽	17cm	正常式	
下摆宽	106cm	垂直式	

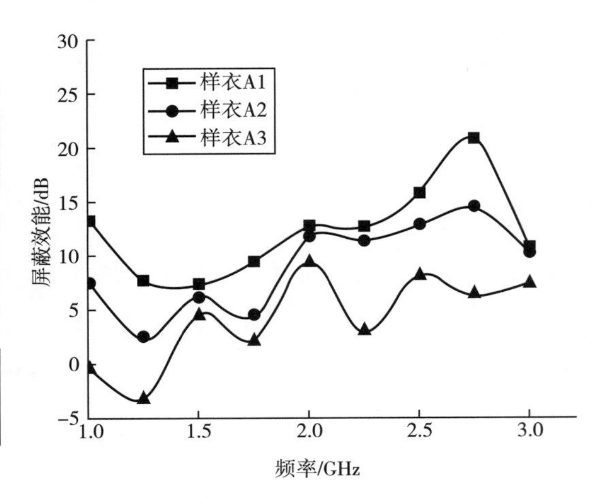

图 2-19　多个开口区域对服装屏蔽效能的综合影响

三、开口对服装影响规律的形成机理

开口对服装的影响机理本质是由电磁波的传输特点所决定的。对于孔洞尺寸影响服装屏蔽效能这一现象可用孔洞电磁理论解释。如图 2-20（a）所示，当电磁波入射服装孔洞区域时，设孔洞的面积为 S（mm^2），服装整体投影面积为 A（mm^2），由于 $A \gg S$，且 A 为定值，则孔洞泄漏后的屏蔽效能可以估算为：

$$SE = 20\lg\left[\frac{1}{T_s + 4\left(\frac{S}{A}\right)^{\frac{3}{2}}}\right] \tag{2-18}$$

从式（2-18）可以明显看出，当服装领口、袖口及下摆等开口尺寸增加时，面积 S 也相应增加，则屏蔽效能 SE 值会相应减少。通过对服装孔洞的实验结果分析，发现服装的屏蔽效能受孔洞横向或纵向的最大尺寸 S_{max} 影响更大，服装的屏蔽效能随 S_{max} 的增长而降低。

对于褶皱及开口内部区域的倾斜影响服装屏蔽效能这一现象可用电磁波的传输理论解释。根据电磁理论，屏蔽体的屏蔽途径主要通过反射 R、吸收完成 A 及多次反射 B 达到，其屏蔽效能由式（2-19）决定：

$$SE = R + A + B(\text{dB}) \tag{2-19}$$

显然，当开口处具有褶皱存在时，会增加入射电磁波的反射次数，如图 2-20（b）所示，此时式（2-19）中的多次反射 B 增加，从而提升屏蔽对象的屏蔽效能。而当开口区域内部出现倾斜时，也会扩大或缩小电磁波入射后的多次反射范围，反射范围越大则多次反射 B 增加，从而导致服装屏蔽效能的降低，反射范围越小则反射 B 会减少，从而导致服装屏蔽效能的提升。

对于距离对服装屏蔽效能的影响，则是由电磁波的传输衰减规律决定的。如图 2-20（c）所示，开口分为近距离、中距离及远距离开口，近距离开口离信号接收器的距离为 d_1，远距离开口离信号接收器的距离为 d_4，中距离开口离信号接收器的距离为 d_2 及 d_3。根据信号衰减理论，如图 2-20（d）所示，电磁波会沿服装内部传输方向呈现指数规律衰减，其衰减公式如式（2-20）所示：

$$P_{RX} = P_{TX}G_{TX}G_{RX}\left(\frac{\lambda}{4\pi r}\right)^2 \tag{2-20}$$

式中，P_{RX} 为接收功率，W/mW；P_{TX} 为发射功率，W/mW；G_{TX} 为发射天线放大倍数；G_{RX} 为接收天线放大倍数；λ 为电磁波波长；r 为传播距离。

四、开口导致服装屏蔽效能失效的机理

对于服装样衣 A3 的屏蔽效能失效甚至为负值这一现象，我们认为是由多次反射在一定条件下形成谐振效应造成的。由于电磁屏蔽服装多采用反射型面料制作，电磁波入射后会在腔体内形成较强的多次反射，如图 2-20（e）所示。当服装的袖部、大身管状腔体尺寸形态与电磁波波长达到一定条件时，原本应该衰减的电磁波会保持不变，

与未着装时的电磁场强几乎相等，使服装屏蔽效能的测试接近零。进一步，由于服装腔体内的空间大于电磁波的波长，这些多次反射的电磁波很可能在一定条件下在腔体内引发共振产生谐振效应，根据电磁理论，若 ω_e（Hz）为谐振时的频率，R_g（Ω）是服装腔体电阻，C_g（F）是服装电容，则衡量谐振腔积聚电磁能量的品质因子 Q_g（无量纲）可用式（2-21）计算：

$$Q_g = \frac{1}{\omega_e R_g C_g} \tag{2-21}$$

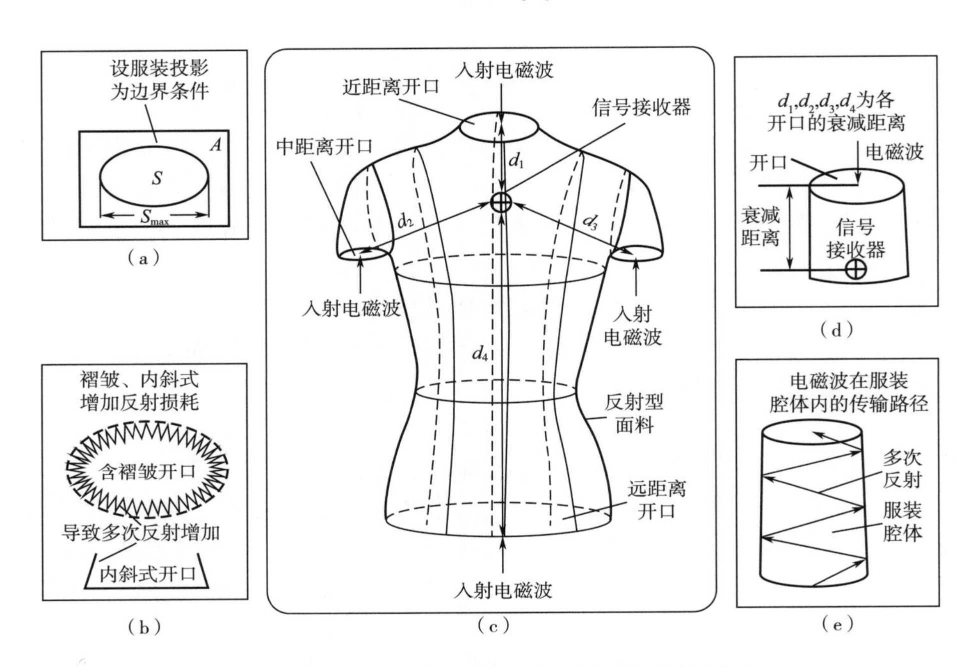

图 2-20　开口对电磁屏蔽服装屏蔽效能影响的机理

很明显，由于服装面料的强反射性，导致腔体电阻 R_g 较小，而服装尺寸的有限性，导致腔体电容 C_g 亦较小，此时式（2-21）中 Q_g 较大，即服装内部电磁能量被大幅度提升，甚至超过未着装时电磁波入射后同一位置的场强，根据式（2-18），则会出现服装屏蔽效能为负值的情况。很明显，这种现象是在特定条件下才可发生，极具隐蔽性，会在不知不觉中使服装失去防护作用，从而对人体造成隐形损害。

五、小结

（1）领口、袖口及下摆等服装开口区域均会降低电磁屏蔽服装的屏蔽效能，开口区域尺寸越大这种降低作用越明显，当开口达到一定尺寸时，服装整体屏蔽效能可能为零甚至为负值，导致服装的防护作用失效，从而对人体产生严重的隐形伤害。

（2）开口与测试位置的距离对服装的屏蔽效能影响显著，开口测试点距离信号接收器越近则对服装屏蔽效能的降低作用越大，其中距离测试点位置最近的开口对服装的影响最大，而其他开口随距离增加对服装屏蔽效能的影响逐渐减小。

（3）领口、袖口及下摆等开口区域的款式对服装的屏蔽效能有明显的影响，当开口区域为褶皱造型或者靠内侧形成内斜式造型时，可以增加电磁波的反射损耗，从而提高电磁屏蔽服装的屏蔽效能。

（4）电磁屏蔽服装屏蔽效能的降低并非是所有开口产生影响的叠加，距离测试点最近位置的开口对服装的屏蔽效能影响占主导地位，具有较大的影响权重。服装整体屏蔽效能变化更接近该开口单独存在时的变化趋势。

（5）当服装面料采用吸波型材料制作时，或者开口区域采用吸波结构时，可有效增加电磁波的吸收损耗，并且减少因多次反射而可能产生的谐振现象，从而有效提升服装的整体屏蔽效能。

第三节　开口实例——袖部对电磁屏蔽服装防护性能的影响

本节针对开口结构中的重要类型袖子进行实例研究，探讨面料、袖长、袖口围度及款式对袖子屏蔽效能的影响。通过选择合适的电磁屏蔽面料、服装号型规格及款式结构制作系列袖子实验样品，采用专业服装屏蔽效能测试系统测试袖子的屏蔽效能，结合试验结果及电磁理论分析研究各个因素改变时袖子屏蔽效能值的变化规律，并给出了初步的设计原则。该研究有助于进一步深入探讨电磁屏蔽服装的防护效果及影响因素，为电磁屏蔽服装的设计、生产及评价提供参考。

一、袖子的影响因素及简化分析模型

（一）影响因素

根据袖子结构及电磁波原理，结合反复测试实验，得出影响袖子的因素包括多个方面，如图 2-21 所示。其具体影响方式见表 2-4。

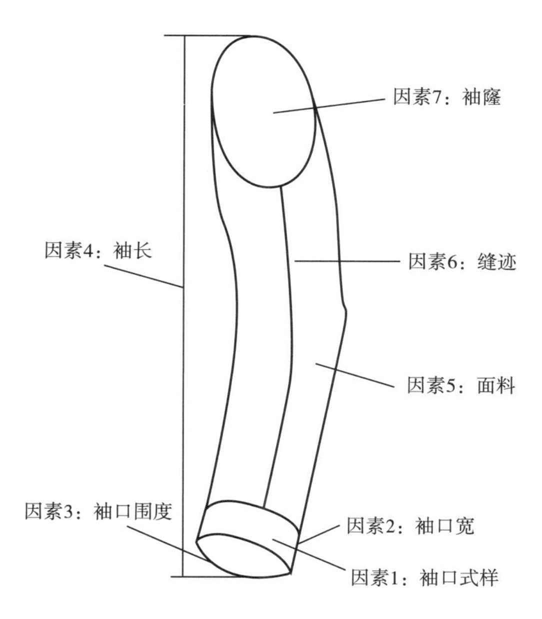

图 2-21　影响袖子屏蔽效能的因素

表 2-4　袖子的影响因素分析

编号	因素名称	影响方式
因素 1	袖口式样	决定了电磁波入射量及反射情况
因素 2	袖口宽	决定了入射电磁波反射情况及在缝迹处的泄漏区域
因素 3	袖口围度	决定了外部电磁波首次入射袖子的量
因素 4	袖长	决定了电磁波入射后在袖子中的多次反射情况
因素 5	面料	决定了外部电磁波从侧面的入射量
因素 6	缝迹	决定了外部电磁波从侧面的入射量
因素 7	袖窿	决定了外部电磁波在袖笼缝迹处的入射量以及衣身内部电磁波从袖笼处的入射量

上述影响因素若同时考虑势必会十分复杂。对于袖子来说，最关心的是袖口处的入射电磁波对屏蔽效能的影响，分析款式变化对袖子屏蔽效能的影响因素时可以不考虑缝迹而仅考虑面料的屏蔽效能 SE_f。另外袖窿处由于与大身相连，其边缘来自于衣身的诸多影响，可以认为衣身固定不变，从而也不考虑这个因素。因此，为了便于分析，本节将图 2-21 所述的影响因素简化，不考虑因素 6、7 的影响，建立简化的分析模型。

（二）简化分析模型

根据上述分析所述的 7 个影响因素进行凝练，将袖子简化为一个由袖口、袖身构成的对象从而建立简化的分析模型，如图 2-22 所示。其中面料及缝迹为固定，即袖身材质及袖口材质的电磁参数保持不变。袖窿处设置为一个边界面，以将袖子与大身隔离，实际操作时则将其捆扎封口，以防来自大身处及外部的电磁影响，然后根据实验测试结果考察每个参数变量对电磁波入射的影响，从而研究袖子的电磁屏蔽性能规律。此时袖子的屏蔽效能 SE_S（dB）由面料屏蔽效能 SE_f（dB）、袖长 L_d（cm）、袖口围度 C_a（cm）、袖口宽度 L_c（cm）及袖口边缘倾斜角 α 决定，可用式（2-22）表示：

$$SE_S = F(SE_f, C_a, L_c, L_d, \alpha) \tag{2-22}$$

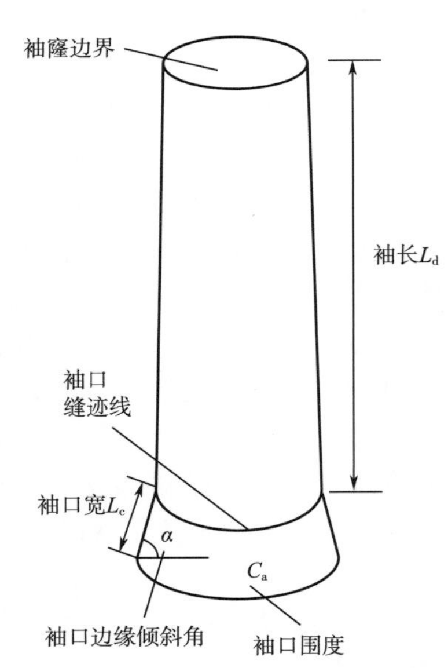

图 2-22　简化分析模型

二、实验

（一）实验设计

选择 30%不锈钢纤维/30%涤纶/40%精梳棉混纺面料、100%镀铜镍纤维、100%镀银纤维等面料制作袖片，为尽可能减小实验误差，缝制袖片统一采用平缝工艺，缝纫线为不锈钢长丝，规格为150D/3，针距为15针/3cm，针号为14号。

袖子样品制作时根据图2-22的分析模型设计变量，考察面料 SE_f 及袖子款式相关参数袖长 L_d、袖口围度 C_a、袖口宽 L_c 及边缘倾斜角 α 等变化对整体袖子屏蔽效能的影响。

（二）测试方法

依据简化分析模型专门设计了实验，制作系列完整袖子，通过探测袖子中部区域的电磁场强度，考察各个因素对袖子屏蔽效能的影响。其测试方法如图2-23所示。该系统选择3米法半电波暗室对立体袖子试样进行测试，将胳膊模型放置于暗室中，通过发射天线发射不同频率信号，强度为 E，从安装在胳膊模型内部的接收天线探头接收信号，得到穿着袖片的电场强度 E_0，再根据式（2-17）得到袖片的屏蔽效能。

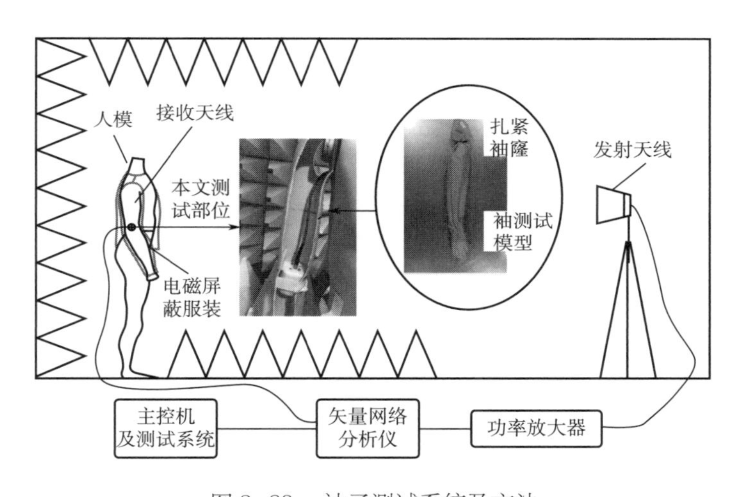

图2-23　袖子测试系统及方法

为避免服装大身处的影响，将袖窿处用绳子扎紧，并将探头放置在胳膊内部进行测试，以单独考察袖子相关参数对屏蔽效能的影响。服装面料的屏蔽效能则采用小窗法屏蔽效能测试系统测试，面料样布大小为40cm×40cm，测试距离为1.5m，测试频率范围为1000MHz~3000MHz。

三、结果与分析

（一）面料屏蔽效能的影响

多次试验证明，面料制作成袖子后无论什么款式，袖子整体的屏蔽效能均比面料本身屏蔽效能大幅度下降。图2-24是不锈钢面料与制成袖子的屏蔽效能对比，图2-24显示，用来做袖子的不锈钢面料屏蔽效能在35~50dB波动，随着频率的增加，其屏蔽效能也随之增加。但不锈钢面料制成袖子后，不同频点均有大幅度下降，下降幅度一般为60%~90%。通过大量实验后发现，对于其他例如，镀银、镀铜镍纤维面料，也遵循上述规律，制成袖子后的屏蔽效能比原面料的屏蔽效能有大幅度下降。由此可得出两个结论，一是在同样款式等条件下，所选择的面料屏蔽效能越高，制成袖子的屏蔽效能也越高，二是目前市场上通过服装面料的屏蔽效能衡量服装屏蔽效能的做法是欠妥的。但面料制成袖子后具体下降多少还未有明确定论，尤其是在有些款式及尺寸时，屏蔽效能会下降到负值，这在后续章节的分析中会详细讨论。

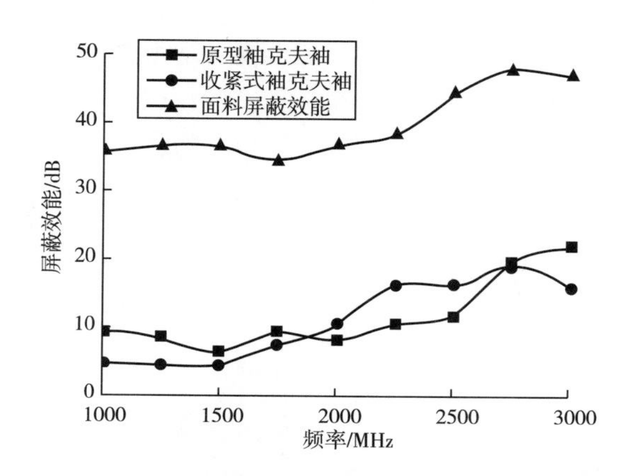

图2-24　面料屏蔽效能对袖子屏蔽效能的影响

（二）袖长的影响

实验发现，袖长对袖子的屏蔽效能影响规律不是很明显，不同袖长在不同的频段会出现不同的高点或低点，但是有两点较为一致。第一，一般情况下，其他条件不变时，袖子越长，其能达到的最大屏蔽效能则越大。图2-25是袖子其他参数（袖肥40cm，袖口围度30cm，不锈钢混纺面料）保持不变时，直筒袖长度变化时的屏蔽效能变化，可以看到红色方块是每个长度袖子能达到的最大屏蔽效能，其值随着袖长的增加而增加。第二，袖子较短的情况下，极易使袖子的屏蔽效能出现负值，如图2-25中的绿色圆圈部位，这意味着此时袖子不仅失去了防护功能，还使人体等被保护对象受到更大伤害。发生这种现象的原因推测是由于袖长较短，电磁波衰减得还不够，且在袖子内反复反射，极易形成谐振腔效应，从而使袖子的屏蔽效能为负值。

（三）袖口围度的影响

采用图2-23方法对多种款式的袖子进行测量，分析袖口围度对袖子屏蔽效能的影响，发现袖口围度是决定电磁波入射的关键尺寸。图2-26是袖克夫袖子在其他尺寸不变时（袖长63cm，袖肥40cm，袖口宽5cm，不锈钢混纺面料）不同围度袖口在1000MHz~3000MHz频率范围内的屏蔽效能变化图。

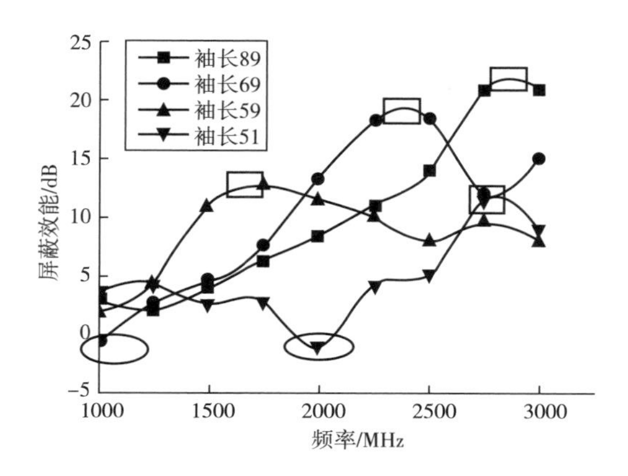

图 2-25　袖长对袖子屏蔽效能的影响

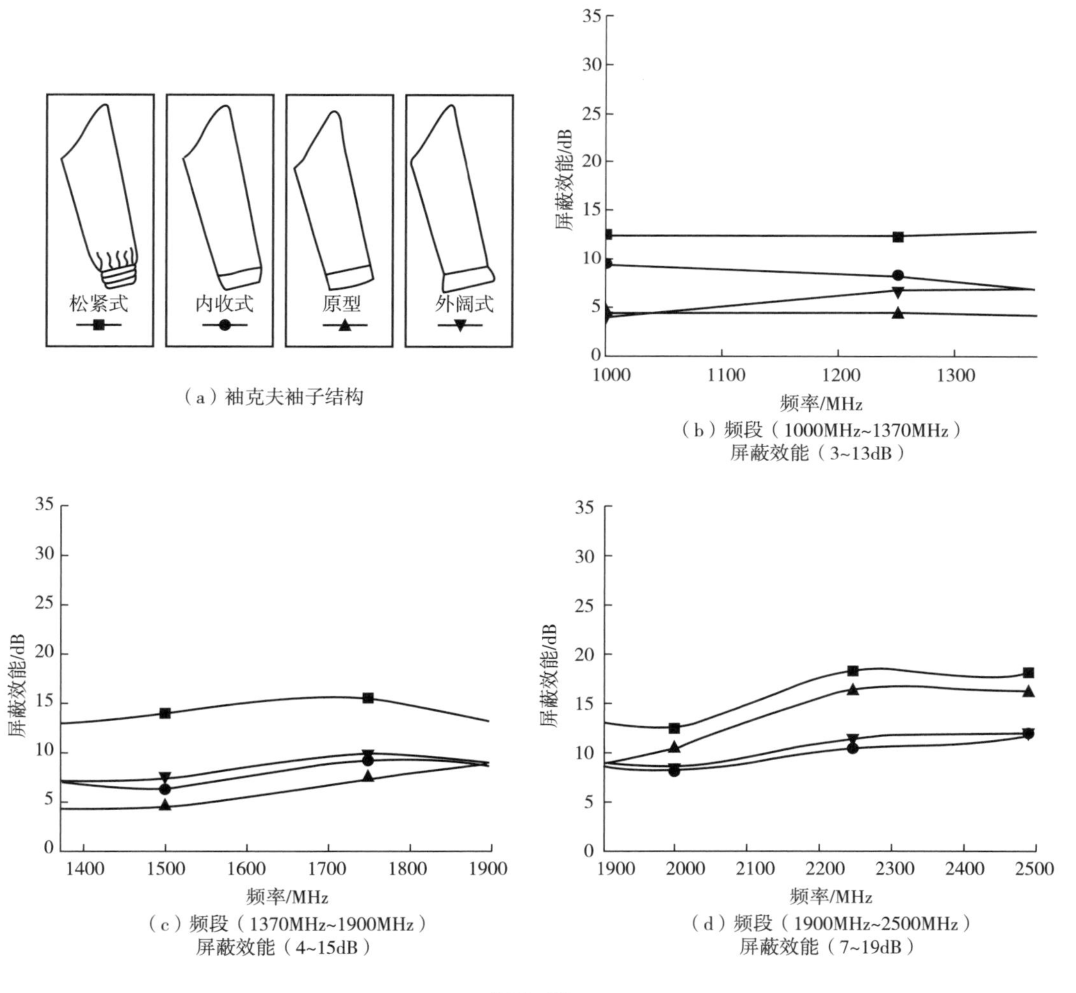

图 2-26

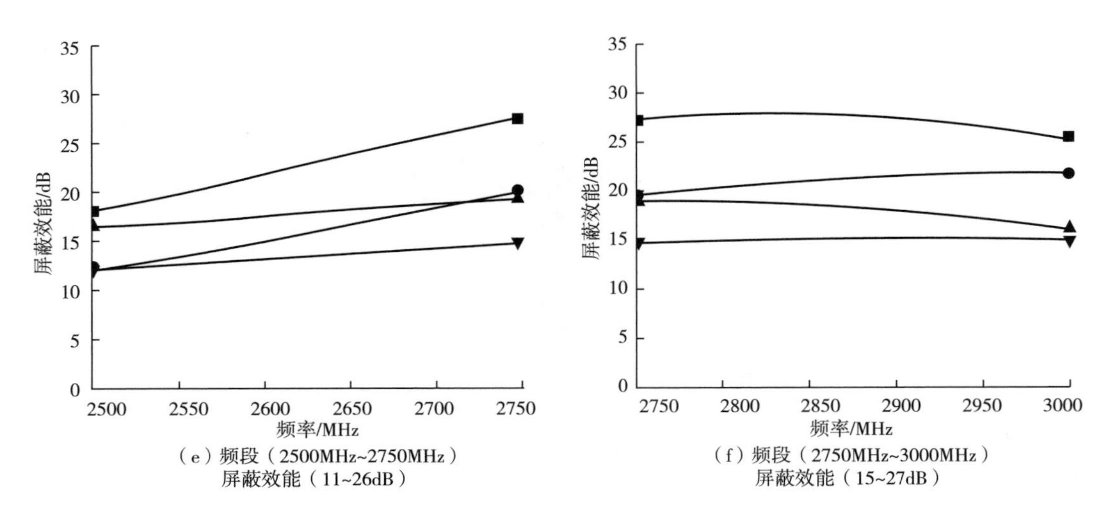

图 2-26　袖口围度不同时袖克夫袖的屏蔽效能变化图

从图 2-26 中可以看出，不同围度的袖克夫袖子的屏蔽效能均随着频率的增大而呈现波动型增大，在 1000MHz~1900MHz 频率范围内［图 2-26（b）（c）］，屏蔽效能的增速较为缓慢，在 1900MHz 之后［图 2-26（d）（e）］，增速较快，在大于 2750MHz 后，增势趋于平稳，甚至有下降趋势。

随着袖口围度依次增大，不同围度尺寸的袖子在不同波段的屏蔽效能大小顺序是不一样的［图 2-26（b）（c）（d）（e）（f）］，但整体上松紧式袖子的屏蔽效能在任何波段都保持屏蔽效能最高。我们认为松紧袖之所以屏蔽效能最好，一是因为袖口围度尺寸最小，二是袖口处存在褶皱较多，从而导致入射的电磁波较少并能被多次反射损耗掉。

在 1000MHz~3000MHz 频率范围内，当其他参数不变时，不同袖口围度的袖子在不同波段的屏蔽效能大小顺序［图 2-26（b）（c）（d）（e）（f）］是不一样的，而且有时还会出现围度较小的内收式袖口比正常袖口屏蔽效能低的情况［图 2-26（c）（d）］。我们认为造成这种现象的原因是决定袖克夫内收与外阔形态的边缘倾斜角，在一定角度下，决定边缘倾斜角 α 的存在可使电磁波有效反射，阻挡了电磁波入射，使整个袖片的屏蔽效能增加。而在某些情况下，这种夹角会起到喇叭收集效应，使电磁波顺利沿袖口处入射，从而降低袖片屏蔽效能。边缘倾斜角 α 何时产生收集作用何时产生阻挡作用与袖子的整体参数、面料电磁特性及频段范围等多个复杂因素有关，其具体量化规律目前还难以明确，后续研究还会不断进行探索和分析。但是若在 1000MHz~3000MHz 频率范围内将在所有频点的屏蔽效能求平均值进行综合比较，则袖子整体的屏蔽效能值由大到小依次为松紧式、原型式、内收式、外阔式。

当袖口结构为喇叭袖等其他款式时，一般情况下也同样具有上述规律，即对于单个袖子，其屏蔽效能随频率增加而先平缓，再加速增加，继而平缓甚至下降。而在其他变量不变时，袖口围度不同时袖子的屏蔽效能在不同频段的排序大小是不一样的，其结果决定于袖口边缘斜角对电磁波的入射及反射影响情况。

（四）袖口款式的影响

袖口款式的影响主要包括袖口宽度、袖口式样两个方面。图 2-27 是袖克夫袖子的袖口宽度 L_C 变化对袖子屏蔽效能的影响。从图 2-27 中可以看出，随着袖口宽度 L_C 增加，袖子的屏蔽效能呈下降趋势。造成这种现象我们认为主要是因为袖口缝制到袖子上时形成缝迹线，而该缝迹线使电磁波向袖子内部泄漏的位置与信号接收器进一步靠近，导致信号接收器收到的电磁信号增强，从而降低了袖子的屏蔽效能。

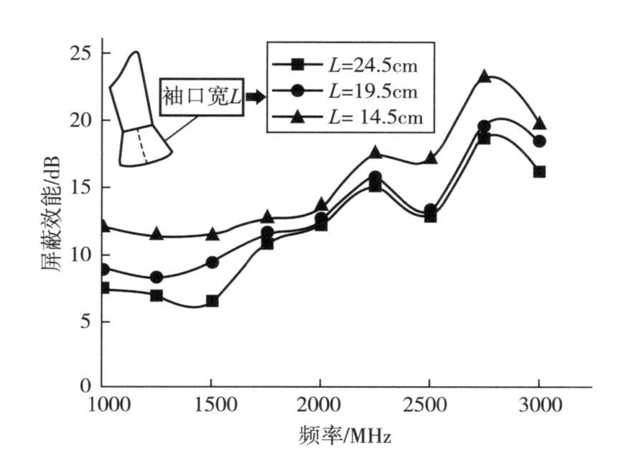

图 2-27　袖口宽对袖子屏蔽效能的影响

袖口式样对袖子屏蔽效能的影响较为复杂，本节重点对袖克夫袖和喇叭袖进行了探讨。图 2-28 是围度相同，所有尺寸均相同，袖克夫袖及喇叭袖的屏蔽效能变化图。可以看出喇叭袖虽然在频段 1600MHz～2300MHz 时屏蔽效能低于袖克夫袖，但在其他大多数频段其屏蔽效能均比袖克夫袖高，并且其最大值（发生在 2500MHz 频点）比袖克夫袖（发生在 2750MHz 频点）也高了 4dB 以上，因此整体上在其他条件不变时，喇叭袖的屏蔽效能比袖克夫袖要高。其实这本质上也是缝迹线的存在导致的，因为袖克夫袖存在缝迹线，电磁波在此处有一定的透入，而喇叭袖虽然存在分割线，但仅是为了裁剪及缝制正确操作的标记，一般并不存在实际的缝迹线，因而不会出现缝迹处的电磁波透入现象，从而导致了整体屏蔽效能大于袖克夫袖。

另外，我们认为喇叭袖和袖克夫袖的内外收敛、袖口处的褶皱也对屏蔽效能有较大影响，很明显，一般情况下收敛程度大，则入射电磁波减少，袖子的屏蔽效能较好。袖口褶皱较多，电磁波在袖口的反射和吸收较多，因此也会使袖子的屏蔽效能提高。

（五）袖子设计原则

根据本节实验结果，给出了下面的设计原则：

（1）一般而言，设计电磁屏蔽服装袖子时，在其他参数不变的情况下，选择屏蔽效能越高的面料，整体袖片的屏蔽效能会越好。

（2）袖长的设计一是要合体，二要达到一定的长度，一般而言，袖长越长，即电磁波入射的袖口区域离被保护区域越远，则袖子的整体保护效果越好。

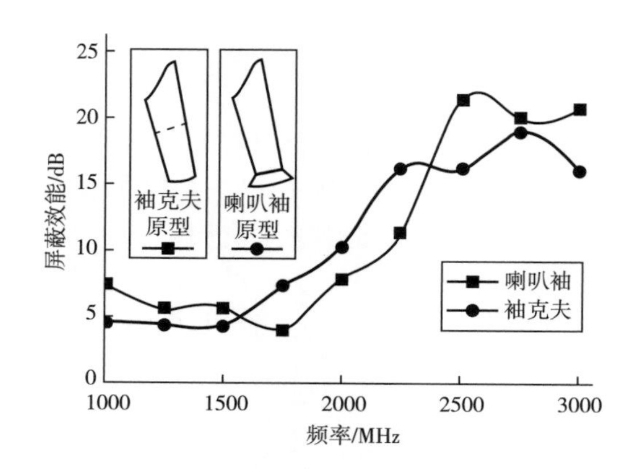

图 2-28　同样尺寸时袖克夫与喇叭袖的屏蔽效能对比

（3）总体上讲，袖口越小，则袖子的屏蔽效能值越高，尤其是若在袖口处增加褶皱，则会使袖子的屏蔽效能更好。

（4）袖口的设计应注意控制袖口宽参数，袖口与主袖的缝迹应远离人体被保护区，这样才能使袖子的防护功能提高。

（5）袖口的设计应注意袖口边缘倾斜角的选择，该角度可能导致袖子在不同频段的屏蔽效能提高或减小，需要根据服装的应用频段并经过试验测试才能选择最佳角度。

四、小结

（1）面料在制成袖子后屏蔽效能均有大幅度下降，一般情况下下降幅度为 60%～90%，在其他参数不变情况下，所选择的面料屏蔽效能越高，所制成的袖子的屏蔽效能也越高。

（2）袖长越大，袖子的屏蔽效能峰值越高，袖长较短情况下，极易使袖子的屏蔽效能出现负值。

（3）袖口围度增加时，袖子屏蔽效能大小变化根据频段而不同，边缘倾斜角是造成这个现象的原因之一，目前还难以找到明确的量化关系。但整体上，袖口尺寸围度越小，袖子整体屏蔽性能也较好。

（4）袖口款式对袖子的影响主要取决于袖口宽、袖口式样。袖口宽越大，袖子整体的屏蔽效能越低；袖口处存在褶皱越多，袖子的屏蔽效能越好。

（5）袖子的设计应根据面料、尺寸、款式及应用频段等条件综合考虑，应避免出现屏蔽效能出现负值的情况。

第三章

线缝对电磁屏蔽服装防护性能的影响

电磁屏蔽服装屏蔽效能的一个重要影响因素是线缝，原因是电磁波可以轻易地从线缝形成的微小缝隙和孔洞处穿过，在服装内部产生电磁场，从而大幅度降低服装的屏蔽效能。更重要的是，线缝在一些情况下还会发生天线效应，放大入射电磁波，从而穿着电磁屏蔽服装后反而对人体造成更大的伤害。因此，探索线缝对电磁屏蔽服装屏蔽效能的影响规律具有重要的学术意义及应用价值。本章将就线缝的模型构建与分析、线缝对电磁屏蔽服装屏蔽效能的影响展开论述。

第一节 线缝模型的构建及分析

由于线缝在服装中的曲线形态较为复杂，通常采用含线缝的平面电磁屏蔽织物的屏蔽效能变化来评价线缝对服装的影响，这其中一个重要研究内容就是含线缝电磁屏蔽织物屏蔽效能的计算问题，该方法可以快速地预测含线缝电磁屏蔽织物的屏蔽效能，为进一步研究线缝对织物及服装的影响规律奠定基础。目前有关这方面的研究很少，已有工作主要分为两方面：一是对线缝的缝合功能进行研究，对其参数的配置优化和对影响缝纫牢度及舒适程度的因素进行分析，但没有提及线缝对电磁波的屏蔽影响；二是针对织物本身的缝隙和孔洞进行研究，探索因为纱线交织而形成微孔隙对织物屏蔽效能的影响，但研究对象是织物本身形成的微缝隙或孔洞，与线缝的结构完全不一致。除了上述研究外，在电子电气领域学者对含缝隙设备屏蔽体的屏蔽效能的计算进行了较多探索，但电气设备屏蔽体的缝隙与服装上的线缝在结构特征上有明显不同，因此这些成果对本节的研究并不适用。

针对上述情况，本节根据等效介质理论建立含线缝电磁屏蔽织物屏蔽效能的计算模型。首先根据线缝特征建立其等效缝隙结构模型，然后根据电磁屏蔽理论建立基于该等效缝隙结构的屏蔽效能计算模型，最后通过对比模型计算结果及测试结果，得出本节模型可较好、较快估算含线缝电磁屏蔽织物屏蔽效能的结论。该模型可为进一步研究线缝对电磁屏蔽服装的影响规律奠定基础，对电磁屏蔽服装的设计、生产、评价及相关理论研究具有参考意义。

一、线缝的模型构建

（一）线缝的特征分析

图 3-1 是被缝合的两块织物贴裹在人体之上的平面存在形式，一般情况服装在穿着时线缝处于这种状态，所不同的是绷紧面料的张力有所不同，导致缝隙的大小不同。从图 3-1 中明显看出，此时影响电磁波泄漏的因素是针孔形成的孔洞、两块面料之间的线缝间隙及缝纫线的直径尺寸，针孔处会发生耦合现象导致电磁波向服装内部泄漏，

线缝间隙处则会发生直接泄漏，缝纫线的尺寸则由于自身的屏蔽作用一定程度上阻挡了上述两种现象的发生。因此，考察线缝对电磁屏蔽织物屏蔽效能的影响，需要考虑这三个方面的影响，建立包含这些引发电磁泄漏因素的结构模型。图 3-2（a）给出了图 3-1 的结构示意图。

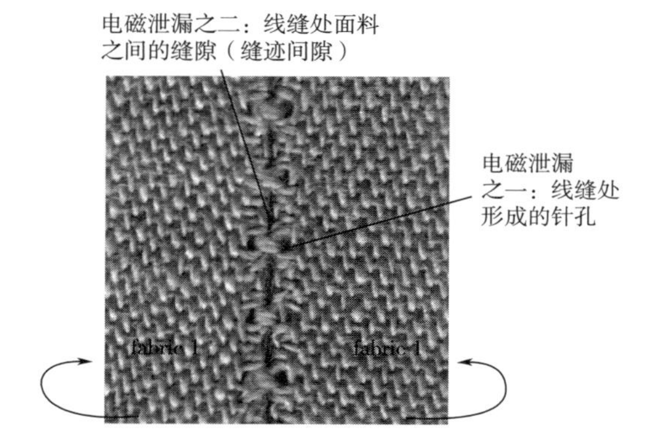

图 3-1　两块缝合面料贴裹在人体之上的形态

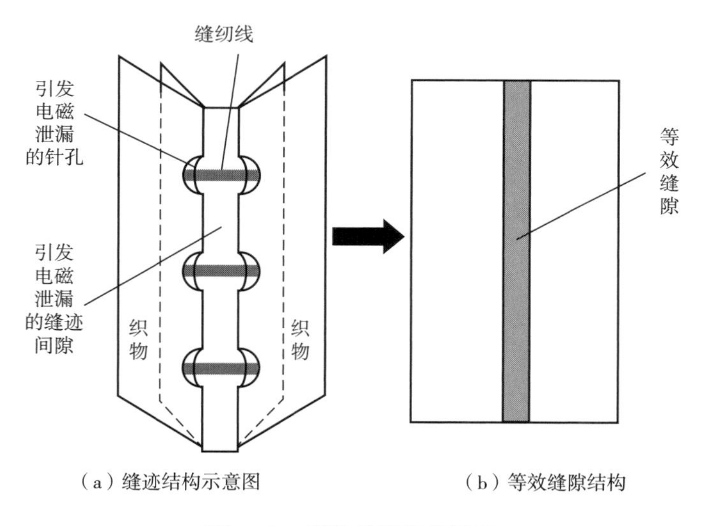

图 3-2　等效缝隙结构模型

（二）等效缝隙结构模型

从上述分析中可见电磁波在线缝处的泄漏是个较为复杂的问题，三个主要影响因素互相作用，很难采用具体的数学解析办法来进行分析。为此，提出建立等效缝隙结构模型的方法计算含线缝电磁屏蔽织物的屏蔽效能。

如图 3-2 所示，假设图 3-2（b）所示织物与图 3-2（a）具有同样的结构参数和尺寸，若在其上有一条缝隙，其尺寸参数根据图 3-2（a）中的缝迹长度、针孔大小、缝纫线种类等参数计算而得，并且对织物屏蔽效能的影响与图 3-2（a）相同，则称该缝隙为图 3-2（a）所示缝迹的等效缝隙结构模型。该模型的总面积 S 等于线缝间隙形成的面积 S_1（mm^2）及孔洞形成的面积 S_2（mm^2）之和，其长度 L_m（mm）与原缝迹总长度 L_s（mm）相同，宽度 W_m（mm）则由新面积除以原线缝长度得到，其关系满足式（3-1）~式（3-3）：

$$L_m = L_s \tag{3-1}$$

$$W_m = \frac{S}{L_m} \tag{3-2}$$

$$S = S_1 + S_2 \tag{3-3}$$

其中，缝隙 1 形成的面积可近似看成一个连续矩形，其长度为 L_1（mm），宽度为 W_1（mm），满足式（3-4）：

$$S_1 = L_1 \times W_1 \tag{3-4}$$

设缝迹针号所对应的工作直径为 d_n（mm），针迹密度为 N_s（pcs/3cm），孔洞形成的总长度为 L_h（mm），可得式（3-5）：

$$L_1 = L_s - L_h \tag{3-5}$$

其中：

$$L_h = \frac{\frac{L_s}{3} \times N_s \times d_n}{10} \tag{3-6}$$

一般情况下，图 3-2（a）中的缝隙是由缝纫线的弹性造成的，但同时跟拉伸有关，这是一个非常复杂的情况，根据外力有不同的原因。其缝隙一般与织物的厚度有关，根据不同的面料与厚度呈现一定关系，设两片织物的总厚度为 T（mm），其缝隙宽度与厚度的比为 δ（%），则 δ 为缝隙系数，此时 W_1 可由式（3-7）获得：

$$W_1 = \frac{T \times \delta}{10} \tag{3-7}$$

一般情况下，缝隙系数可根据面料及位置设定，正常情况下范围为 0.5~3。

将式（3-5）及式（3-7）代入式（3-4），得到式（3-8）：

$$S_1 = (L_s - L_h) \times \left(\frac{T \times \delta}{10}\right) \tag{3-8}$$

将式（3-6）代入式（3-8）得到式（3-9）：

$$S_1 = \left(L_s - \frac{\frac{L_s}{3} \times N_s \times d_n}{10}\right) \times \frac{(T \times \delta)}{10} \tag{3-9}$$

针孔形成的面积 S_2 为针孔面积减去缝纫线面积的总和，可根据针孔的个数及缝纫线的直径计算，设缝纫线直径为 d_t（mm），则 S_2 可由式（3-10）计算：

$$S_2 = 2 \times \frac{L_s}{3} \times N_s \times \pi\left[\left(\frac{d_n}{20}\right)^2 - \left(\frac{d_t}{20}\right)^2\right] \tag{3-10}$$

将式（3-9）及式（3-10）代入式（3-3）可得式（3-11）：

$$S = \left(L_s - \frac{\frac{L_s}{3} \times N_s \times d_n}{10}\right) \times \frac{T \times \delta}{10} + 2 \times \frac{L_s}{3} \times N_s \times \pi\left[\left(\frac{d_n}{20}\right)^2 - \left(\frac{d_t}{20}\right)^2\right] \tag{3-11}$$

简化得到式（3-12）：

$$S = \frac{T\delta L_s}{10} - \frac{L_s N_s d_n T\delta}{300} + \frac{\pi L_s N_s}{600}(d_n^2 - d_t^2) \tag{3-12}$$

将式（3-12）代入式（3-2），则等效模型的宽度可采用式（3-13）计算：

$$W_m = \frac{\frac{T\delta L_s}{10} - \frac{L_s N_s d_n T\delta}{300} + \frac{\pi L_s N_s}{600}(d_n^2 - d_t^2)}{L_m} \tag{3-13}$$

根据式（3-1），L_m 与原线缝总长度 L_s 相同，故用 L_s 替代式（3-13）的 L_m，得到式（3-14）：

$$W_m = \frac{T\delta}{10} - \frac{N_s d_n T\delta}{300} + \frac{\pi N_s}{600}(d_n^2 - d_t^2) \tag{3-14}$$

（三）等效屏蔽效能计算模型

根据电磁理论，对于矩形线缝，当入射电磁波磁场强度为 H_0（A/m），泄漏到屏蔽体中的磁场强度为 H_p（A/m）时，则有式（3-15）：

$$H_p = H_0^{-\pi t/g} \tag{3-15}$$

式中：g 为缝隙宽度，mm；t 为织物的厚度，mm。此时磁场通过该缝隙的衰减如式（3-16）所示：

$$SE = 20\lg\frac{H_0}{H_p} = 27.27\frac{t}{g} \tag{3-16}$$

此时，$t=T$，$g=W_m$，将式（3-14）代入式（3-16），得到式（3-17）：

$$SE = 27.27\frac{T}{10\left[\frac{T\delta}{10} - \frac{N_s d_n T\delta}{300} + \frac{\pi N_s}{600}(d_n^2 - d_t^2)\right]} \tag{3-17}$$

考虑到不同组织类型、织物实际屏蔽效能及不同纱线形成的毛羽对等效缝结构隙模型的尺寸影响，引入修正系数 ε 以进行修正。式（3-17）可写成如式（3-18）所示的形式：

$$SE = 27.27\varepsilon\frac{T}{10\left[\frac{T\delta}{10} - \frac{N_s d_n T\delta}{300} + \frac{\pi N_s}{600}(d_n^2 - d_t^2)\right]} \tag{3-18}$$

修正系数 ε 采用实验方法获得。

二、模型验证

（一）实验材料

选择两种比较常用的不锈钢混纺电磁屏蔽织物作为实验样布，其规格见表3-1。样布大小为15cm×15cm，线缝长度与面料长度一致，缝制位置在面料的中间部位。考虑到实验波形为平行波，故仅选择缝制为垂直方向的线缝进行分析。

表 3-1 实验用电磁屏蔽织物规格

织物组织	不锈钢/涤纶/棉/%	经密/（根/10cm）	纬密/（根/10cm）	厚度/mm
平纹	30/45/25	272	259	0.35
斜纹	30/45/25	267	238	0.38

线缝选择镀银缝纫线制作，其相关参数见表 3-2。

表 3-2 线缝参数

缝迹编号种类	缝纫线参数	实测缝纫线延伸性	缝迹长度/cm	针号	针孔大小/mm	针密度/（针/3cm）
1#	镀缝纫线 200D，0.44mm	0.03	11	8	0.6	12
2#				10	0.7	
3#				12	0.8	
4#				14	0.9	

（二）屏蔽效能测试方法

屏蔽效能测试采用波导管法进行。该波导管系统经与法兰同轴法测试系统对比，测试结果精确，更符合织物的实际使用状态。其频率范围为 2.2GHz~2.65GHz。为了考察线缝间隙大小不同时模型的计算结果，样布采用张力器进行固定，施加不同的张力并且测试完间隙大小后再进行测试。样布不含线缝时在不同频点下的屏蔽效能见表 3-3。

表 3-3 不含线缝时实验样布的屏蔽效能测试结果　　单位：dB

织物组织	p=2.3GHz	f=2.5GHz
平纹	45.8	45.5
斜纹	45.1	44.9

（三）修正系数 ε 及厚度系数 δ 的确定

本节采取选择标准样本的方式获取织物的修正系数。选择 10 块平纹电磁屏蔽织物制作成 A 组样布，10 块斜纹织物制作成 B 组样布，所有样布都添加平缝线缝，分别测试 A、B 两组的屏蔽效能，求平均值，并与式（3-14）的计算结果对比，发现有如下关系：

$$\varepsilon = \frac{SE' + 200h}{SE'} \tag{3-19}$$

式中，h 为织物的毛羽系数，取值为［0.03，0.08］。

采用张力器对样布施加不同的张力，求 10 个针孔之间的宽度平均值，用以除以两块缝合面料的总厚度，即得到厚度系数 δ。

（四）针孔变化时的计算结果与实验结果对比

图 3-3 和图 3-4 是针孔大小变化时含缝隙电磁屏蔽织物实测结果与实验结果的对比。从图中可以看出，采用本节模型对含线缝电磁屏蔽织物屏蔽效能的计算结果能够较好地与实验测试结果相符，证明本节模型的具有较好的准确性。从图 3-3 和图 3-4 中也可以看出，当其他参数不变而针孔大小变化时，含线缝电磁屏蔽织物的屏蔽效能随针孔的增加有着明显的降低，证明针孔对电磁波的泄漏有着重要的影响。实际应用中，应当尽量减少针孔的面积，方法是减少针号即针的直径，同时尽量选择合适粗细的导电缝纫线，使其直径尽量与针孔匹配，这样可以有效减少缝纫线与针孔之间的孔隙。

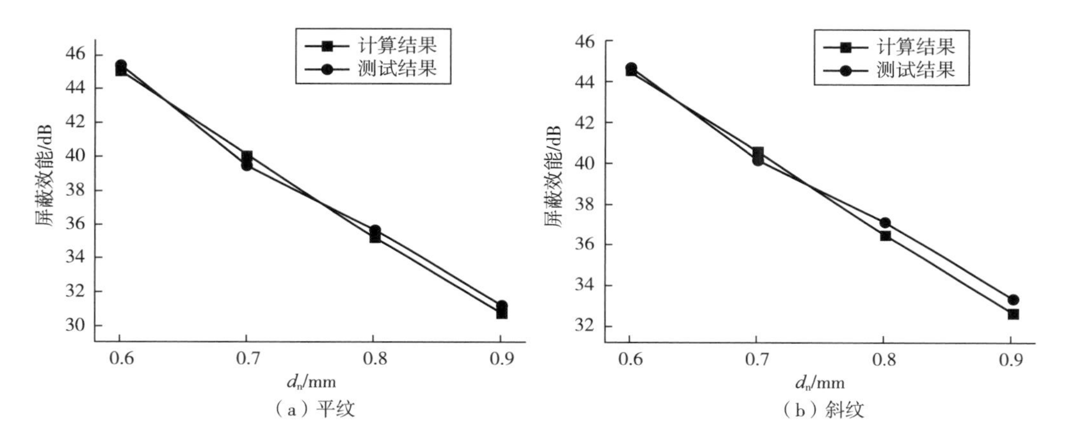

图 3-3　线缝针孔直径不同时计算结果与测试结果对比（f=2.3GHz）

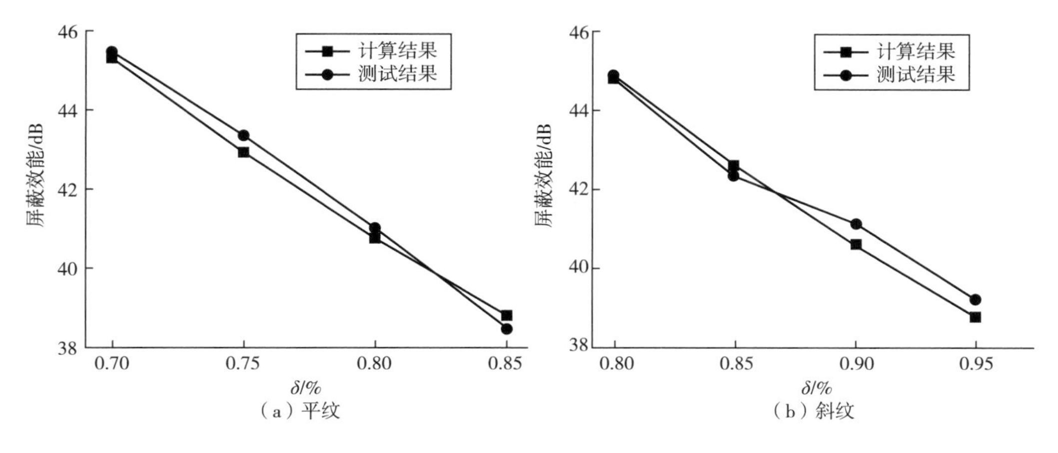

图 3-4　线缝针孔直径不同时计算结果与测试结果对比（f=2.5GHz）

（五）线缝间隙变化时的计算结果与实验结果

图 3-5 和图 3-6 是线缝间隙大小变化时含线缝电磁屏蔽织物屏蔽效能的计算结果与实验结果的对比。从两幅图中可以看出，采用本模型对含线缝电磁屏蔽织物屏蔽效

能的计算结果与实验测试结果能够较好地相符，显示本模型的有效性。从两幅图中也可以看出，当其他参数不变而缝迹间的缝隙大小增加时，含线缝电磁屏蔽织物的屏蔽效能随之不断降低，证明线缝间隙对电磁波的泄漏有重要的影响。根据线缝的特征，面料的厚度、弹性、缝纫线的弹性及外界张力等对线缝间隙都有着重要影响，要想在实际中减少线缝间隙以提高含线缝电磁屏蔽织物的屏蔽效能，就需要在满足舒适性的前提下，降低面料的弹性及厚度，并降低缝纫线的弹性，同时减少线缝被拉伸的张力。

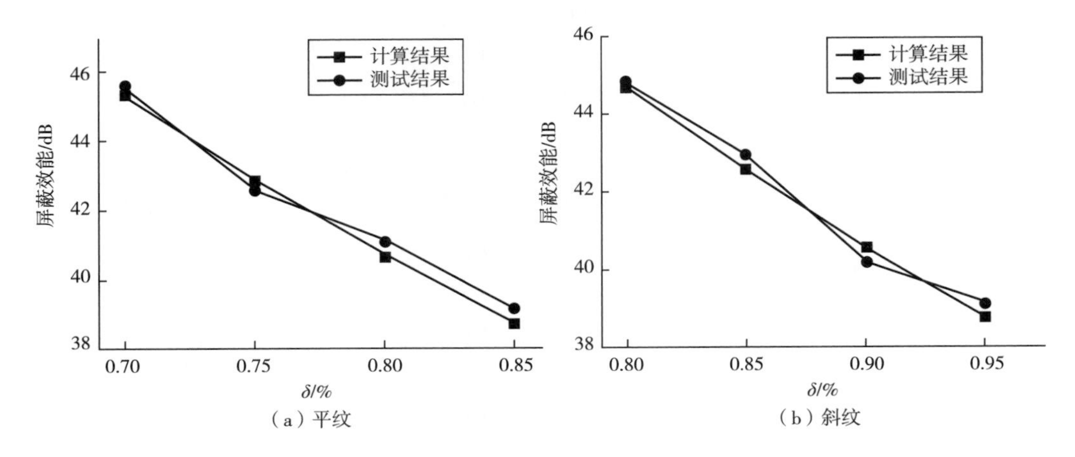

图 3-5　线缝间隙不同时计算结果与测试结果对比（f=2.3GHz）

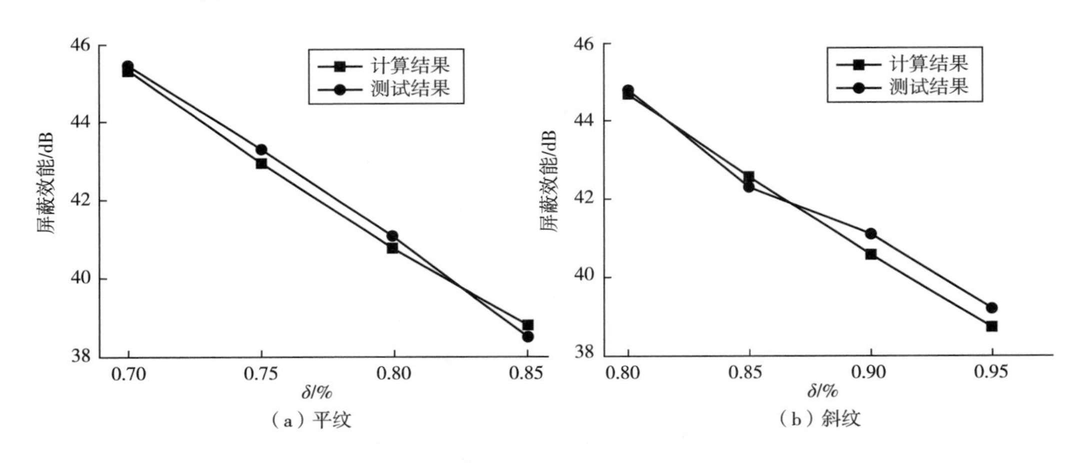

图 3-6　线缝间隙不同时计算结果与测试结果对比（f=2.5GHz）

（六）误差影响因素分析

根据模型的建立过程可以看出，模型的计算误差主要受线缝间隙测量准确性、针孔测量准确性、织物厚度测量准确性、缝纫线粗细的准确性等几个因素影响。要控制这些因素产生的误差，就需要对这些参数进行多次科学的测量，排出变异值并求其余测量结果的平均值，这样所得到的结果会具有更高的可靠性。另外，来自毛羽的影响也是产生误差的主要因素，由于材料不同毛羽长度和密度也不同，因此对毛羽参数确定也需通过科学标准的方法获得，以保证毛羽参数的测量准确，从而保证模型的计算结果准确性。上述影响因素是一个相互影响较为复杂的过程，其对计算结果的影响规律还未探明，后续工作中将持续对此进行研究。

三、小结

（1）所建立的等效缝隙结构模型可以较好地描述线缝引发电磁泄漏的结构，为研究线缝的结构提供了一种新的方法。

（2）所建立的等效缝隙屏蔽效能计算模型可以较好地对含线缝电磁屏蔽织物的屏蔽效能进行计算，为后续线缝对电磁屏蔽织物及服装的影响规律的研究奠定基础。

（3）所提出的修正系数及厚度系数的确定方法具有较好的准确性，为等效缝隙模型的正确计算提供保障。

（4）计算及实测结果显示，针孔大小及线缝间隙大小对含线缝电磁屏蔽织物屏蔽效能有着重要影响，呈负增长关系。

第二节 线缝对电磁屏蔽服装屏蔽效能的影响规律

一、实验方案

（一）实验材料

选择三种目前比较常用且屏蔽效能较好的电磁屏蔽材料作为实验面料及缝型处理材料：1#不锈钢防辐射织物，2#多离子导电布，3#金属网，其扫描图及微观图如图 3-7 所示，织物规格如表 3-4 所示。缝纫线选择普通缝纫线（1#）及镀银缝纫线（2#），如图 3-8 所示。

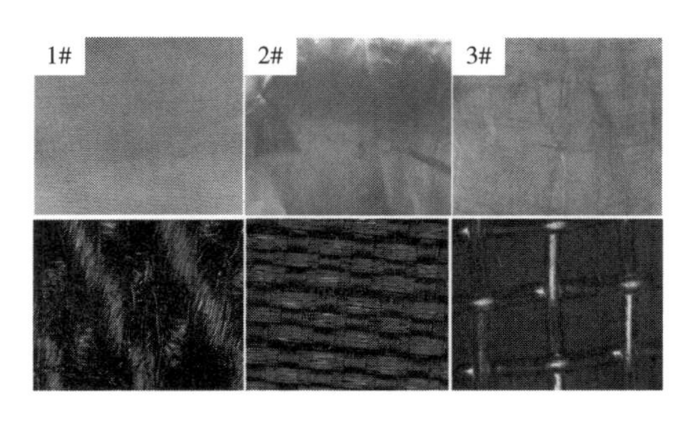

图 3-7　实验织物

表 3-4　织物规格

编号	织物组织	金属纤维含量/%	平方米质量/（g/m²）	平均经密/（根/10cm）	平均纬密/（根/10cm）
1#	平纹	30	79.6	45	26
2#	平纹	70	73	63	45
3#	平纹	100	83	21	21

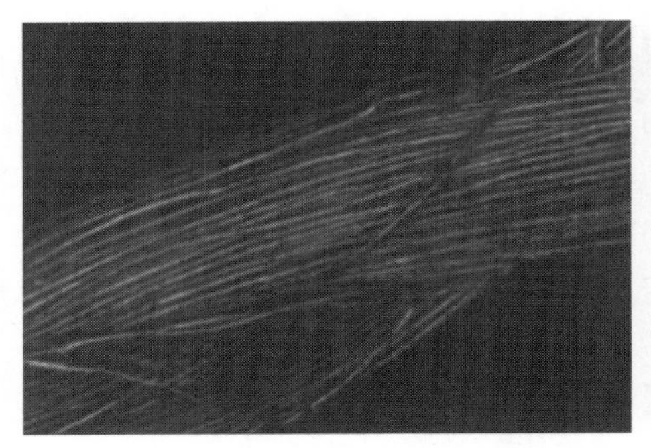

（a）1#普通缝纫线　（b）2#镀银缝纫线

图 3-8　缝纫线的种类

（二）屏蔽效能测试方法

采用 DR-SO4 小窗法屏蔽效能测试箱，AV3629D 微波矢量网络分析仪（鼎容电子技术有限公司）对所有实验样布进行测试，根据实验设备及研究目的确定实验样布大小为 40cm×40cm，测试距离为 1.5m。测试频率范围为 1000MHz～18000MHz，极化方向为水平极化和垂直极化。测试三次，求平均值作为最终结果。实验面料在 1000MHz～18000MHz 波段范围的屏蔽效能测试结果见图 3-9。

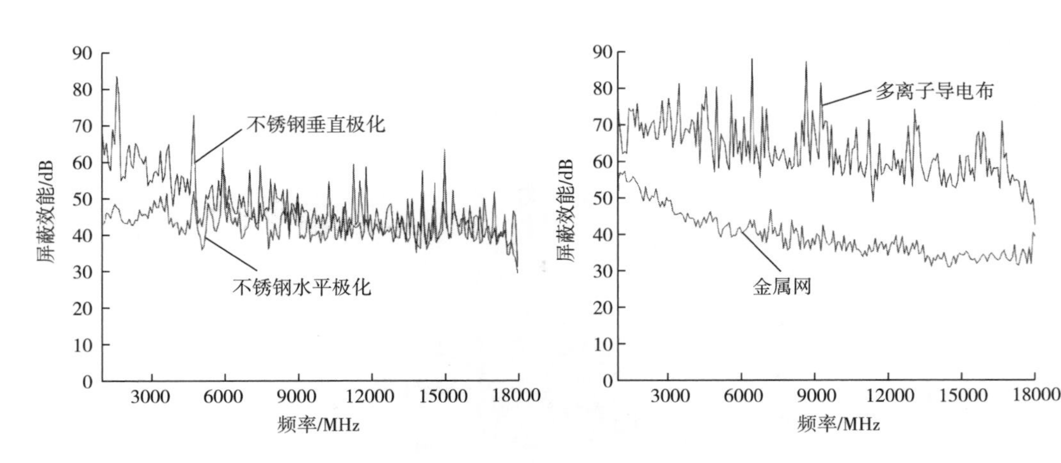

图 3-9　单层实验样布的屏蔽效能

图 3-9 显示，不锈钢防辐射织物的屏蔽效能在 6000MHz~18000MHz 时，水平、垂直极化均较稳定，在整体实验波段内屏蔽效能在 40dB 以上。在 1000MHz~18000MHz 内，多离子导电布屏蔽效能均在 45dB 以上，且较为稳定。金属网屏蔽效能在 30~60dB 浮动。

（三）实验样布制作方案

从缝纫线种类、缝型的方向、缝型的种类、缝型包边处理 4 个方面考虑制作实验样布。统一采用不锈钢织物作为待缝制面料，多离子导电布及金属网作为后处理材料。缝制长度与面料长度一致，缝制位置为面料的中间部位。缝制用机针统一固定为 14 号，针距为 2. 5mm。

1. 缝型的方向

不锈钢防辐射面料的经纬纱向密度不同，因此缝型的方向也会影响织物的屏蔽效能。考虑到在服装缝制中，缝型多是与经向垂直或者平行，本节以织物的经向为垂直方向，纬向为水平方向，缝制缝型为垂直方向和水平方向的实验样品。

缝制时除缝型方向改变外，其余因素均保持不变，缝纫线采用如图 3-8 所示的普通缝纫线（1#），缝型统一为最普遍且简单的平缝结构。

2. 缝型的种类

选择常用的 3 种缝型种类制作实验样品：1#平缝；2#包缝；3#来去缝，如图 3-10 所示。

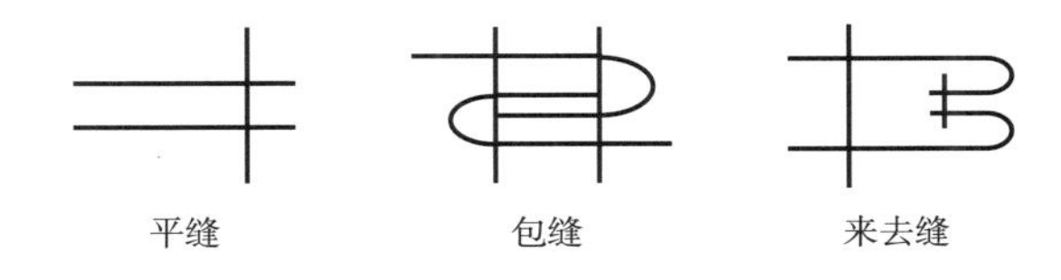

图 3-10　缝型的类型

缝制时除缝型类型改变外，其余因素均保持不变，缝纫线采用如图 3-8 所示的普通缝纫线（1#），缝型方向均与织物经向平行。

3. 缝型的包边处理

使用不锈钢织物，多离子导电布及金属网分别对不锈钢织物进行包边处理，具体缝制组合工艺见图 3-11。

缝制时除缝型包边处理方式改变外，其余因素均保持不变，缝纫线采用如图 3-8 所示的普通缝纫线（1#），缝型方向均与织物经向平行。

二、线缝对电磁屏蔽服装的影响

（一）缝纫线类型不同时的屏蔽效能

图 3-12 是所选择的两种缝纫线的屏蔽效能测试图，从图 3-12 中可知，在其他因素不变的情况下，测试的实验样品使用 1#普通缝纫线时屏蔽效能在垂直极化方向上浮动范围较大达到 30dB，整体不够稳定。当使用 2#镀银缝纫线时，水平与垂直极化方向

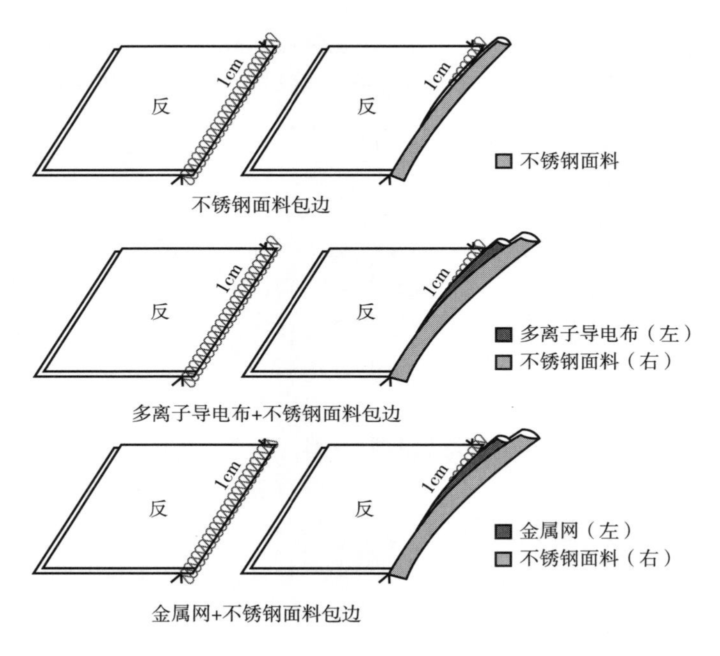

图 3-11 缝型的包边处理

的屏蔽效能较普通缝纫线稳定，且最低值大于 30dB。因此，缝制电磁屏蔽服装时使用 2#镀银缝纫线的屏蔽效果要优于普通缝纫线。

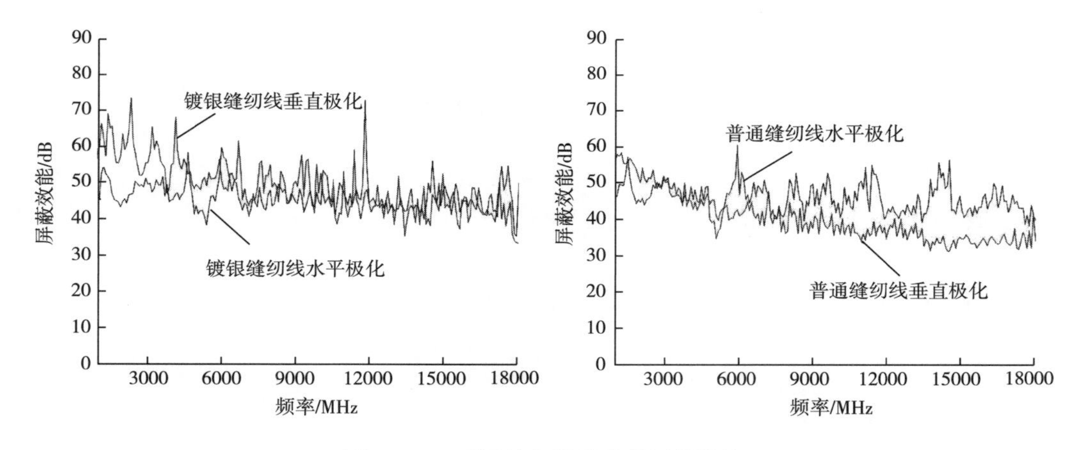

图 3-12 不同缝纫线种类的屏蔽效能

（二）缝型方向不同时的屏蔽效能

在其他因素不变的情况下，缝型方向不同时的屏蔽效能如图 3-13 所示。从图 3-13 中可看出缝型不同方向的屏蔽效能在垂直极化方向明显高于水平极化方向。垂直缝型方向的屏蔽效能在两个极化方向上平均高于水平方向 5dB 左右。由此可知，在面料经纱与整体服装竖直方向水平时，制作服装时要尽量减少水平方向的缝型。

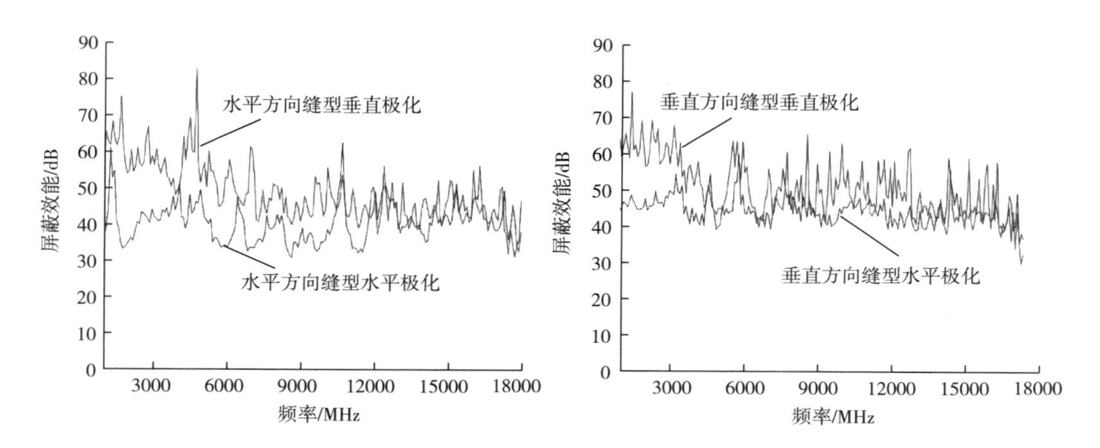

图 3-13　不同缝型方向的屏蔽效能

（三）缝型类型不同时的屏蔽效能

在其他因素不变的情况下，缝型类型不同时的屏蔽效能如图 3-14 所示。

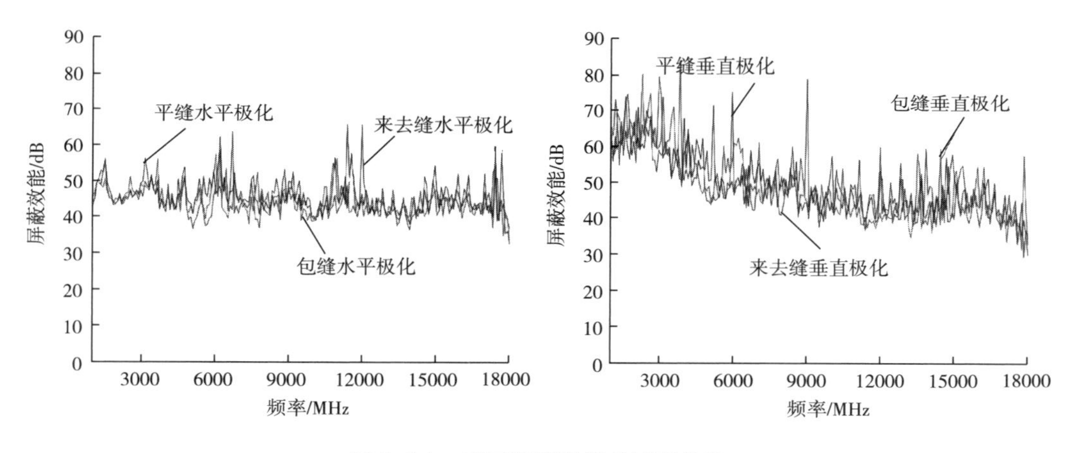

图 3-14　不同缝型种类的屏蔽效能

从图 3-14 中可见，三种缝型的屏蔽效能整体相差不大。三种缝型垂直极化方向的屏蔽效能浮动范围较大可达 30~40dB，但在 1000MHz~6000MHz 频率下，屏蔽效能则较高。水平极化方向相对比较稳定。同时可以看出，包缝和来去缝的屏蔽效能较为稳定且稍优于平缝，但考虑到来去缝有两条缝线，为了尽量减少缝迹和简化缝制工艺，采用包缝进行三线一针锁边效果较为合适。

（四）缝型包边处理不同时的屏蔽效能

在其他因素不变的情况下，缝型包边处理的屏蔽效能如图 3-15 所示。三种包边处理方式，在垂直极化上不稳定浮动范围较大在 30dB 左右，但在 1000MHz~8000MHz 内屏蔽效能较高可达 40dB 左右。不锈钢织物包边与多离子导电布材料包边后处理方式在水平、垂直极化方向屏蔽效能均较为稳定达 35dB 以上。在缝型的包边处理中可优先选择多离子导电布材料包边和不锈钢织物包边。

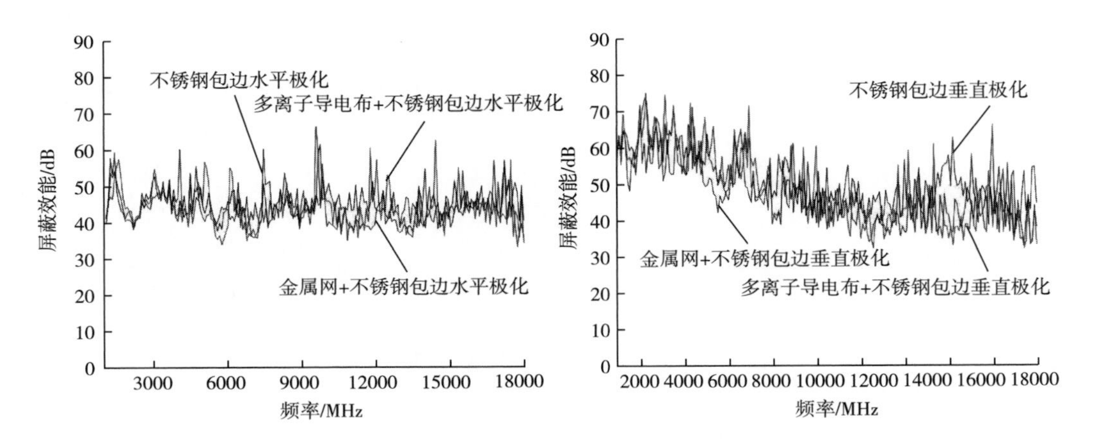

图 3-15　不同缝型包边处理的屏蔽效能

（五）缝型处的缝线长度与孔隙率与屏蔽效能的量化关系

根据实验分析结果，为增强缝型处的电磁屏蔽效能，采用镀银缝纫线包缝，多离子导电布，不锈钢材料结合包边的结构。为验证包缝包边的可行性，对有无缝型后处理两种情况进行实验测试。测试时，首先选择最简单的平缝进行测试。测试完成后在此基础上用镀银缝纫线包缝和多离子导电布包边，测试包缝+包边后样品的屏蔽效能。测试结果如图 3-16 所示。

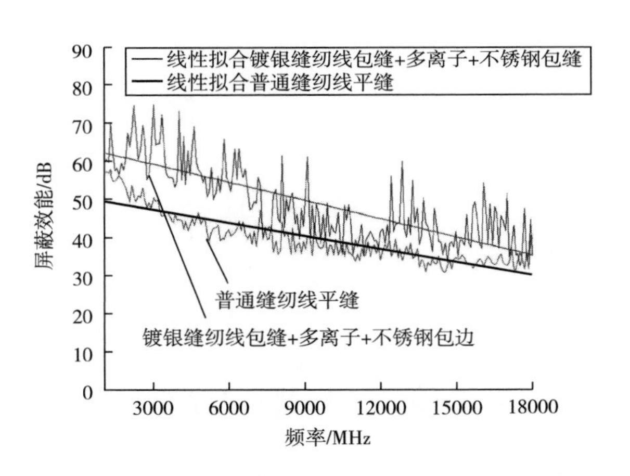

图 3-16　普通缝纫线平缝缝型与镀银缝纫线包缝+包边缝型的屏蔽效能

由图 3-16 可以看出，采用镀银缝纫线锁边包缝，用多离子导电布与不锈钢材料的双层包边处理的实验样布的屏蔽效能明显高于普通缝纫线平缝缝型，使得缝型处的影响得到了很大程度的降低。

为了更好地预测整体效果，选择缝型处缝纫线的长度与孔隙率作为试验参数，分别建立缝型处缝线长，孔隙率与屏蔽效能之间的量化关系。根据制作的实验样品计算出缝线的长度，由公式（3-20）计算出孔隙率。实验参数见表3-5。缝线长、孔隙率在不同频率下的屏蔽效能见图3-17。

表3-5　实验参数的计算

缝型种类	平缝	包缝	来去缝
缝线长度 L/cm	40×3=120	40×21=840	40×6=240
孔隙率 P/%	93.7	93.7	96.9

织物的孔隙率是指孔隙直径总和与织物在自然状态下总缝迹的百分比，以 P 表示。孔隙率 P 的计算公式如式（3-20）所示：

$$P = H_0 - H/H_0 \times 100\% \tag{3-20}$$

式中，P 为织物孔隙率，H_0 为织物在自然状态下的缝迹总长度，cm；H 为材料的绝对密实缝迹，或密实缝迹长度，cm。

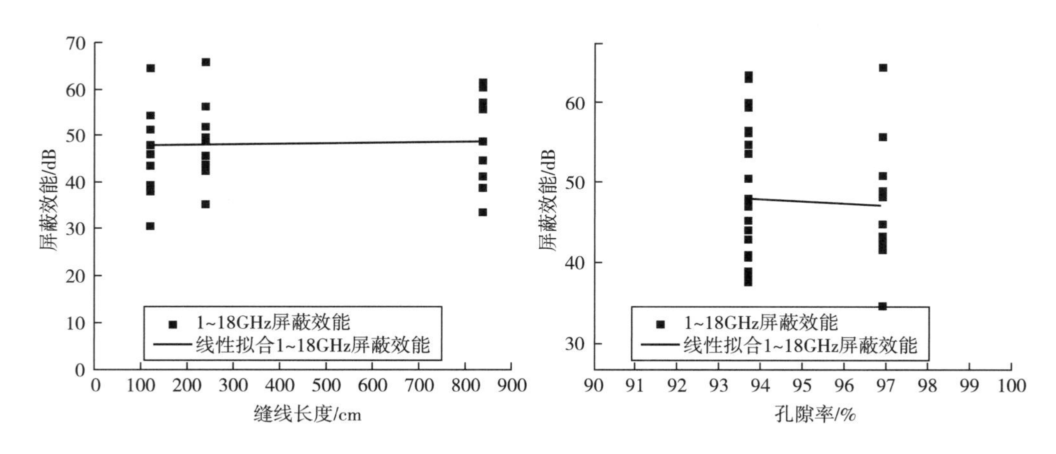

图3-17　缝型处缝线长度与孔隙率在不同频率下的屏蔽效能

根据实验参数利用origin数据处理软件进行方差检验，得到式（3-21）：

$$SE_1 = 47.82686 + 0.00143L \tag{3-21}$$

式中，SE_1 为缝线长度对应的屏蔽效能，dB；L 为缝线长度，cm。根据 F 检验法，$F=0.07449$，$\text{Prob}>F=0.78671$。

进一步得到式（3-22）：

$$SE_2 = 75.7525 - 0.28864P \tag{3-22}$$

式中，SE_2 为不同孔隙率对应的屏蔽效能，dB；P 为孔隙率，%。根据 F 检验法，$F=0.06948$，$\text{Prob}>F=0.79384$。

由此可知缝型处的缝线长度和孔隙率对服装的电磁屏蔽效能有显著的影响。进一步对本节的研究进行了理论支撑，研究缝型对电磁屏蔽服装面料的影响并选择较合适的结构可以为电磁屏蔽服装的生产提供指导和参考依据。

三、小结

本节根据缝型的使用材料、类型以及后处理方式等制作实验样品，对其进行屏蔽效能测试及分析，进而研究不同缝型对电磁屏蔽面料屏蔽效能的影响，可得出以下结论。

（1）普通缝纫线的屏蔽效能在垂直极化方向上下浮动较大，采用镀银缝纫线时屏蔽效能在水平与垂直极化方向上相对稳定，且最低值在 30dB 以上。因此，缝制电磁屏蔽服装时使用镀银缝纫线的屏蔽效果要优于普通缝纫线。

（2）水平方向缝型的屏蔽效能要低于垂直方向。在面料经纱与整体服装竖直方向水平时，电磁屏蔽服装应尽量减少水平方向缝型的设计。

（3）对于不同类型的缝型结构，三种缝型垂直极化方向的屏蔽效能浮动范围较大可达 30~40dB，但在 1000MHz~6000MHz 频率范围，屏蔽效能较高，水平极化则相对稳定。包缝和来去缝的整体屏蔽效能较为稳定且优于平缝，但考虑到来去缝有两条缝线，为了尽量减少缝迹和简化缝制工艺，采用包缝进行三线一针锁边效果较为合适。

（4）三种包边处理方式，在垂直极化方向时屏蔽效能不稳定，浮动范围较大值在 30dB 左右，但在 1000MHz~8000MHz 内屏蔽效能较高可达 40dB 左右。不锈钢织物包边与多离子导电布材料包边后处理方式在水平、垂直极化方向屏蔽效能均较为稳定，可达 35dB 以上。因此在缝型的包边处理中可优先选择多离子导电布材料包边和不锈钢织物包边。

第三节 线缝对电磁屏蔽服装防护性能影响的进一步讨论

服装中的实际线缝比较复杂，可分为单个线缝和复合线缝。缝纫线的种类、缝纫线细度、缝迹密度、缝纫机针的细度、缝迹长度、缝迹数量、单个缝迹曲线形态都是线缝设计的基本参数。因此，本节对线缝进一步进行研究讨论，对这几种参数进行分组设计，分别探究不同线缝及重要参数对电磁屏蔽服装屏蔽效能的影响。

一、实验部分

（一）实验材料

缝纫线采用常用的 5 种缝纫线，分别为普通缝纫线、不锈钢纤维缝纫线、混纺镀银纤维缝纫线、混纺碳纤维缝纫线、纯镀银纤维缝纫线。电磁屏蔽织物采用服装常用面料且价格低廉的不锈钢纤维混纺织物。实验材料的详细参数如表3-6所示。

表3-6 实验材料参数

名称	旦数/根数（D/n）	成分
普通缝纫线	150/3	100%涤纶
不锈钢纤维缝纫线	150/3	70%涤纶/30%不锈钢纤维丝
混纺镀银纤维缝纫线	150/3	70%涤纶/30%镀银纤维丝
混纺碳纤维缝纫线	150/3	70%涤纶/30%碳纤维丝
纯镀银纤维缝纫线	150/2、150/3、150/4	100%镀银纤维
不锈钢纤维混纺织物	经纬密度 340×256	30%金属纤维/30%涤纶/40%精梳棉

用 Keyence VK-X110 形状测量激光显微镜放大 200、400、1000 倍扫描不同导电缝纫线和不锈钢纤维织物的微观状态，如表3-7所示。

表3-7 实验材料电子扫描图像

名称	200倍	400倍	1000倍
不锈钢纤维缝纫线	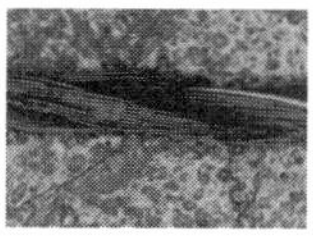	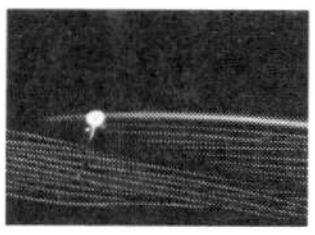	
混纺镀银纤维缝纫线	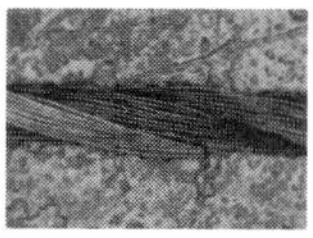	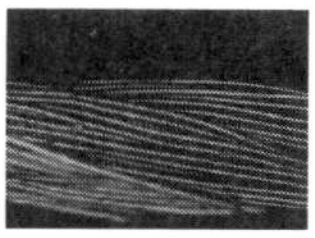	
混纺碳纤维缝纫线		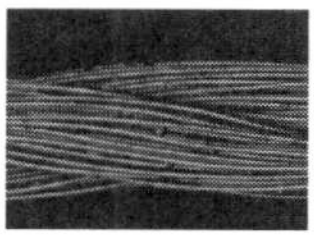	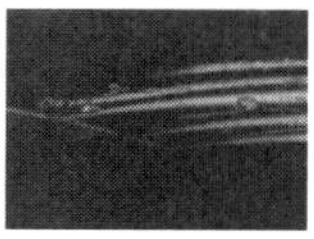
纯镀银纤维缝纫线		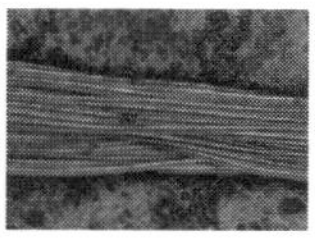	
不锈钢纤维混纺织物			—

（二）实验测试方法

采用小窗屏蔽箱法，构成的仪器设备有 DR-SO4 小窗法屏蔽效能测试箱、DR6103 宽带双脊喇叭天线、AV3629D 微波矢量网络分析仪。根据 GJB 6190—2008 规定，对电磁屏蔽织物平面进行实验测试。实验仪器连接示意图如图 3-18 所示。

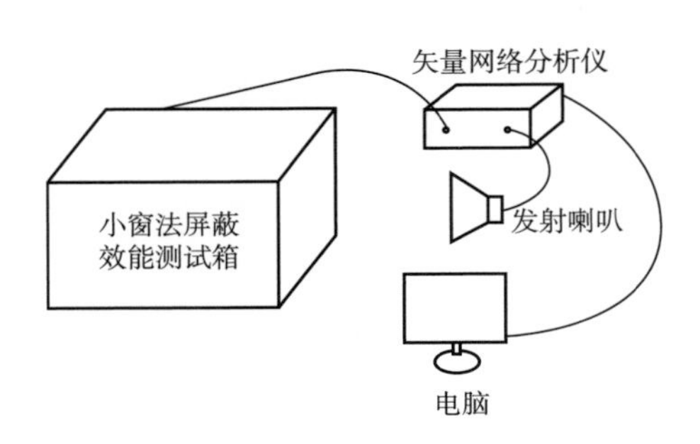

图 3-18　小窗法设备连接图

（三）线缝试样设计与制作

采用一个自变量，多个因变量的变量分析法。对于试样的设计控制单一变量，确保其他变量不变。试样缝制过程中，要注意保证试样的表面平整。由于导电缝纫线易摩擦起电，韧性比普通缝纫线差，缝纫的面线和底线不宜过紧，避免断线。若试样缝制未完成，出现缝制错误，应换试样重新制作，以免缝制过程留下的针孔，对实验结果产生影响。通过学者对线缝的研究，以及对电磁屏蔽服装孔缝方面的研究，发现不同的线缝参数都能对电磁屏蔽效能产生一定的影响。由于受缝纫设备、缝纫线性能、电磁屏蔽面料特性等方面的制约，综合多方面考虑，将单个线缝对电磁屏蔽效能的影响参数设计为：缝纫线种类、缝纫线细度、缝迹密度、缝迹数量、缝迹长度、缝迹曲线形态。试样的大小为 45cm×45cm。根据线缝类型的国际标准设计缝迹参数，试样设计的变量分为单个线缝和复合线缝，其变量设计关系如图 3-19 所示。

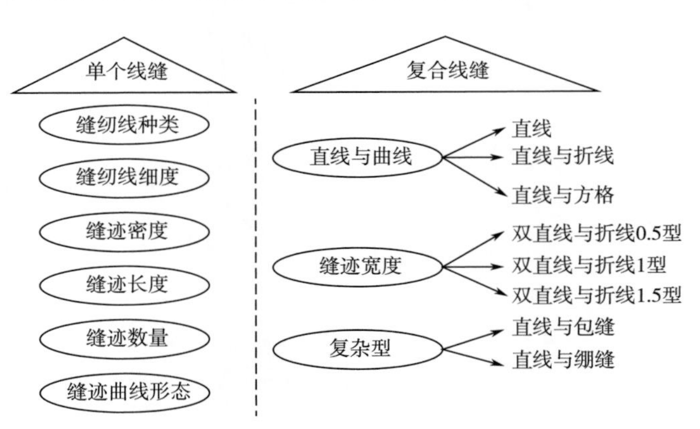

图 3-19　线缝变量设计

1. 单个线缝详细参数设计

单个线缝参数设计如表 3-8 所示。

表 3-8 单个线缝参数设计

参数名称	第一组	第二组	第三组	第四组
缝纫线种类	普通缝纫线	混纺镀银纤维缝纫线	不锈钢纤维缝纫线	混纺碳纤维缝纫线
缝纫线细度/（D/n）	150/2	150/3	150/4	—
缝迹密度/（针/cm）	12/2	6/2	5/2	4/2
缝迹长度/cm	30	40	50	—
缝迹数量/条	1	2	3	—
缝迹曲线形态	直线	折线	方格	—

其中表 3-8 种缝迹长度设计详细参数选择为缝迹数量 1 条、缝纫线种类为混纺不锈钢缝纫线、针距为 6 针/2cm、针号为 14#，利用这些固定的参数，改变缝迹的长度进行实验。实验缝迹长度的改变，只能通过改变缝迹的角度来实现，保证每条缝迹角度均为 45°。在保证缝迹角度的同时改变缝迹长度，缝迹长度分别设计为 30cm、40cm、50cm。缝制后成品为 45cm×45cm，缝份均为 1cm，缝制后试样如图 3-20 所示，从左及右分别为 30cm、40cm、50cm。缝迹数量的研究采用将 45cm×45cm 试样平分的方法，分别平分为三等分、四等分，缝份为 1cm，缝制试样如图 3-21 所示。

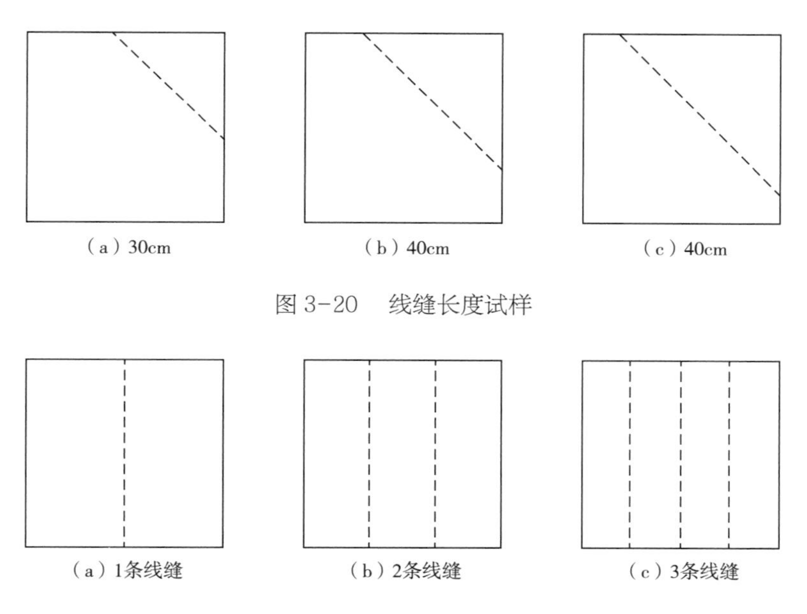

图 3-20 线缝长度试样

图 3-21 缝迹数量试样

同时，表 3-8 中单个缝迹曲线形态具体的设计形态参数如表 3-9 所示。

表 3-9　单个缝迹曲线形态

缝迹	缝迹设计图	实物缝制	缝份/cm	宽度/cm
直线			1	—
折线			2	1
方格线			2	1

2. 复合缝迹的详细参数设计

复合缝迹的详细参数设计如表 3-10 所示。

表 3-10　复合缝迹曲线形态

复合缝迹	实物缝制	缝迹宽度/cm	复合缝迹	实物缝制	缝迹宽度/cm
直线与方格线		1	双直线与折线 1.5 型		1.5
双直线		1	直线与包缝		1
双直线与方格		1	直线与绷缝	A 反面	1
双直线与折线 0.5 型		0.5		B 反面	—
双直线与折线 1 型		1	—	—	—

二、线缝参数对电磁屏蔽服装的影响

（一）单个线缝的影响

1. 缝纫线种类

缝纫线种类采用普通缝纫线、不锈钢纤维缝纫线、混纺镀银纤维缝纫线和混纺碳纤维缝纫线，缝迹密度为 6 针/2cm，对不锈钢纤维混纺面料进行平缝合缝。测试结果如图 3-22 所示。

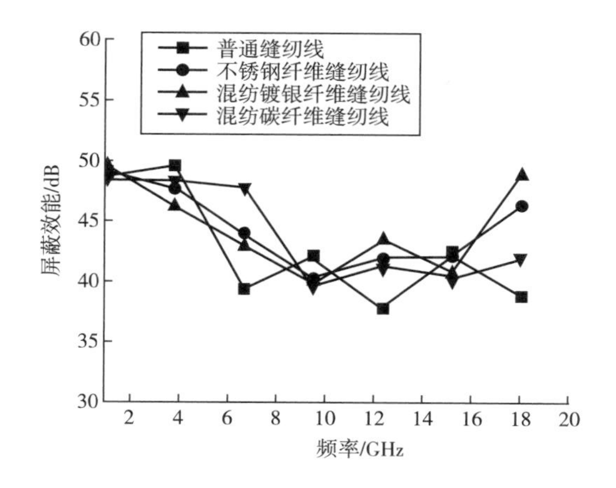

图 3-22　不同缝纫线试样的屏蔽效能

由图 3-22 可知，在整个频率范围内，4 种不同缝纫线试样的屏蔽效能，呈交叉变化，主要在 35~50dB 范围内浮动。不锈钢纤维缝纫线和混纺镀银纤维缝纫线试样的屏蔽效能总体变化相似。混纺碳纤维缝纫线试样的屏蔽效能在 4GHz~9GHz 频率范围内明显高于不锈钢纤维缝纫线和混纺镀银纤维缝纫线试样，而在 10GHz~18GHz 频率范围内低于不锈钢纤维缝纫线和混纺镀银纤维缝纫线试样。在 5GHz~9GHz、11GHz~14GHz 和 17GHz~18GHz 频率范围内，普通缝纫线试样的屏蔽效能比其他频率的屏蔽效能低，同时比其他三种导电缝纫线的屏蔽效能都低。这说明普通缝纫线试样在这些频率范围内，电磁波泄漏最为严重。其原因可用普通缝纫线试样缝份中的孔缝等效模型来分析，如图 3-23 所示。

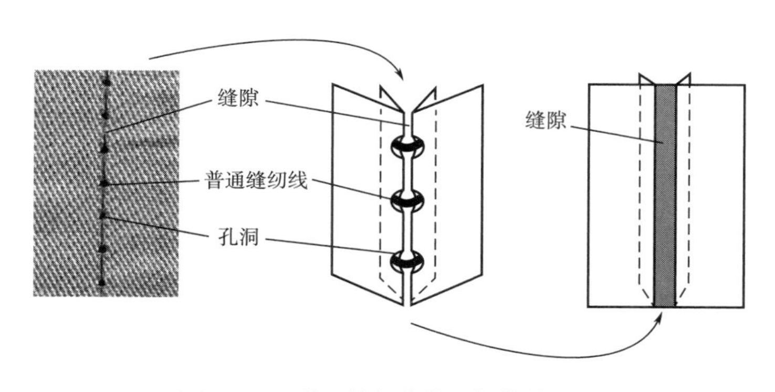

图 3-23　普通缝纫线的孔缝等效模型

每个针距之间存在间隙；每个针眼由于试样的受力不均，出现大于缝纫线直径的孔洞；普通缝纫线无导电性。由图 3-23 可知，缝份处孔洞和缝隙交替出现，可等效于一条条形缝隙。该长条缝隙导致泄漏了更多的电磁波。而不锈钢纤维缝纫线、混纺镀银纤维缝纫线和混纺碳纤维缝纫线具有一定的导电性，在缝隙处提高了连接处导电连续性。

2. 缝纫线细度

采用 3 种不同细度的混纺镀银纤维缝纫线，其直径依次增大为 150*D*/2、150*D*/3 及

150D/4。以缝迹密度为 6 针/2cm，机针号型为 14#，分别对面料进行平缝合缝。测试结果如图 3-24 所示。

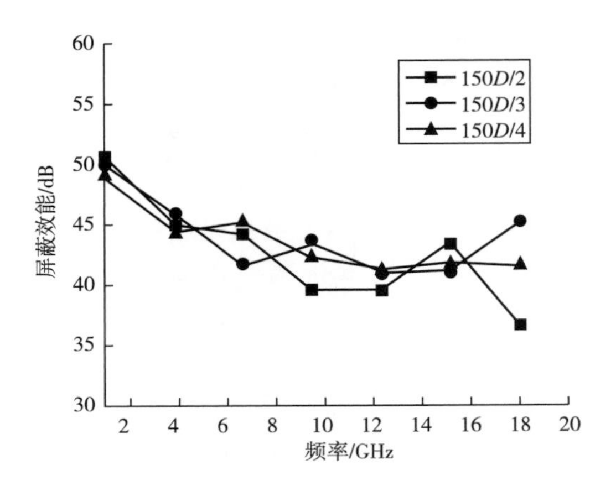

图 3-24 不同缝纫线细度试样的屏蔽效能

由图 3-24 可知，在三种不同细度的混纺镀银纤维缝纫线中，细度为 150D/2 试样的屏蔽效能在 8GHz～12GHz 和 17GHz～18GHz 频率范围内最低。在 5GHz～10GHz 频率范围内，细度为 150D/3 试样的屏蔽效能低于 150D/4，而在 17. 18GHz 频率范围内高于 150D/4，其余频率范围内细度为 150D/3 和 150D/4 屏蔽效能变化总体相似。平缝采用锁式缝迹，线迹类型国际标准为 301。缝份处针孔与缝纫线之间的结构关系如图 3-25 所示。建立不同细度缝纫线的孔洞等效模型分析细度对试样屏蔽效能变化的影响机理，如图 3-26 所示。

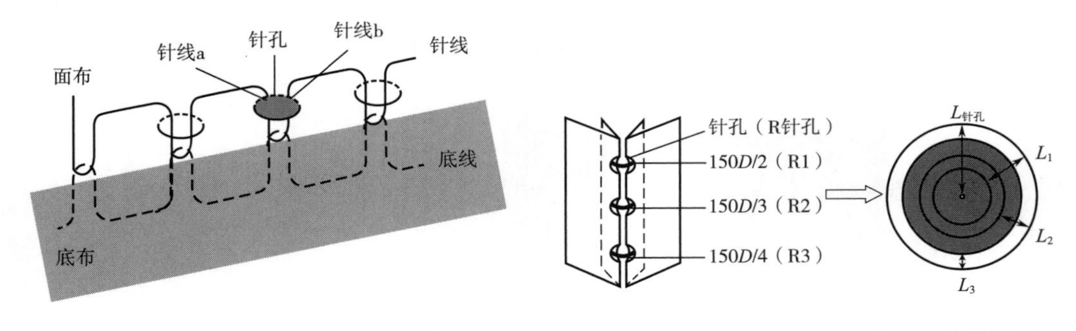

图 3-25 针孔与缝纫线之间的结构关系　　图 3-26 不同细度缝纫线的孔洞等效模型

由图 3-26 可以看出，针线和底线穿过面布和底布，并相互锁套进行缝合。每个针孔会存在 2 根缝纫线，分别为针线 1 和针线 2。缝纫线细度为 150D/2、150D/3 及 150D/4，分别用 R_1、R_2 及 R_3 表示 2 根缝纫线的直径，机针的直径表示为 $R_{机针}$，则它们之间的关系如式（3-23）所示：

$$R_1 < R_2 < R_{机针} < R_3 \tag{3-23}$$

$L_{针孔}$表示机针留在织物上针孔的半径，L_1 表示细度为 150D/2 缝纫线与针孔间隙距离，L_2 表示细度为 150D/3 缝纫线与针孔间隙距离，L_3 表示细度为 150D/4 缝纫线与针孔间隙距离。由于不锈钢纤维混纺织物中的纱线具有一定的折皱恢复性，则 $R_{针孔}$ 和 $L_{针孔}$存在如式（3-24）的关系：

$$R_{机针} > L_{针孔} \quad (3-24)$$

则

$$L_{针孔} > L_1 > L_2 \geqslant L_3 = 0 \quad (3-25)$$

因此，缝纫线的直径小于针孔的直径，使缝纫线与针孔存在一定的距离 L，这个孔隙导致了电磁波的泄漏。而缝纫线的直径大于针孔的直径时，缝纫线与针孔存在的距离 L=0，使其接触紧密，导电性好，不易泄漏较多的电磁波。

3. 缝迹密度

缝迹密度分别为 12 针/2cm、6 针/2cm、5 针/2cm 及 4 针/2cm。试样测试结果如图 3-27 所示。

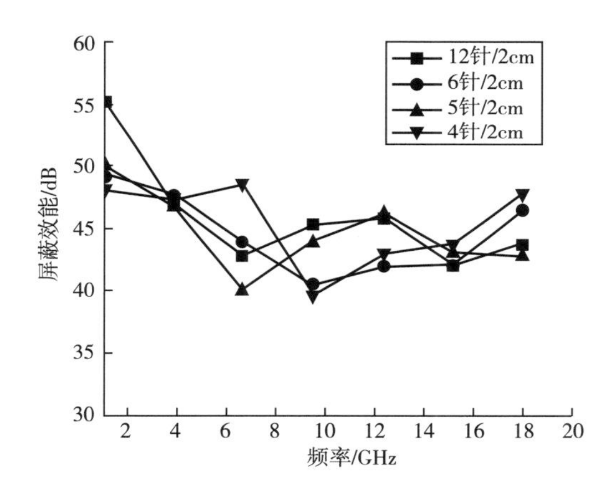

图 3-27　不同缝迹密度试样的屏蔽效能

由图 3-27 分析可得，在 1GHz～4GHz 频率范围内，试样缝迹密度为 6 针/2cm、5 针/2cm 及 4 针/2cm 的屏蔽效能变化总体相差不大；试样缝迹密度为 12 针/2cm 的屏蔽效能高于其余三种缝迹密度，屏蔽效能达到最高值。试样缝迹密度为 6 针/2cm、5 针/2cm 及 4 针/2cm 的屏蔽效能在 5GHz～11GHz 频率范围内达到最低值，且明显低于试样缝迹密度为 12 针/2cm。通过建立不同缝迹密度缝缝导电网格模型来分析这一现象，如图 3-28 所示。图中 L_a 表示缝迹密度为 4 针/2cm 的针距，L_b 表示缝迹密度为 5 针/2cm 的针距，L_c 表示缝迹密度为 6 针/2cm 的针距，L_d 表示缝迹密度为 6 针/2cm 的针距。k 表示面布和底布平面中底线和面线之间的距离。

图 3-28 中，缝迹在缝缝处通过平缝的锁式线迹连接 2 个样片，这可等效于条形的导电网格结构。即不同缝迹密度的缝缝等效成宽度为 K，长为 n 个 L_a（或 L_b、L_c、L_d）的导电网格结构，其中 L_a、L_b、L_c 及 L_d 存在如式（3-26）所示大小关系：

$$L_a > L_b > L_c > L_d \quad (3-26)$$

导电网格结构对电磁波进行“切割”，则导电网格的尺寸较大，即针距 L 之间的孔隙大，其屏蔽效能较小。孔隙越大，电磁波更易穿透孔隙，则电磁屏蔽织物的屏蔽效能降低。

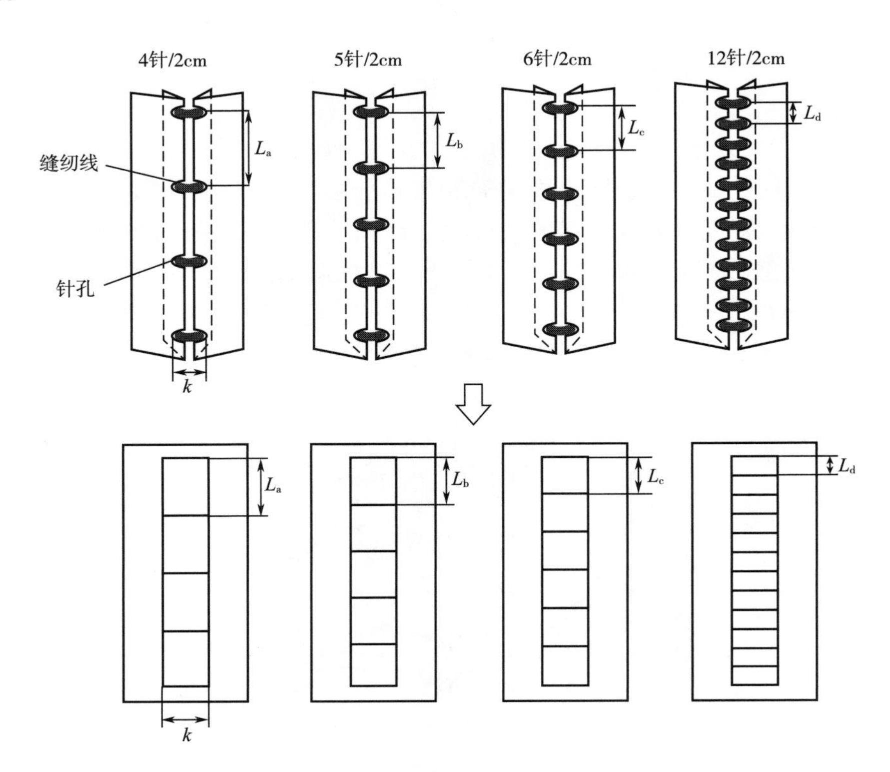

图 3-28 不同缝迹密度缝缝导电网格模型

4. 缝迹长度

在尺寸为 45cm×45cm 的试样中，设计出 30cm、40cm 及 50cm 的缝迹长度。其屏蔽效能测试结果如图 3-29 所示。

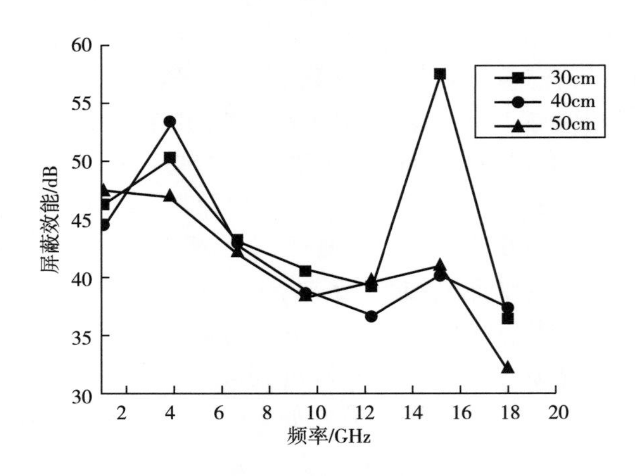

图 3-29 不同缝迹长度试样的屏蔽效能

由图 3-29 分析可得，在 5GHz~7GHz 频率范围内，三种缝迹长度的屏蔽效能相差不大。频率在 13GHz~18GHz 范围内，缝迹长度为 30cm 的屏蔽效能曲线出现谐振峰，屏蔽效能产生急剧升高和降低的变化。这种现象是由于织物本身的电磁参数特性会随着频率及织物周围二次场的影响而发生改变。缝迹长度为 50cm 的屏蔽效能在 16GHz~18GHz 频率范围内，屏蔽效能达到最低值 32dB。在频率 7GHz~18GHz 频率范围内缝迹长度为 40cm 和 50cm 的屏蔽效能，低于缝迹长度为 30cm。这说明缝迹的存在破坏了屏蔽织物的导电连续性，针孔和缝隙都会导致电磁波的泄漏。缝迹越长，电磁波泄漏得更多，电磁屏蔽织物的屏蔽效能越低。

5. 缝迹数量

在三个尺寸相同的试样中，缝制不同数量的缝缝，每个缝迹的长度相同，缝制的缝迹参数相同。试样的屏蔽效能测试结果如图 3-30 所示。

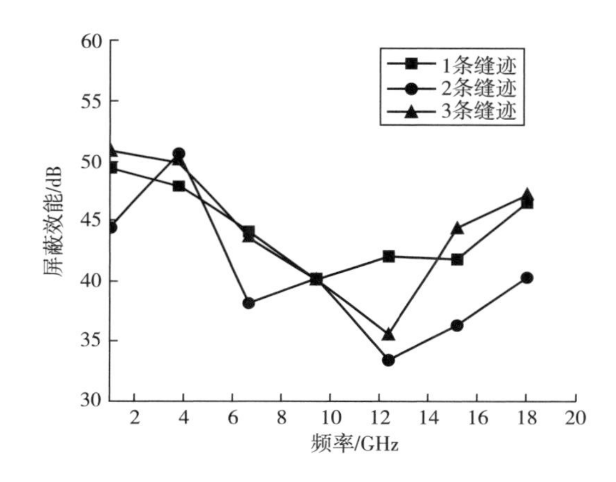

图 3-30　不同缝迹数量试样的屏蔽效能

由图 3-30 分析可得，三种不同缝迹数量试样的屏蔽效能在整个频率范围内总体呈先降低后升高的变化趋势。2 条缝迹和 3 条缝迹试样的屏蔽效能变化浮动较大，主要在 32~50dB 浮动。其屏蔽效能在 3GHz~4GHz 频率范围内达到最高值，在 11GHz~13GHz 频率范围达到最低值。1 条缝迹试样的屏蔽效能主要在 40~50dB 浮动，在 8GHz~10GHz 频率范围内达到最低值约 40dB。由此看出，缝迹条数越多，电磁屏蔽织物的导电纤维被切割的越多，样片之间的电流被中断。这样会破坏屏蔽织物的表面电流分布，使得屏蔽体涡流反磁场的屏蔽作用较弱。

6. 单个缝迹曲线形态

将单个缝迹曲线形态设计为折线和方格线，测其试样的屏蔽效能并与直线缝迹试样做对比。试样的屏蔽效能测试结果如图 3-31 所示。

由图 3-31 分析可知，缝迹曲线形态对试样的屏蔽效能影响很大。三种曲线形态试样的屏蔽效能在整个频率范围内主要在 40~50dB 浮动且小值均约为 40dB。折线和方格线试样的屏蔽效能均在 14GHz~17GHz 频率范围内出现最小值。折线和方格线试样的屏蔽效能在整个频率范围内变化浮动较大。折线试样的屏蔽效能在 1GHz~10GHz 频率范围内逐渐降低，在 10GHz～18GHz 频率范围内出现急剧升高再急剧降低最后再急剧升高。在 1GHz～10GHz 频率范围内，直线与折线试样的屏蔽效能较为接近，方格线试样的屏蔽效能与其相差较大，最大相差约 10dB。

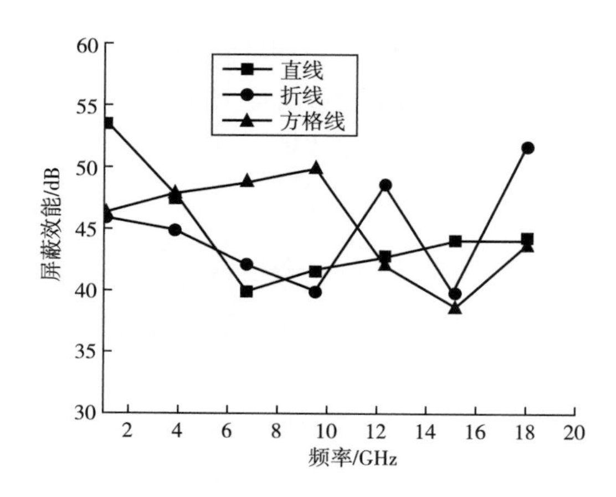

图 3-31　不同缝迹曲线形态试样的屏蔽效能

如图 3-32 所示，电磁波在光滑的反射面上，入射波平行射入，反射波平行射出。电磁波在不规则的反射面上，入射波平行射入，反射波方向不均匀，局部位置电磁波加强或减弱（图 3-33）。无缝缝的电磁屏蔽平面织物，可近似看作是光滑的反射面，当电磁屏蔽织物有缝缝时，受缝型和缝迹的影响，线缝处出现孔缝，织物表面不平整。折线和方格缝迹由于曲线的影响，使缝缝出现连续的方形腔体和锥形腔体。如图 3-34（a）所示，蓝色线标注的为试样正面的针孔与反面缝迹相对的位置。红色线标注的方格线长度为 h_1，宽度为 h_2；折线缝迹的长度为 t_1，宽度为 t_2，即为一个循环结构。采用等效模型的分析方法，将这两个循环结构等效于长方体和锥形体开口腔体结构，如图 3-34（b）所示，黄色线表示缝迹。在试样受力的情况下，这种开口腔体结构尤为明显。为方便分析建立统一描述模型，将长方体和锥形开口腔体结构建立如图 3-34（c）所示的模型。

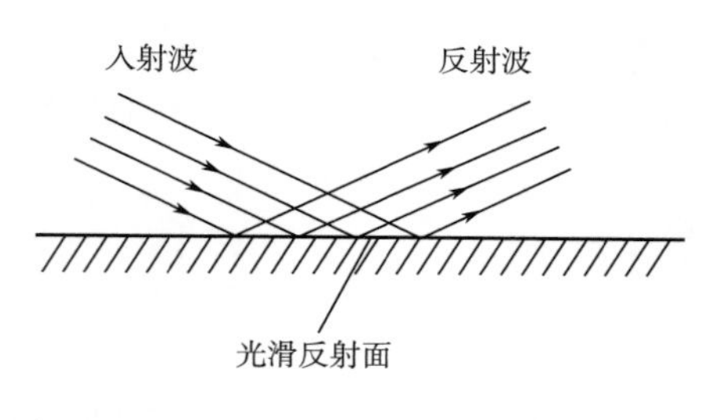

图 3-32　电磁波在光滑反射面的反射

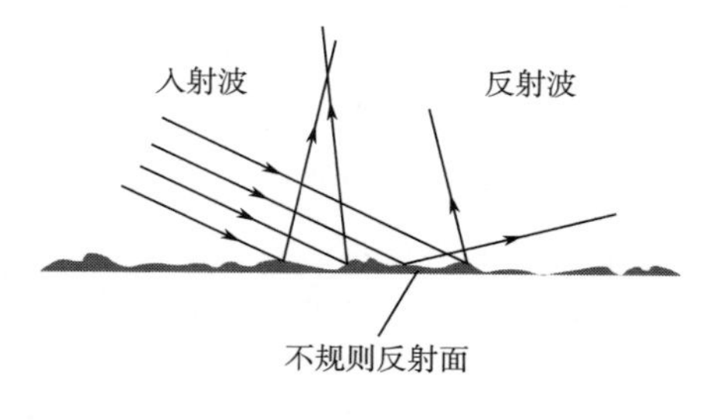

图 3-33　电磁波在不规则反射面的反射

图 3-34（c）中，设腔体的开口处为 $\sum_{A}(x,\ y,\ o)$，入射平面波设为 E^{i}，入射平

面波可分为垂直极化方向的分量 $E\perp$ 和水平极化方向的分量 $E\parallel$，其满足式（3-27）：

$$E^{i}=[-\hat{\varphi}^{i}E\perp+\hat{\theta}^{i}E\parallel]e^{jk^{t}r} \tag{3-27}$$

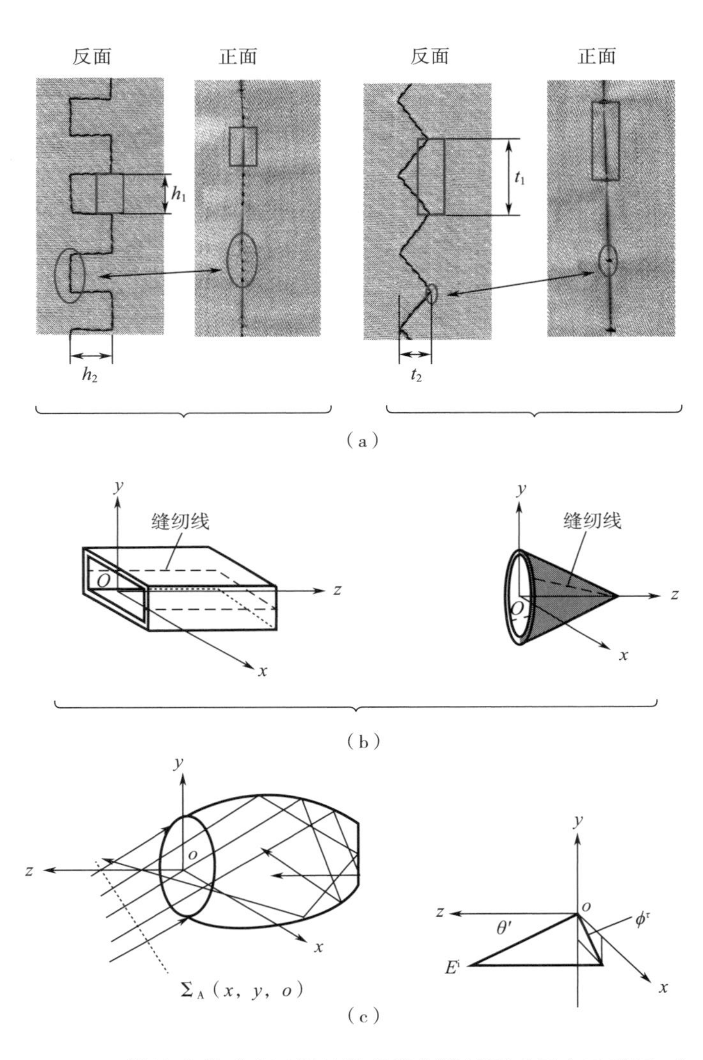

图 3-34　缝迹曲线形态试样缝缝处谐振腔模型（见文后彩图 1）

根据射线法（SBR）原理，入射波 E^{i} 相当于被分割成若干个大小一致的平行波束。在进入开口腔体的电磁波中，其每个波束会产生不断反射，经过多次反射但最后还是会返回到 $\sum_{A}(x,\ y,\ o)$，同时，在开口腔体的外空间会形成散射场。则形成的后向散射场就是所有波束的后向反射场之和为 E^{i}。波束在腔体内的反射与传播类似于光的反射原理，因此，可完全按照几何光学的反射规律进行分析。设某一波束进入开口腔体内。

开口屏蔽腔类似于谐振腔，在适当的激励源条件下，电磁波在金属面板之间不断进行反射，则屏蔽腔内易产生驻波，从而产生电磁谐振现象。同时也会产生耦合现象，其原因主要是开口屏蔽腔的电磁谐振特性易受开口和屏蔽腔的耦合作用影响，因此开口屏蔽腔产生的谐振与谐振腔产生的谐振具有相似性。开口屏蔽腔的电磁谐振产生时，在谐振频率附近，开口屏蔽腔的屏蔽效能将出现显著下降。

（二）复合缝迹对屏蔽效能的影响

1. 曲线与直线的复合缝迹

直线与折线、方格线组合在一起设计复合缝迹，其测试结果如图 3-35 所示。

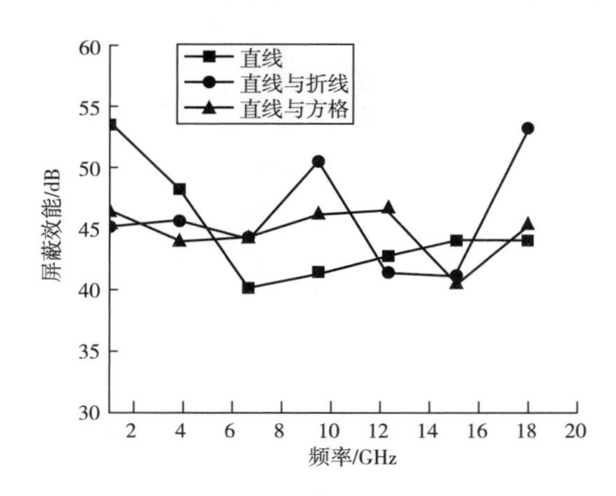

图 3-35　直线与曲线复合缝迹试样的屏蔽效能

如图 3-35 所示，频率在 16GHz~18GHz 范围内，直线与方格复合缝迹试样的屏蔽效能曲线出现谐振峰，屏蔽效能急剧升高变化。这种现象是由于织物本身的电磁参数特性会随着频率及织物周围二次场的影响而发生改变。直线与曲线复合缝迹试样在 6GHz~10GHz 频率范围内屏蔽效能明显提高，比直线缝迹试样平均高约 5dB。在 1GHz~4GHz 频率范围内，直线缝迹比直线与曲线复合缝迹试样的屏蔽效能高。直线试样的屏蔽效能在 6GHz~8GHz 频率范围内出现最低值，直线与折线复合缝迹、直线与方格复合缝迹试样的屏蔽效能在 12GHz~16GHz 频率范围内出现最低值。通过直线与折线复合缝迹、直线与方格线复合缝迹细节图（图 3-36）进行分析。

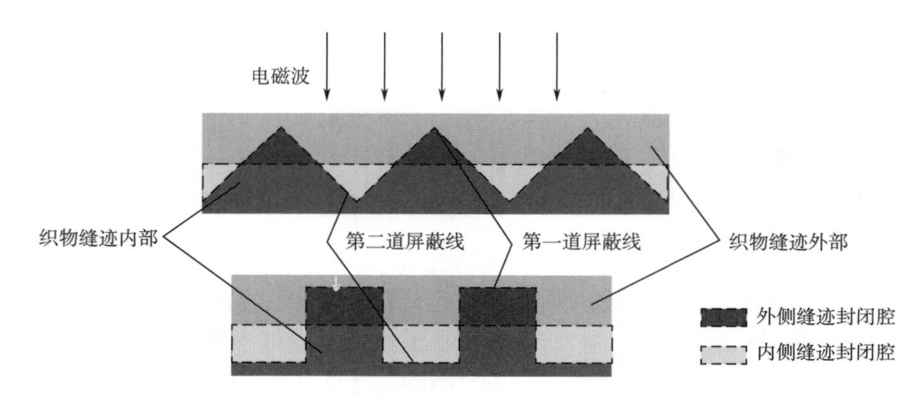

图 3-36　直线与曲线复合缝迹试样的细节分析（见文后彩图 2）

如图 3-36 所示，直线与方格线复合缝迹试样缝缝表面和背面为凹凸状，这就相当于它们有两道屏蔽线。凸起的缝迹可称为第一道屏蔽线，凹下的缝迹称为第二道屏蔽线，这样减少了电磁波从孔缝中泄漏。缝迹外部和内部的凹凸不平，可使试样表面局部加强或减少，试样的屏蔽效能变化浮动较大。由于直线与折线复合缝迹凹凸状呈三角形形态，斜面有一定的坡度，平行入射波进入缝缝时，电波局部加强或减弱。直线与方格线复合缝迹凹凸状成矩形形态，表面缝迹垂直或平行入射波，试样屏蔽效能的变化浮动比直线与折线复合缝迹较小。同时，缝迹形成封闭的腔体对试样屏蔽效能也产生一定的影响。红色图形表示外侧缝迹封闭腔，黄色图形表示内侧缝迹封闭腔。封闭腔在局部频率范围内，增加了电磁波的反射损耗。

2. 复合缝迹宽度

复合缝迹的宽度也是复合缝迹的一项重要参数，服装的缝迹宽度不宜过宽，否则影响服装造型。因此，本实验设计缝迹宽度分别为 0.5cm、1cm、1.5cm 双直线与折线复合缝迹。测试结果如图 3-37 所示。

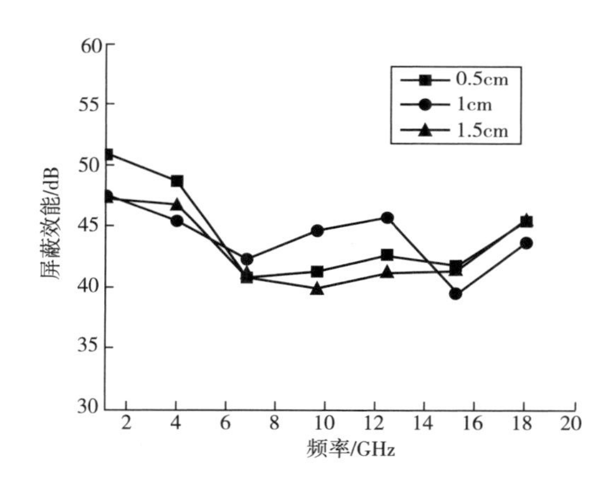

图 3-37　不同复合缝迹宽度试样的屏蔽效能

从图 3-37 可以看出，三种缝迹宽度试样的屏蔽效能在整个频率范围内变化趋势整体相似。缝迹宽度为 1cm 的试样屏蔽效能比 0.5cm 和 1cm 变化浮动较大，在 6GHz～12GHz 频率范围内，其屏蔽效能逐渐升高，且高于缝迹宽度 0.5cm 和 1.5cm 试样。缝迹宽度为 1cm 的试样屏蔽效能在 12GHz～16GHz 频率范围内有急剧降低。缝迹宽度 0.5cm 和 1cm 试样屏蔽效能在整个频率范围变化趋势相同，总体相差不大。复合缝迹宽度 1.5cm 试样的屏蔽效能在 1GHz～18GHz 频率范围内低于 0.5cm。这是由于缝迹宽度宽，缝迹的折线长度长，产生针孔多，电磁波泄漏随之增多。可通过不同缝迹宽度的一个循环单元结构进行分析，如图 3-38 所示。

如图 3-38 可知，蓝色平行四边形区域表示缝迹宽度为 1.5cm 的循环单元区域，其面积为 $S_{1.5}$（mm^2），对角线长为 $L_{1.5}$（mm）。红色平行四边形区域表示缝迹宽度为 1cm 的循环单元区域，其面积为 S_1（mm^2），对角线长为 L_1（mm）。灰色平行四边形区域表示缝迹宽度为 0.5cm 的循环单元区域，其面积为 $S_{0.5}$（mm^2），对角线长为 $L_{0.5}$（mm）。

在同一边 K 相等的情况下，满足式（3-28）及式（3-29）：

$$L_{1.5} > L_1 > L_{0.5} \tag{3-28}$$

$$S_{1.5} > S_1 > S_{0.5} \tag{3-29}$$

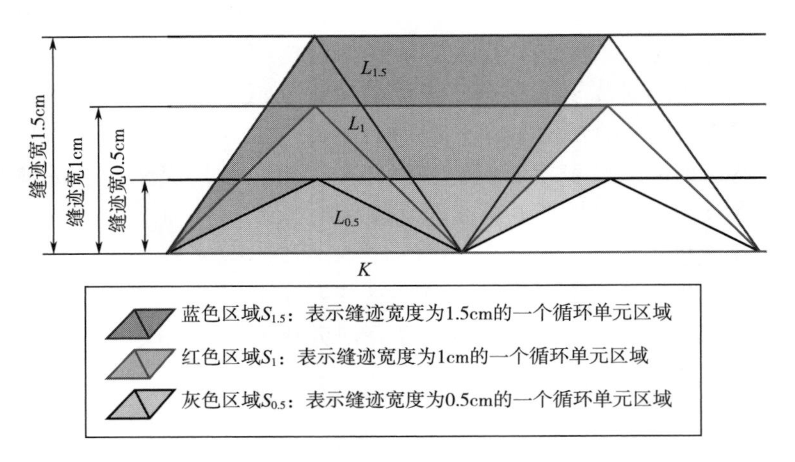

图 3-38　不同缝迹宽度的循环单元结构（见文后彩图 3）

因此，复合缝迹宽度 $L_{1.5}$ 最大，形成封闭腔面积 S 也最大，导致织物缝缝处针孔最多，产生电磁波的泄漏多，封闭腔引起的谐振进一步增强了电磁波的泄漏。

3. 复杂型复合缝迹

服装常用缝纫机设备平缝机、绷缝机和包缝机。绷缝和包缝的线迹连接较平缝复杂。将平缝、绷缝和包缝这三种常用的缝迹应用到电磁屏蔽服装中。试验测试结果如图 3-39 所示。

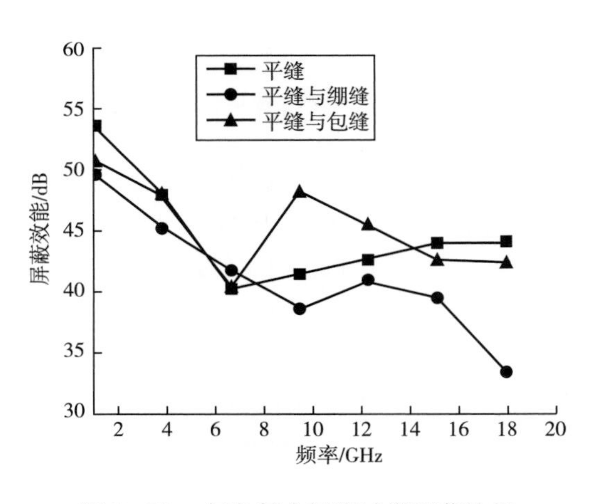

图 3-39　复杂复合缝型试样屏蔽效能

由图 3-39 分析可得，在 1GHz~6GHz 频率范围内，三种试样的屏蔽效能变化趋势相同，呈下降趋势。不同复杂程度的复合缝迹对试样的屏蔽线能影响较大。在 7GHz~12GHz 频率范围内，平缝与包缝复合缝迹试样的屏蔽效能出现峰值，明显高于平缝缝迹、平缝与绷缝复合缝迹试样的屏蔽效能。平缝与绷缝复合缝迹试样的屏蔽效能在10GHz~18GHz 频率范围内呈下降趋势，明显低于平缝缝迹、平缝与包缝复合缝迹试样。其屏蔽效能最低值约为 32dB，与平缝缝迹、平缝与包缝复合缝迹试样屏蔽效能的最低值相差 10dB。“导线驱动孔径”理论可以解释这一现象：该理论认为屏蔽壳体孔径处有一个等效电压源或电流源，屏蔽壳体的内外侧存在着电势差。当认为屏蔽壳体是一个理想导体时，则孔径相当于一个波导，其截止频率总是要求大于屏蔽腔体中的最高频率。正常情况下，其泄漏电磁波较小。当孔径中无导线时［图 3-40（a）］加入导线以后［图 3-40（b）］，导线和孔径形成一小段“同轴电缆”，该导线形成同轴电缆的“内导体”。“内导体”的存在，能够引导周围的电磁能量向孔外泄漏，这就相当于是在孔径中加了一个驱动源，使得屏蔽腔体中的电磁泄漏现象被增强。

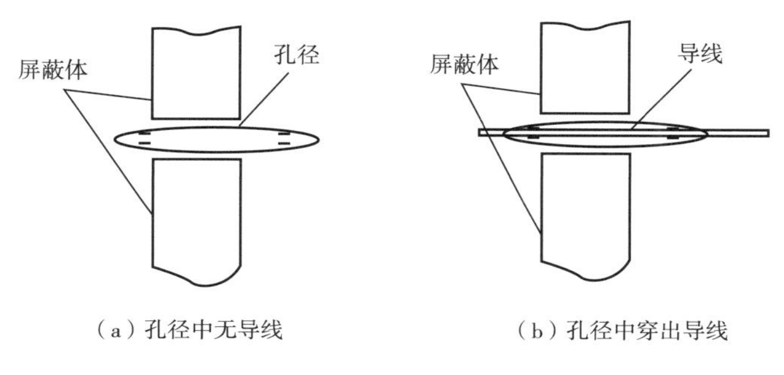

（a）孔径中无导线　　（b）孔径中穿出导线

图 3-40　“导线驱动孔径”——电磁泄漏等效原理图

平缝、绷缝和包缝的缝迹中，针孔由多到少地排列为：绷缝、包缝、平缝，缝纫线连接形式的复杂程度由复杂到简单排列为：绷缝、包缝、平缝。绷缝具有最多的孔径和复杂的线迹连接。“导线驱动孔径”现象最为明显，屏蔽腔体中的电磁波泄漏增强，随着频率的增大，绷缝试样的屏蔽效能明显降低。因此，随着频率的增大，“导线驱动孔径”也同样增强。

三、小结

本节首先设计缝迹结构，将缝迹分为单个缝迹和复合缝迹。对单个缝迹的缝纫线种类、缝纫线细度、缝迹密度、缝迹数量、缝迹长度、缝迹曲线形态这 6 个结构参数进行详细分析，研究其对电磁屏蔽织物屏蔽效能的影响。对于复合缝迹的直线与曲线复合缝迹、双直线与曲线复合缝迹、缝迹宽度、复杂型复合缝迹这 4 种参数探究其对电磁屏蔽织物屏蔽效能的影响。总结出电磁屏蔽服装缝迹的设计原则：

（1）普通缝纫线易导致服装缝缝处电磁波的泄漏。因此，在设计电磁屏蔽服装中，应选用导电缝纫线。在 1GHz~9GHz 频率范围可选择混纺碳纤维缝纫线，在 11GHz~18GHz 频率范围内可选择不锈钢纤维缝纫线和混纺镀银纤维缝纫线。

（2）缝纫线的细度与机针号要具有一定的配伍性，缝纫线的直径要大于机针的直径，以此减小缝纫线与孔洞的间隙。缝纫线与孔洞应紧密贴合，增大接触面的导电性。

（3）不锈钢纤维混纺织物选择缝迹密度为 12 针/2cm，选择电磁屏蔽服装的缝迹密度时，应根据织物的特性和屏蔽效能选择合适缝迹密度。

（4）电磁屏蔽织物缝迹越长，电磁波泄漏越多，其屏蔽效能越低。电磁屏蔽服装设计应减少缝迹长度。

（5）电磁屏蔽服装应减少缝缝，减少缝迹。

（6）直线缝迹较折线和方格线缝迹试样的屏蔽效能稳定，折线和方格线缝迹试样由于缝迹曲线形态形成若干个开口腔体，增加孔洞和缝隙，同时易产生谐振，其屏蔽效能波动较大。平缝曲线缝迹适合在 1GHz～4GHz 频率范围内使用，方格线适合在 4GHz～11GHz 频率范围内使用。

（7）复合缝迹宽度不宜选择过宽，应选择小于 1.5cm 的缝迹宽度。

（8）在绷缝、包缝、平缝中绷缝具有最多的孔径和复杂的线迹连接。随着频率的增大，由于绷缝的缝迹复杂，线迹多，其试样的屏蔽效能明显降低。

第四章

面料对电磁屏蔽服装防护性能的影响

为了研究开发具有更高屏蔽效果的电磁屏蔽服装，双层以及多层电磁屏蔽织物的应用备受关注。一般而言，双层及多层电磁屏蔽织物的屏蔽效果较优于单层的屏蔽效果，但由于织物多孔、柔软、易变形等特点，同类型双层电磁屏蔽织物的屏蔽效能并不是简单的两个单层叠加，也不遵循理想双层介质屏蔽效能计算公式，其影响因素及变化规律至今还未有深入研究。另外，多次测试发现同类型双层织物在某些频段时屏蔽效能达不到预期，甚至存在比单层屏蔽效能低的情况。这种情况一旦发生，双层织物加工成的服装会在某些情况降低甚至失去电磁防护作用，但造成这种现象的原因至今尚未明确。本章将对此开展论述，阐述不同类型、同类型双层及多层织物屏蔽效能的变化规律和影响因素，并就双层面料有时会出现屏蔽效能降低等问题进行分析。

第一节　双层织物电磁屏蔽效能的变化规律及影响因素

一、双层织物屏蔽理论分析

电磁波穿过防电磁辐射织物时，会产生波反射、波吸收和电磁波在织物内的多次反射，导致电磁波能量衰减，从而达到屏蔽电磁波的效果。在电磁屏蔽织物屏蔽效能的研究中发现，织物厚度对织物的屏蔽效能也具有较显著性影响，在一定范围内，织物厚度增加，屏蔽效能增大，但是增加织物层数并非单纯地增加织物厚度，如图 4-1 所示为电磁波在双层织物中的传输过程，电磁波在两层织物中都发生了波的反射、波吸收以及织物内的多次反射过程，相对于具有相同厚度的单层织物来说，电磁波的衰减过程有所变化，因此在研究双层织物的屏蔽原理以及其屏蔽效能的影响因素时，应充分考虑两层织物的中间因素，分析金属纤维含量、织物组织结构类型、织物中间间距、织物经纬向对齐方式等对双层织物的屏蔽效能的影响。

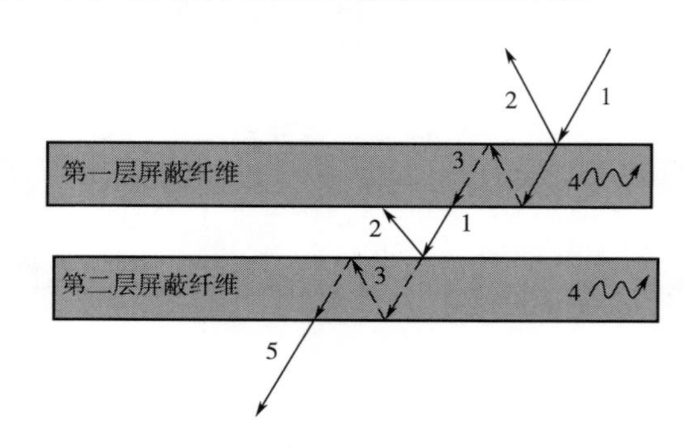

图 4-1　双层屏蔽织物中电磁波衰减过程

1—入射电磁波；2—电磁波反射衰减；3—电磁波多次反射衰减；4—电磁波吸收衰减；5—衰减后电磁波

二、实验

（一）测试方法

实验采用法兰同轴法进行织物屏蔽效能测试，法兰同轴法是利用同轴线中传播的横电磁（TEM）波模拟空气中远区平面波对材料试样进行屏蔽效能测试，把平板型被测试样置于两锥形同轴线的对接处即可测量试样对平面波场的屏蔽效能，其测试系统配置原理图如图4-2所示。该方法是目前较为流行的一种屏蔽材料的屏蔽效能测试方法，是美国国家标准局（NBS）推荐的一种测量方法，其具有测试范围宽、试样面积小、重复性好、成本低等优点，被广泛应用于屏蔽织物、金属薄板等平板型电磁屏蔽材料的平面波的屏蔽效能测试。

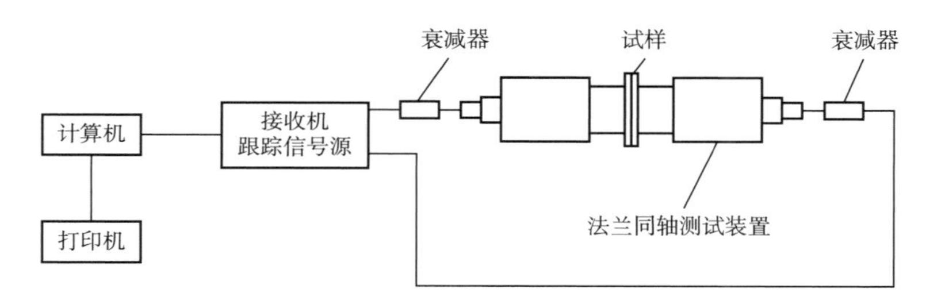

图4-2 法兰同轴法测试系统配置原理图

（二）实验材料

实验材料选择不同纤维类型、不同金属纤维含量的机织物和针织物，以便实验结果的对比分析。样布材料分别为60%银纤维机织物、50%银纤维针织物、50%银纤维机织物、35%不锈钢金属纤维机织物和32%不锈钢金属纤维机织物，其具体规格如表4-1所示，实验的具体安排如表4-2所示。

表4-1 实验材料规格参数

织物编号	面料名称	规格参数	导电纤维含量/%	样布大小/cm	数量/块
1#	银纤维机织物（斜纹）	S60/T40； 密度：122×92； 克重：75g/m^2	60	20×20	2
2#	银纤维针织物（斜纹）	S50/M50； 密度：122×62； 克重：75g/m^2	50	20×20	2

续表

织物编号	面料名称	规格参数	导电纤维含量/%	样布大小/cm	数量/块
3#	银纤维机织物（斜纹）	S50/M50； 密度：122×62； 克重：75g/m^2	50	20×20	2
4#	不锈钢金属纤维机织物（斜纹）	SA35/T28/C40； 密度：122×62； 克重：201g/m^2	35	20×20	2
5#	不锈钢金属纤维机织物（斜纹）	SA32/T28/C40； 密度：122×62； 克重：201g/m^2	32	20×20	2

表 4-2　织物屏蔽效能测试实验类别

织物组合	测试方法	测试目的
2#、3#、2#+2#、2#+3#、3#+2#、3#+3#	单层织物屏蔽效能测试； 双层织物，各层正反向、经纬向一致时屏蔽效能测试	对比分析单双层织物屏蔽效能以及不同织物表面结构、双层织物组合的屏蔽效能大小
4#+4#、4#+5#、5#+4#、5#+5#	双层织物，各层正反向、经纬向一致时屏蔽效能测试	对比分析不同金属纤维含量的双层织物组合的屏蔽效能大小
1#+1#	双层织物，各层正反向、经纬向一致，两层织物中间间距分别控制为 3.0mm、0.6mm、0.9mm、1.2mm、1.5mm、1.8mm、3.0mm 时屏蔽效能测试	对比分析双层织物中间不同间距下双层织物组合的屏蔽效能大小
1#+1#	双层织物正反方向一致，经纬向分为一致和不一致，且两层织物中间间距分别控制为无间距、间距 5（1.5mm）、间距 10（3.0mm）时屏蔽效能测试	对比分析中间不同间距以及不同经纬方向时双层织物组合的屏蔽效能大小

三、结果与分析

（一）不同组织结构双层织物的测试结果与分析

选择 2#和 3#进行测试，其双层织物的组合方式如图 4-3 所示。图 4-4 为 2#和 3#单层织物以及 2#和 3#双层织物的屏蔽效能曲线图。

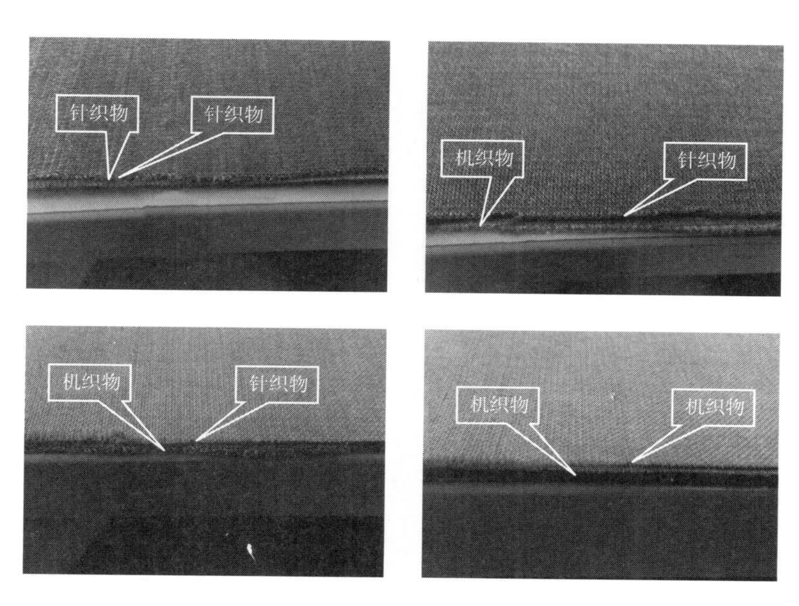

图 4-3　2#和 3#双层织物

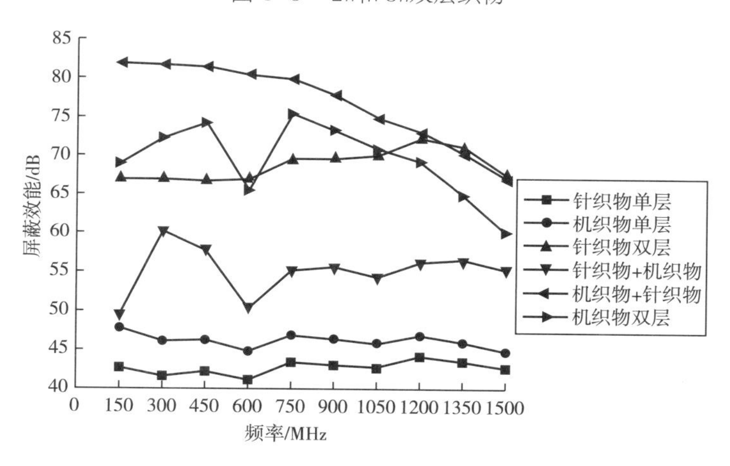

图 4-4　2#和 3#单层及双层织物组合的屏蔽效能

由图 4-4 可知，在 150MHz~1500MHz 频率范围内，同种金属纤维，相同金属纤维含量下，随着频率的增加，单层机织物的屏蔽效能要高于单层针织物；双层织物的屏蔽效能明显优于单层织物的屏蔽效能；双层机织物的屏蔽效能高于双层针织物的屏蔽效能；针织物与机织物的组合中，针织物在底层的组合的屏蔽效能高于机织物在底层的组合的屏蔽效能。因此增加织物层数可以提高防电磁产品的屏蔽效能，但是在开发制作防电磁辐射产品时，应慎重选择里层屏蔽面料，以达到更好的屏蔽效果。

（二）不同金属纤维含量的双层织物的测试结果与分析

图 4-5 为 4#+4#、4#+5#、5#+4#、5#+5#双层织物图，屏蔽效能测试结果如图 4-6 所示。

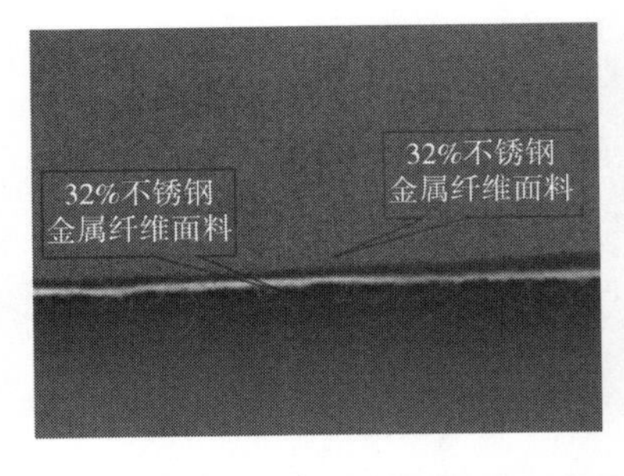

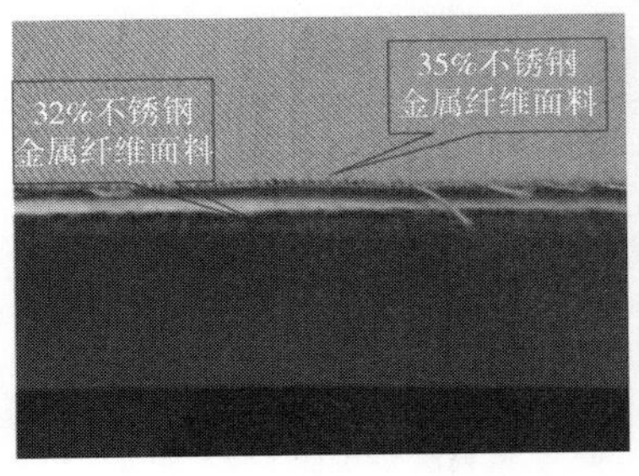

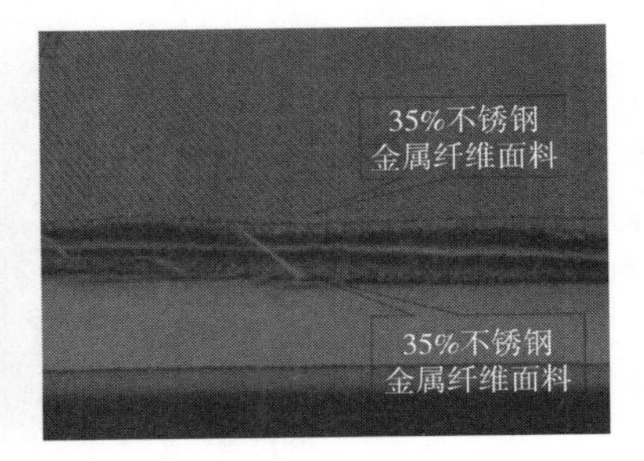

图 4-5　4#+4#、4#+5#、5#+4#、5#+5#双层织物

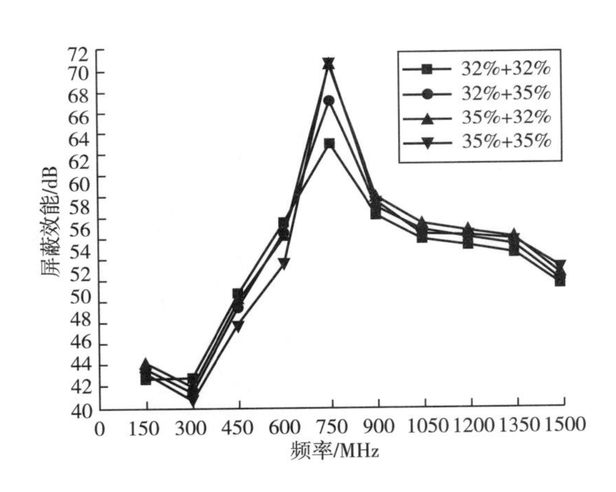

图 4-6　不同金属含量的双层织物屏蔽效能值

由图 4-6 可知，在频率 300MHz 时，四种双层织物的屏蔽效能均达到谷值，随着频率继续增大到 750MHz 时，其屏蔽效能值均出现峰值。从整体来看，在不同的金属纤维含量下，各双层织物组合均有最优的频率以取得最优的屏蔽效果。从图中也可以得到，随着组合中的金属纤维含量的增大，双层织物的屏蔽效能增大，而金属纤维含量较大的织物在下层会取得更好的屏蔽效果。这组实验结果说明，双层织物的最大屏蔽效能不仅与各层织物的金属纤维含量有关，也与频率有关，因此在制作双层服装时应考虑服装使用的电磁环境进而使防护服具有较好的屏蔽效果。

（三）不同中间间距的双层织物组合的测试结果与分析

该组实验中，双层织物中间间距采用无屏蔽影响的同种织物进行控制，其实验过程如图 4-7 所示。图 4-8 所示为双层织物在中间间距分别为 0. 3mm、0. 6mm、0. 9mm、1. 2mm、1. 5mm、1. 8mm、3. 0mm 时的屏蔽效能曲线图。

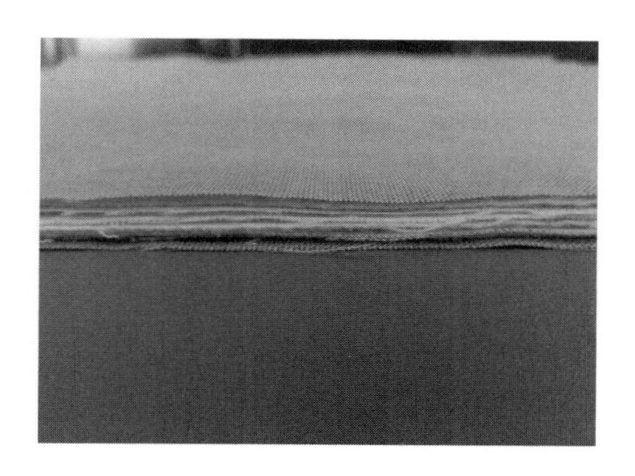

图 4-7　中间间距为 1. 5mm 的双层织物

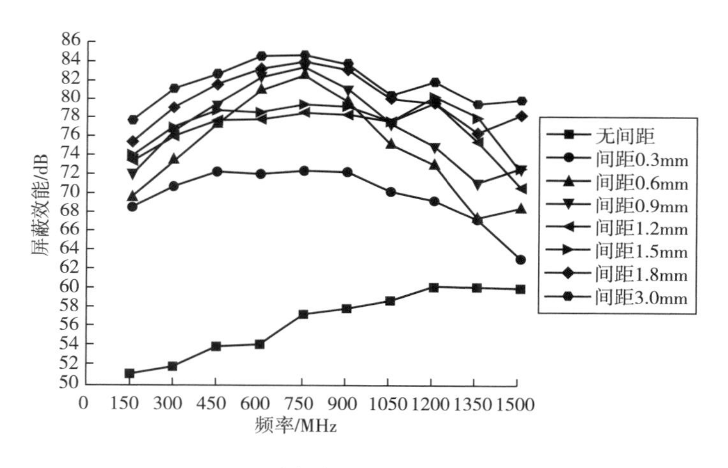

图 4-8　不同中间间距的织物组合的屏蔽效能

由图 4-8 可知，随着中间间距的增大，双层织物组合的屏蔽效能整体上呈增大趋势，从该测试结果中也可以得到，若要提高织物的屏蔽效能值不能单纯地增加织物的厚度，存在中间间隙的双层织物的屏蔽效能反而更优。

（四）经纬方向对齐方式不同时织物组合的测试结果与分析

如图 4-9 所示为 1#+1#双层织物在有无间距下经纬向不对齐的方式，其中双层织物中间间距的控制方法同图 4-7。图 4-10 为 1#+1#双层织物组合在无间距、间距 1. 5mm 和 3. 0mm 情况下织物纹理结构对齐与否时的屏蔽效能变化曲线。

由图 4-10 可得，双层织物的经纬向一致与否对织物组合的屏蔽效能有显著性影响，从图中测试结果可知，织物经纬向一致时的双层织物的屏蔽效能较优，且在两种情况下，两层织物间距的增加会很大程度地增加双层织物的屏蔽效能。图 4-10 测试结果进一步说明了织物间中间距会一定程度地增加双层织物的屏蔽效能，且织物组合中各层织物的经纬向放置方向也影响双层织物的屏蔽效能。

(a) 无间距不对齐

(b) 有间距不对齐

图 4-9　1#+1#双层织物经纬向不对齐方式

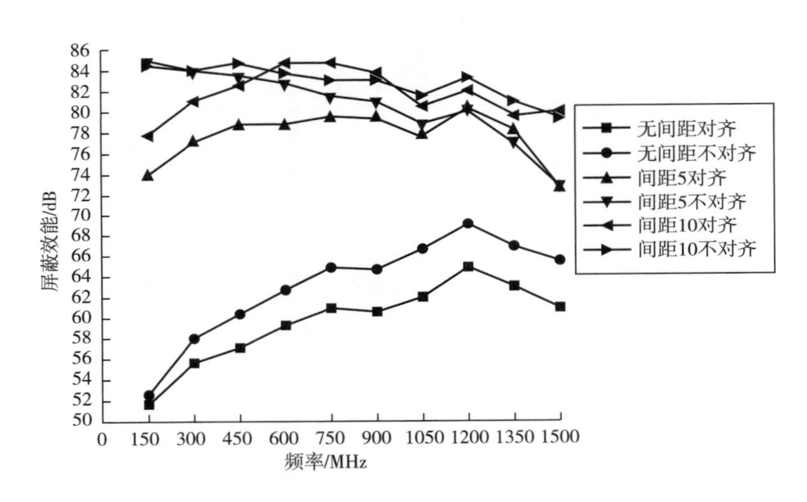

图 4-10　1#+1#双层织物组合的屏蔽效能

四、小结

本节通过测试不同双层织物组合的屏蔽效能，发现在以下几个影响因素下双层织物组合的屏蔽效能都会随着影响因素的变化而变化。由测试结果得到：

(1) 对相同金属纤维类型、相同金属纤维含量的机织物与针织物的屏蔽效能进行测试得到，单层以及双层机织物的屏蔽效能都高于单层以及双层针织物的屏蔽效能。

(2) 同种织物的双层织物屏蔽效能明显高于单层织物的屏蔽效能。

(3) 在针织物与机织物组合的双层织物的屏蔽效能测试实验中得到，针织物在底层的双层织物组合的屏蔽效能要高于机织物在底层的双层织物组合的屏蔽效能。

（4）对相同金属纤维类型、不同金属纤维含量的双层织物的屏蔽效能进行测试得到，双层织物的屏蔽效能随着双层织物的金属纤维含量的增加而增加。

（5）在相同织物类型的双层织物的屏蔽效能测试中发现，随着双层织物的中间间距的增大，双层织物的屏蔽效能增大，两层织物的经纬方向一致时双层织物的屏蔽效能高于经纬方向不一致时的双层织物的屏蔽效能。

上述测试结果可以表明，在开发制作双层织物的电磁屏蔽服装时，应充分考虑一些影响因素，如双层织物的里层及表层织物的组织结构类型、双层织物组合的金属纤维含量总和、双层织物的中间间距大小、织物的经纬向，通过不同的双层织物的组合寻找最合适的双层织物组合以达到最优的屏蔽效果。

第二节 双层同类型织物屏蔽效能出现的异常现象

一、实验

（一）实验材料

实验材料主要包含镀铜镍、镀银、不锈钢三种类型的电磁屏蔽织物，每种类型织物包含有多块具有不同结构参数的样布，其中镀铜镍 27 块、镀银 32 块、不锈钢 53 块。其中具有代表性的三块样布见表 4-3。

表 4-3　样布规格参数

面料编号	成分含量	织物组织	经纬密/（根/10cm）	线密度/tex	厚度/mm	面密度/（g/m²）
A	100%镀铜镍	斜纹	440×324	8.5	0.092	44
B	100%镀银纤维	平纹	496×332	7.8	0.125	75
C	30%不锈钢/30%涤纶/40%棉	斜纹	340×256	32	0.351	210

（二）测试方法

采用小窗法屏蔽效能测试仪（北京鼎容科技有限公司 DR-S08，GJB 6190—2008）、AV3629D 微波矢量网络分析仪搭建系统测试织物的屏蔽效能，频率范围为 1GHz～18GHz。采用 Keyence VK-X110 形状测量激光显微镜观测面料的表面结构。采用面料厚度测试仪、密度镜、电子天平及直尺等测试织物的基本结构参数。

二、结果与分析

（一）同类型双层电磁屏蔽织物的屏蔽效能

对所有样布的单层屏蔽效能进行测试，同时也对紧密叠放状态即间隙为零时的同类型双层电磁屏蔽织物屏蔽效能进行了测试，发现100%镀铜镍的所有样布在1GHz～18GHz频段时双层均比单层的屏蔽效能增加，图4-11是其中一款的变化图。100%镀银纤维的织物大多数情况遵守这个规律，但在一些高频段会出现双层织物屏蔽效能低于单层的情况，图4-12是其中一款的变化图，可以看到在16GHz频段范围有明显的降低区域。不锈钢混纺双层织物在高频段的屏蔽效能比单层增加显著，但是在低频段范围个别频点则出现双层织物屏蔽效能低于单层的现象，图4-13是其中一款的屏蔽效能变化图，可以看出其存在两个明显的降低区。将上述每种类型样布在不同频点的双层状态屏蔽效能与单层状态屏蔽效能相减，如图4-14所示，可明显看到箭头所指的频段范围有负值出现。

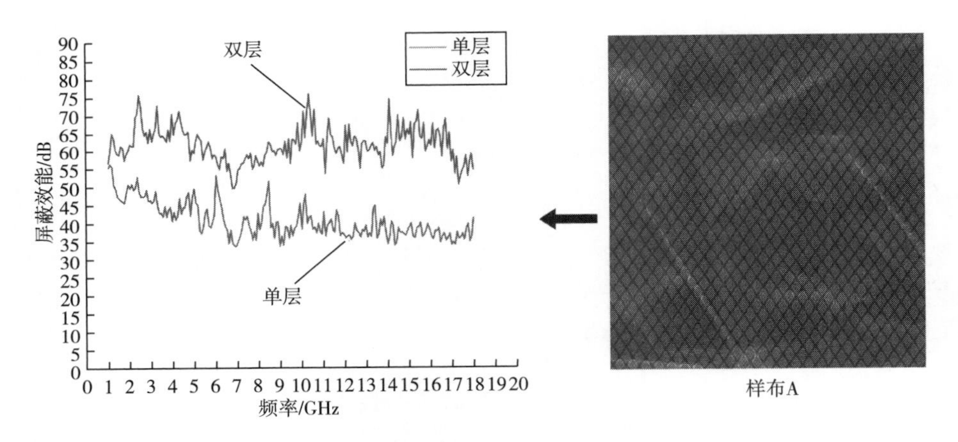

图4-11　100%镀铜镍织物单层及双层时的屏蔽效能变化（1GHz～18GHz）

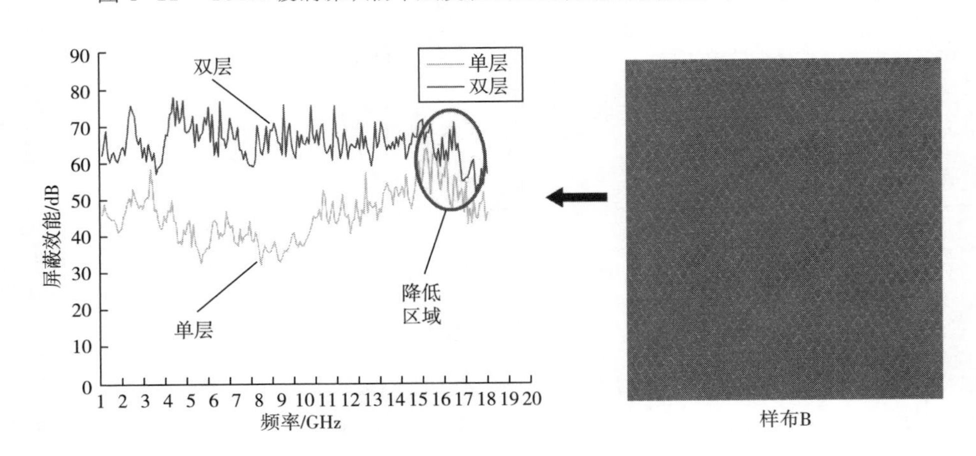

图4-12　100%镀银纤维织物单层及双层时的屏蔽效能变化（1GHz～18GHz）

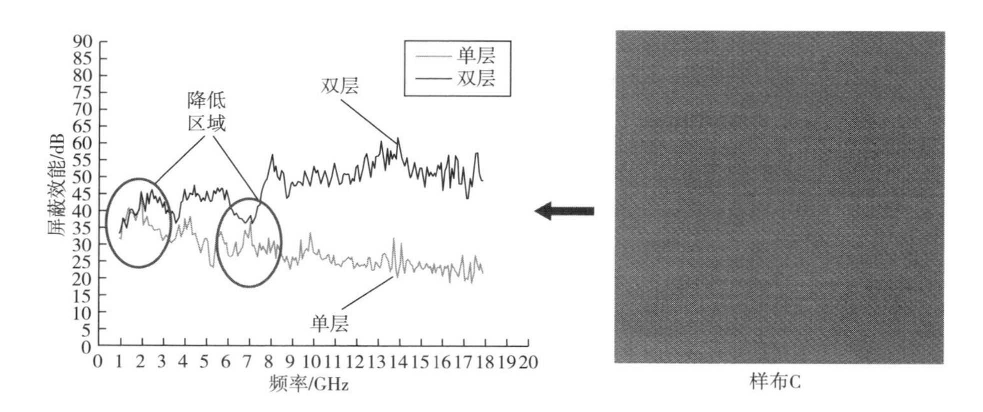

图 4-13　30% 不锈钢混纺单层及双层时的屏蔽效能变化（1GHz~18GHz）

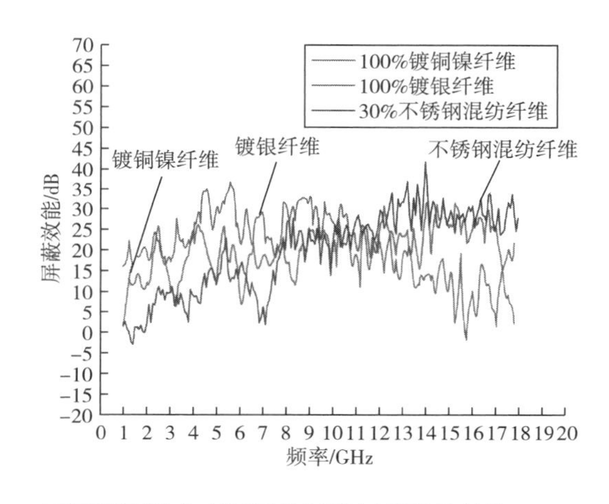

图 4-14　不同类型样布双层及单层的屏蔽效能差值（1GHz~18GHz）

（二）产生机理分析

由实验可以得出，对于镀铜镍织物、镀银织物及不锈钢混纺织物这些主流电磁屏蔽织物类型，无论其原料、组织及密度如何变化，在 1GHz~18GHz 宽频范围下，同类型双层电磁屏蔽织物一般情况下屏蔽效能比单层有所增加，但是增加值随频段有所变化。其中，镀铜镍织物在 1GHz~18GHz 范围内增幅比较均匀，镀银纤维织物在 10GHz 以下增幅较多，10GHz 以上则增幅下降，而不锈钢纤维则呈现相反的现象，10GHz 以下增幅较少，10GHz 以上则增幅较多。镀铜镍织物全频段没有出现增幅为负值的情况，而镀银纤维则在 16GHz 左右出现增长负值，不锈钢纤维则在 1GHz~2GHz 频段及 7GHz 左右出现增长负值。

局部频段双层屏蔽效能比单层低的现象是织物本身材料属性及叠放紧密程度所致，其根本原因是试样的柔软性和延伸性，以及叠放的平整程度等原因，使双层织物之间形成封闭或未封闭的扁平间隙区，如图 4-15 所示。

这些扁平间隙区具有多样性，在尺寸及形状方面无规则可循，但其在双层织物局部形成的腔体在一定频段条件下会形成谐振腔，这种现象会严重降低双层同类型织物的屏蔽效能。如图 4-15 所示，当电磁波以场强 E_1（V/m）入射第一层织物时，原透过第一层的电场强度为 E_2'（V/m），其值如式（4-1）所示：

$$E_2' = \frac{E_1}{10^{SE'/20}} \tag{4-1}$$

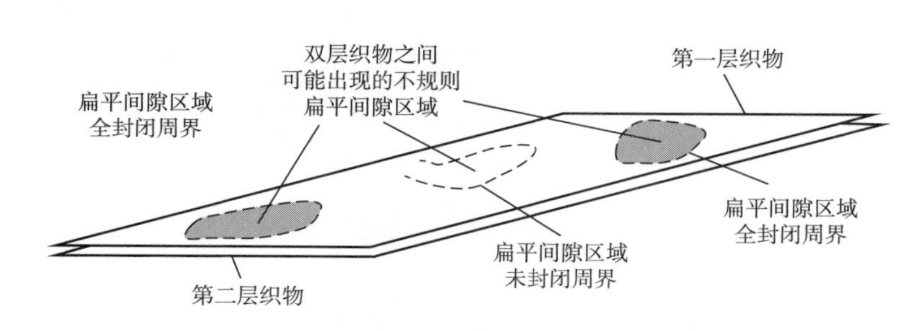

图 4-15　双层织物形成扁平谐振腔的示意

由于织物内部导电纤维的排列及电磁参数的综合作用，当某个频段单层织物屏蔽效能增强时（如图 4-12 中的 16GHz 左右处，图 4-13 中的 1GHz~2GHz 频段及 7GHz 左右处），意味织物在该频点导电性能更好，织物表面反射电磁波的能力更强，在一定条件下，E_2'可能在扁平间隙区域发生反复反射，并且不断改变方向。根据谐振发生的规律，一般扰动波长需要小于腔体尺寸才能发生强谐振效应，由于扁平间隙区域两层织物之间的垂直距离尺寸有限，难以在 1GHz~18GHz 发生谐振，但与织物表面平行的横向及纵向尺寸可能较大，从而满足波长条件，此时 E_2'发生多次反射并改变方向后，就可能在此扁平间隙区域的水平方向引发共振发生谐振效应，从而形成扁平谐振腔。发生谐振后 E_2'增强为 E_2，如图 4-16 所示，一般情况下其方向与织物表面基本平行。根据电磁理论，衡量谐振腔积聚电磁能量的品质因子 Q 如式（4-2）所示：

$$Q = \frac{1}{\omega RC} \tag{4-2}$$

式中，ω 是谐振时的频率，Hz；R 是织物表面电阻，Ω；C 是电容，F。

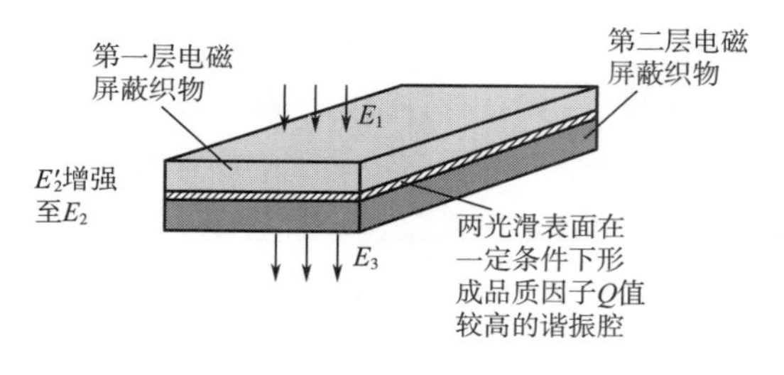

图 4-16　双层反射示意及界面光滑示意

很明显，由于双层织物在形成微小扁平谐振腔频段的高导电性及极小的距离，导致电阻 R 及电容 C 均较小，从而使 Q 较大，因此使 E_2'被大幅度提升至 E_2，在一定条件

下甚至大于 E_1，即满足式（4-3）：

$$E_2 > E_1 > E'_2 \tag{4-3}$$

此时 E_2 继续入射第二层织物，由于第二层织物与第一层织物具有同样的屏蔽效能，根据式（4-1）及式（4-3）可得式（4-4）：

$$E_3 > E'_2 \tag{4-4}$$

式（4-4）说明在特定条件下两层织物若形成微小扁平谐振腔，则会导致腔体内的场强异常增加，使电磁波透过两层织物后的场强 E_3 反而比透过一层织物的场强 E'_2 要大，即此时两层织物的屏蔽效能低于单层织物的屏蔽效能。

（三）双层织物屏蔽效能降低的产生条件

根据织物柔软易变性特点，双层织物在重叠时，扁平间隙区域的出现是随机的、多样的，如图 4-15 所示，其具体位置由叠放的紧密程度、均匀程度、拉紧程度、材料柔软度及弹性等因素决定。因此，形成扁平谐振腔需要的条件如下：

（1）两层织物之间需形成有效的间隙区域，其形状可以为不规则，但周围要有封闭或者未封闭的重叠周界存在，如图 4-15 所示。

（2）根据电磁理论，扁平间隙区域在与织物表面平行的横向、纵向或某个方向尺寸要大于 1/2 个波长才能形成谐振效应。

（3）织物表面有足够的反射电磁波能力，反射性能越大，则谐振效应越明显。

很明显，根据上述条件可知，双层织物形成谐振效应的频段是任意的，具体是否发生谐振，与波长、扁平间隙的形状、尺寸大小有密切关系。对某些扁平间隙区，由于上述条件并不满足，所以不会出现谐振效应，而对于某些扁平区域，某个频段的波长正好可以满足要求，从而形成谐振效应，在该频段大幅度降低了双层织物的屏蔽效能。

（四）双层织物避免屏蔽效能降低的设计原则

很明显，若在双层同类型织物之间形成微小扁平谐振腔，无疑对双层电磁屏蔽织物的屏蔽效能产生严重负面影响，甚至使其丧失电磁防护作用，给防护对象如人体造成隐形伤害，因此需要有效避免。根据长期试验，总结了如下设计原则：

（1）防止在两层之间形成扁平间隙：一是使两层紧密贴紧，不留间隙；二是若间隙不可避免，则防止封闭或半封闭周界存在，这样可以避免生成扁平间隙区域。由于双层织物的柔软特点，在应用中发现，即使双层之间有胶质物进行黏合，有时也会产生局部或大或小的扁平间隙，尤其对于服装的双层来说，这种局部扁平间隙出现的概率会更大，例如，在有必要的绗缝线设计时，会人为地制造多个扁平间隙区。解决此问题的有效方法是在织物之间添加衬垫物人为拉大双层织物之间的距离，此时虽然出现间隙，但却不会出现封闭或者半封闭周界，也就不会形成扁平谐振腔。

（2）选择合适材料：根据谐振腔形成原理，应首先选择反射电磁波性能较弱的屏蔽材料制作织物，以减少多次反射引发谐振效应的概率。图 4-11 所示的镀铜镍织物，由于屏蔽成分中有磁性材料镍的存在，其反射特性有所减弱，因此在双层织物之间难以满足形成谐振的反射条件，从而在宽频范围未出现明显的双层屏蔽效能小于单层的情况。另外，合理增加织物表面的粗糙度、增加织物的厚度及选择吸波材料作为中间层等都是可以降低反射系数的方法。总之，只要破坏两层之间形成谐振现象的多次反射行为，理论上即可避免双层同类型织物屏蔽效能小于单层的情况发生。

三、小结

（1）同类型双层电磁屏蔽织物的屏蔽效能并非是简单两个单层织物的叠加，其中镀铜镍电磁屏蔽织物在 1GHz～18GHz 全频段双层的屏蔽效能均大于单层，镀银纤维织物及不锈钢纤维织物在大多数频段双层的屏蔽效能大于单层，但有些频段则双层的屏蔽效能小于单层。

（2）双层电磁屏蔽织物屏蔽效能比单层降低的原因是两层织物之间在某一频段或频点可能形成微小扁平谐振腔，是否形成微小谐振腔则由织物电磁波波长、扁平间隙各向尺寸、织物本身材料的反射性能等条件综合决定。

（3）避免出现双层同类型电磁屏蔽织物屏蔽效能小于单层的不利情况，应从防止在两层之间形成扁平间隙、选择合适材料等方面着手，减少扁平间隙的形成机会，降低织物材料的电磁波反射性能，或在双层之间添加吸波材料，均是较为有效的方法。

（4）本节研究成果对双层电磁屏蔽复合材料、双层电磁屏蔽服装等产品的设计、生产及测试有指导意义，可防止双层织物制作而成的服装、复合材料等在某些频段失去电磁防护作用而成为电磁防护中的隐形杀手。

第三节 多层面料的屏蔽效能变化规律

一、面料选择

通过对电磁屏蔽服装面料的广泛查找与搜集，发现电磁屏蔽面料有吸收型与反射型面料之分，不同种类屏蔽面料对电磁波的吸收反射性能不同。一般来说，相对电导率大的屏蔽面料，如不锈钢、铜、银等，电磁屏蔽以反射衰减为主；而相对磁导率大的屏蔽面料，如铁、镍等，电磁屏蔽以吸收衰减为主。市场上的吸收型为主的屏蔽面料主要为磁导率高的多离子涂层面料：如铜镍导电布、镍铁合金等；而反射型的面料主要为金属纤维或镀金属纤维面料：如金、银、铜、铝。本节根据研究目的和研究方案对面料进行了筛选，挑选出各类型中适合作为服装面料且面料参数较好的屏蔽面料。所选面料如表 4-4 所示。

表 4-4　实验面料

吸收型面料	反射型面料	反射型面料
a. 铜镍菱形格	c. 100%镀银菱形格面料	e. 30%不锈钢纤维面料
b. 吸波材料	d. 100%镀银针织双面布	—

二、主要性能测试

面料的基础参数采用多次测量取平均的方法减少误差，各面料参数见表 4-5。

表 4-5　实验面料基础参数

面料编号	成分含量	织物组织	经纬密/（根/10cm）	线密度/tex	厚度/mm	面密度/（g/m²）
a	100%镀铜镍	斜纹	440×324	8.5	0.092	44
b	100%镀铜镍银	平纹	800×440	3.5	0.031	73
c	100%镀银纤维	平纹	496×332	7.8	0.125	75
d	面：50%镀银纤维/50%涤纶 底：100%镀银纤维	纬平针	180×104 178×204	10	0.553	150
e	30%不锈钢/ 30%涤纶/40%精梳棉	斜纹	340×256	32	0.351	210

用扫描仪和激光显微镜对 5 种实验面料进行表面特征的观察，观察结果见图 4-17～图 4-21。发现面料 a 表面光泽度较好的菱形格，呈 1/3 左斜纹，纱线表面较为光洁；面料 b 是平纹，面料透薄但纱线密集排列，纤维很细，经向 3 根纱线呈一缕织制而成；面料 c 也呈现菱形格但光泽度一般；面料 d 是针织双面布，正面呈现普通纱线与镀银纤维纱线的相互串套，反面全是镀银纤维纱线；面料 e 是不锈钢纤维混纺面料，斜纹组织，其表面平整厚实，但不锈钢纤维排列较为杂乱无章，微观观察下纱线表面纤维毛羽较多，纤维和纱线间的孔隙较多。

图 4-17　铜镍菱形格面料（面料 a）

图 4-18　吸波材料（面料 b）

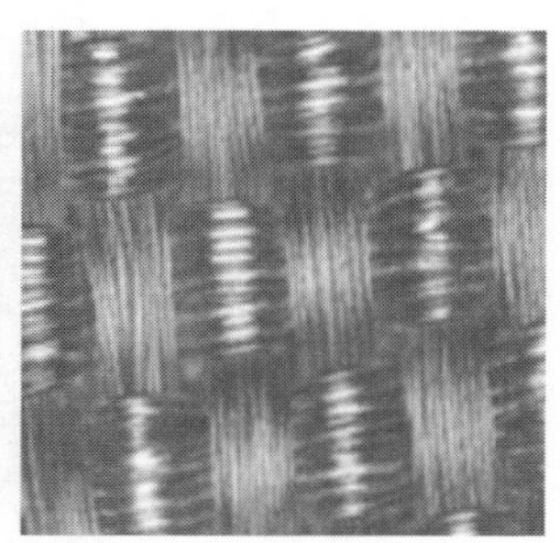

图 4-19　100% 镀银菱形格面料（面料 c）

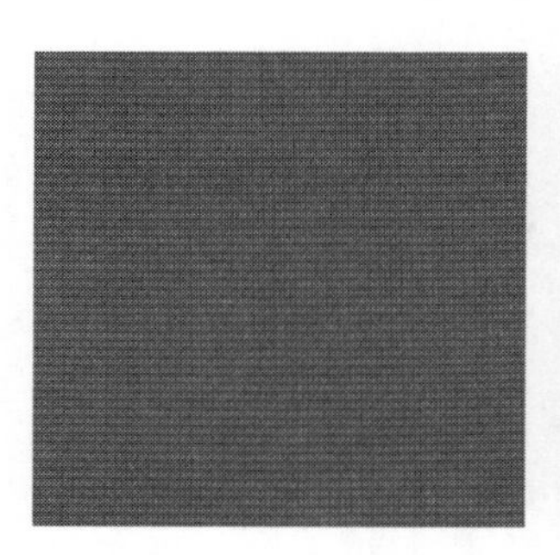
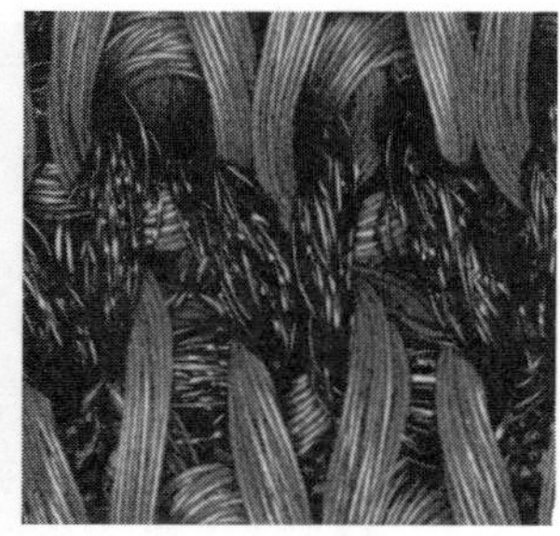

图 4-20　100% 镀银针织双面布面料（面料 d）

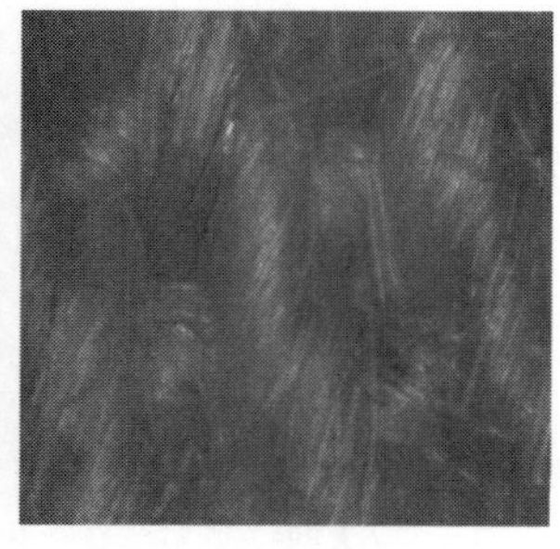

图 4-21　30% 不锈钢纤维面料（面料 e）

在 1GHz ~ 18GHz 频率范围内，对单层电磁屏蔽面料的屏蔽效能进行测试。如图 4-22、

图 4-23 所示，电磁波正入射到屏蔽面料，电场分量、磁场分量与电磁波传播方向垂直传播，分别测试垂直极化与水平极化下的屏蔽效能值。全文图中数字“7”表示垂直极化，“//”表示水平极化。例如，a7 表示面料 a 在垂直极化下的测试，即面料 a 正常放置，纱线经向与地面垂直；a//表示面料 a 在水平极化条件下的测试，即将面料 a 顺时针旋转 90°，纱线经向与地面平行。

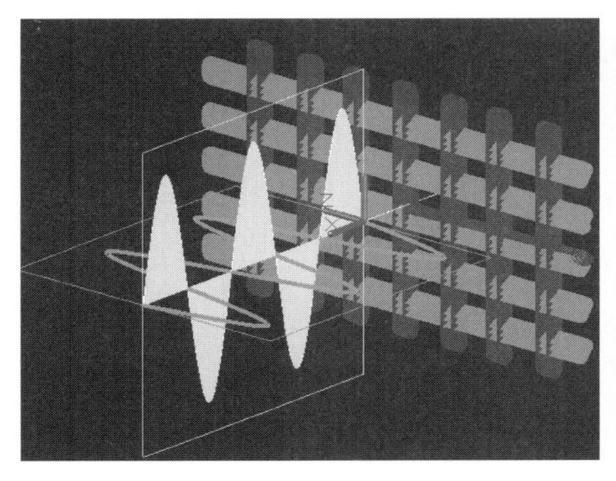

图 4-22　垂直极化

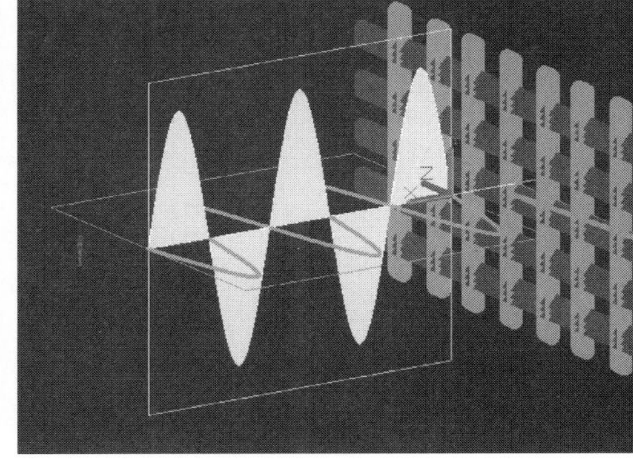

图 4-23　水平极化

5 种面料的屏蔽效能测试结果如图 4-24～图 4-28 所示，可见不同的极化方式对电磁屏蔽面料屏蔽效能的影响显著。对于 a 和 e，随着频率增加屏蔽效能减小，垂直极化下的屏蔽效能高于水平极化下 0～20dB 不等；对于 b 和 c，随着频率增加屏蔽效能呈减小、增加、减小的趋势，垂直极化和水平极化下的屏蔽效能都有高有低，相差 0～20dB 不等；对于 d，随着频率增加屏蔽效能减小，1000MHz～16000MHz 频段水平极化下的屏蔽效能高于垂直极化下，随频率增加屏蔽效能差距由 15dB 逐渐减小，16000MHz～18000MHz 频段垂直极化下的屏蔽效能高于水平极化下。

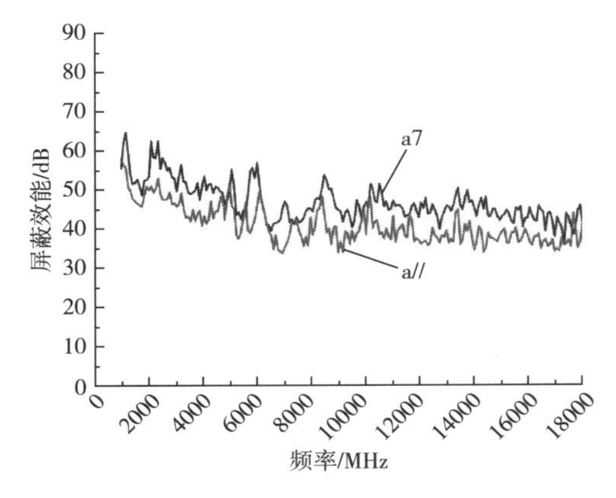

图 4-24　面料 a 的屏蔽效能

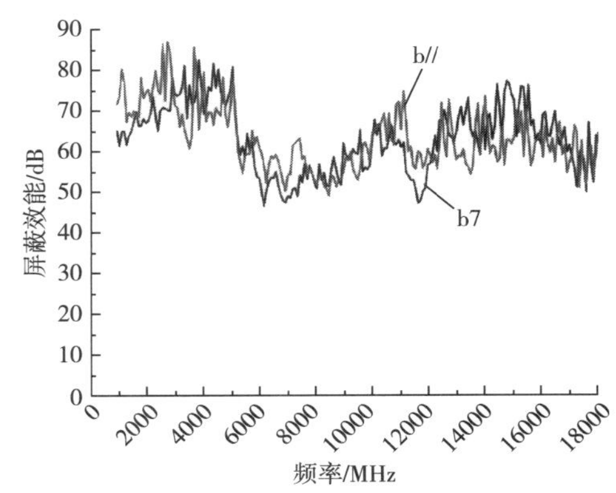

图 4-25　面料 b 的屏蔽效能

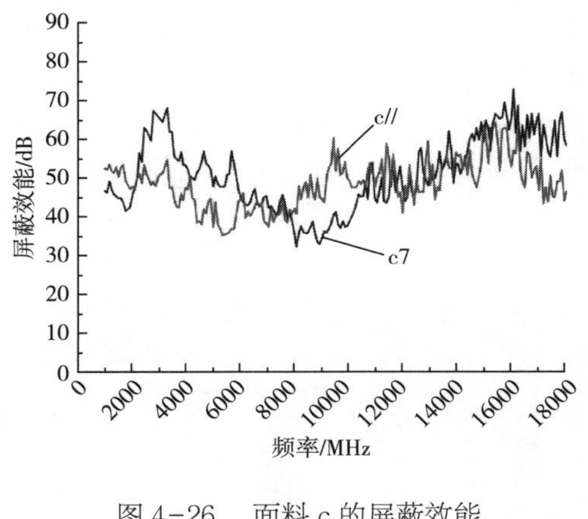

图 4-26　面料 c 的屏蔽效能

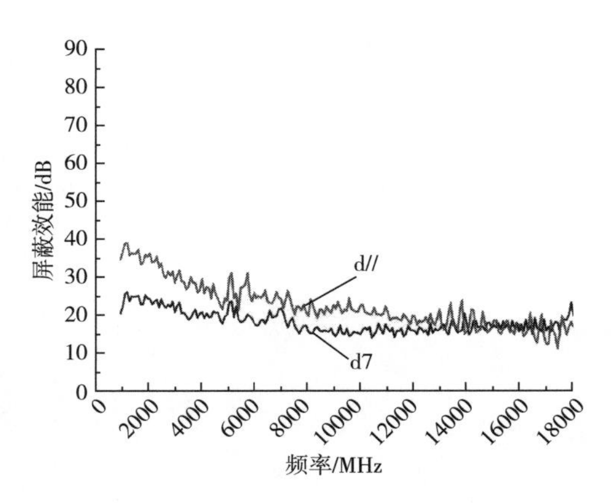

图 4-27　面料 d 的屏蔽效能

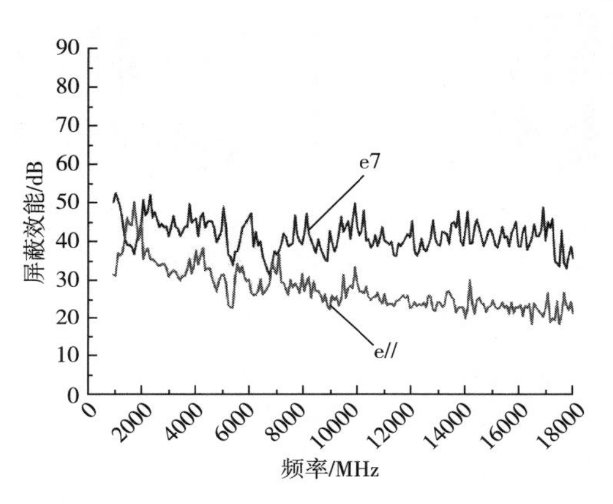

图 4-28　面料 e 的屏蔽效能

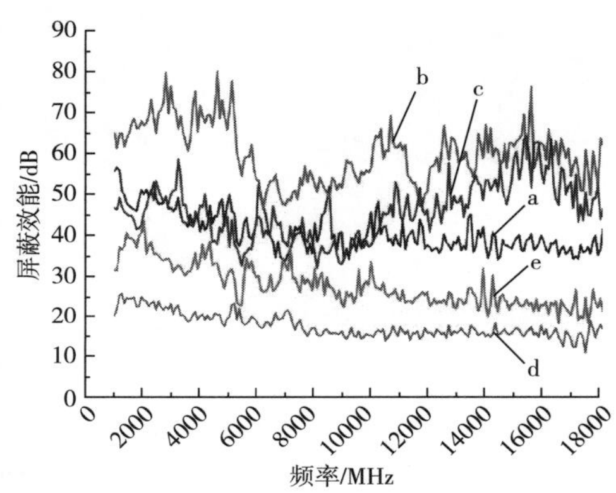

图 4-29　考虑极化后 5 种屏蔽面料的屏蔽效能

由于不同面料受极化波的影响不同，为了更科学地比较不同面料的屏蔽效果，选择两个极化方向下各频率点的最小值作为面料的屏蔽效能值，5 种屏蔽面料的屏蔽效能比较如图 4-29 所示，面料 b 的屏蔽效能最高，主要在 50~70dB 波动；面料 a、面料 c 次之（在 1000MHz~10000MHz 频率范围内面料 a、面料 c 屏蔽效能相当，10000MHz~18000MHz 频率范围内面料 c 的屏蔽效能大于面料 a），主要在 35~55dB 波动；面料 e 的屏蔽效能再次之，且主要在 25~35dB 波动；面料 d 的屏蔽效能最小主要，在 15~25dB 波动。

各屏蔽面料在不同频段的屏蔽效能范围如表 4-6 所示。

表 4-6　在不同频段 5 种屏蔽面料屏蔽效能范围　　单位：dB

频段	a	b	c	d	e
1000MHz~3000MHz	45~55	60~75	46~55	20~25	32~42
3000MHz~6000MHz	38~50	55~75	33~55	18~24	24~37

续表

频段	a	b	c	d	e
6000MHz~10000MHz	35~45	45~57	31~45	15~21	24~35
10000MHz~16000MHz	35~45	47~66	38~64	15~18	20~30
16000MHz~18000MHz	35~45	50~66	44~62	11~19	19~26

从各频率段屏蔽效能的比较可以看出，屏蔽面料 b、c 在 6000MHz~10000MHz 出现屏蔽效能短板，随着频率的增加，屏蔽面料 a、d、e 的屏蔽效能呈减小的趋势。从面料的参数可以解释，吸波材料 b 是平纹组织且经纬密度最大，纱线的线密度最细，单位面积的铜镍含量较高，对电磁波的吸收和反射能力最强，屏蔽效能较好；c 与 a 相比，剔除个别点，在 1000MHz~10000MHz 两者屏蔽效能相差很小，在 10000MHz~18000MHz 屏蔽效能 c 大于 a，究其原因 c 是平纹，a 是斜纹，c 的经纬密度大于 a，c 的紧密度比 a 大，但 a 含有铜镍，其相对电导率大于银，电磁波在面料表面的反射损耗相当，所以在 1000MHz~10000MHz 两者的屏蔽效能表现出不相上下的曲线走势，但在 10000MHz~18000MHz 随着频率增高，厚度越大，涡流损耗越大，所以厚度较大的面料 c 的屏蔽效能就表现出明显的优势；对于 100%镀银针织双面布 d 虽然结构参数在针织面料中很好，但其屏蔽效能还没有 30%不锈钢面料的高，因为针织面料不同于机织面料经纬纱线相互交错，其疏松的结构导致面料内部不能形成致密的金属网，所以屏蔽效能较低，但针织面料有柔软舒适透气性好等服用性能优势，所以希望通过与不同面料多层配伍组合达到提高屏蔽效能的目的，从而增加屏蔽面料的选择范围。

多层屏蔽面料屏蔽效能实验和分析要在单层和双层实验的基础上进行，鉴于篇幅有限以及考虑到服装面料实际的穿着性能，仅设计三层屏蔽面料屏蔽效能的测试。三层实验是在两层实验的基础上再加上一种面料进行实验，共计 125 组实验如表 4-7 所示，考虑极化方向实际上需进行共计 250 组实验。鉴于实验量繁多且本节主要研究的是高屏蔽效能多层屏蔽面料，所以根据双层屏蔽效能的测试分析结果，选出屏蔽效能较好的双层电磁屏蔽服装面料进行三层实验配伍设计，进而对三层屏蔽面料的屏蔽效能变化规律和影响因素进行分析和总结。

表 4-7　三层实验配伍设计

面料编号	a	b	c	d	e
a	aa（abcde）	ba（abcde）	ca（abcde）	da（abcde）	ea（abcde）
b	ab（abcde）	bb（abcde）	cb（abcde）	db（abcde）	eb（abcde）
c	ac（abcde）	bc（abcde）	cc（abcde）	dc（abcde）	ec（abcde）
d	ad（abcde）	bd（abcde）	cd（abcde）	dd（abcde）	ed（abcde）
e	ae（abcde）	be（abcde）	ce（abcde）	de（abcde）	ee（abcde）

三、三层电磁屏蔽服装面料屏蔽效能的变化规律

（一）三层面料

三层电磁屏蔽服装面料的设计研究在单层和双层研究的基础上进行。吸波型面料 b 的屏蔽效能要好于 a，所以在三层屏蔽面料设计中吸波型面料只取 b 面料进行高屏蔽效能的研究；在双层电磁屏蔽面料屏蔽效能的比较中，bc、bd、cc、eb 的屏蔽效能在 1000MHz~18000MHz 显出了相对优势，把这 4 组双层屏蔽面料和 b、c、d、e 相组合，得到三层屏蔽面料实验设计方案如表 4-8 所示。

表 4-8　三层电磁屏蔽服装面料实验设计方案

面料编号	bc	bd	cc	eb
b	bcb，bbc	bdb，bbd	ccb，cbc，bcc	ebb，beb
c	bcc，cbc	bdc，bcd，cbd	ccc	ebc，ecb，ceb
d	bcd，bdc，dbc	bdd，dbd	ccd，cdc，dcc	ebd，edb，deb
e	bce，bec，ebc	bde，bed，ebd	cce，cec，ecc	ebe，eeb

双层面料屏蔽效能分析已经得出，在多层面料组合中 e 在里层、d 在外层屏蔽效能较差。针对本节研究目的，为了设计高屏蔽效能多层电磁屏蔽服装面料，把 e 在最里层以及 d 在外层的三层组合除去，重新整理后三层电磁屏蔽面料实验共 26 组如表 4-9 所示，考虑极化方向后实际测试实验共计 52 组。

表 4-9　三层电磁屏蔽服装面料实际实验组合

面料编号	bc	bd	cc	eb
b	bcb，bbc	bdb，bbd	ccb	ebb，beb
c	bcc，cbc	cbd	ccc	ecb，ceb
d	bcd，bdc	bdd	ccd，cdc	edb
e	bec，ebc	bed，ebd	cec，ecc	eeb

不同频段加入 bc 不同位置三层屏蔽面料屏蔽效能范围如表 4-10 所示，b 加在最里层 bcb 在 3000MHz~5000MHz 频段比双层屏蔽效能有提高，b 加在外层 bbc 在 1000MHz~3000MHz 比 bc 屏蔽效能低。c 加在 bc 里层屏蔽效能较好，d 加在中间屏蔽效能较好，e 加在最外层屏蔽效能较好。总体 ebc、bdc 的屏蔽效能在全测试频率段的屏蔽效能都较好，在不同频率范围比较 bc 双层的屏蔽效能都有不同程度的提高。

表 4-10　不同频段加入 bc 不同位置三层屏蔽效能范围　　单位：dB

频段	bcb	bbc	bcc	cbc	bcd	bdc	bec	ebc
1000MHz~3000MHz	64~85	60~75	60~75	60~75	60~84	66~85	65~80	66~80
3000MHz~6000MHz	65~82	65~80	63~81	59~80	60~75	65~82	58~76	64~79
6000MHz~10000MHz	59~74	62~76	63~80	55~74	61~76	64~82	60~75	61~80
10000MHz~16000MHz	58~75	60~75	59~76	58~75	59~76	60~75	57~75	65~75
16000MHz~18000MHz	54~70	52~70	55~67	54~70	55~65	55~75	51~70	55~70

不同频段加入 bd 不同位置的三层屏蔽面料屏蔽效能的范围如表 4-11 所示，bdc 的屏蔽效能在全测试频率段的屏蔽效能都较好。在 6000MHz~10000MHz，b 加在外层比双层 bd 的屏蔽效能几乎没有提高，b 加在最里层屏蔽效能较好。c 加在 bd 最里层比加在其他位置的屏蔽效能要好。加入 d 后屏蔽效能在 10000MHz~18000MHz 提高不多。e 加在最外层的屏蔽效能要好于加在中间层。

表 4-11　不同频段加入 bd 不同位置三层屏蔽效能范围　　单位：dB

频段	bdb	bbd	bdc	bcd	cbd	bdd	bed	ebd
1000MHz~3000MHz	69~86	66~80	66~85	60~84	67~77	65~80	50~74	65~84
3000MHz~6000MHz	67~80	65~80	65~82	60~75	64~80	65~75	47~62	62~85
6000MHz~10000MHz	57~86	60~74	64~82	61~76	60~77	63~77	54~65	62~78
10000MHz~16000MHz	60~78	59~75	60~75	59~76	57~82	57~79	56~75	60~80
16000MHz~18000MHz	55~66	50~70	55~75	55~65	51~70	53~67	54~70	50~65

不同频段加入 cc 不同位置三层屏蔽面料屏蔽效能范围如表 4-12 所示，b 加在外层比双层 cc 的屏蔽效能提高较小，b 加在最里层比双层 cc 的屏蔽效能都有提高，b 加在中间层在 5 个频率段都有比 cc 双层屏蔽效能低的点。加入 c 后 ccc 的屏蔽效能在 1000MHz~6000MHz 有提高，在 6000MHz~18000MHz 比 cc 屏蔽效能有低点。d 加在中间屏蔽效能较好。e 加在 cc 的外层和中间屏蔽效能相差不大，在低频段比双层屏蔽效能高。

表 4-12　不同频段加入 cc 不同位置三层屏蔽效能范围　　单位：dB

频段	ccb	cbc	bcc	ccc	ccd	cdc	cec	ecc
1000MHz~3000MHz	68~85	60~75	60~75	64~80	65~78	70~84	66~83	67~84
3000MHz~6000MHz	65~83	59~80	63~81	66~81	60~73	65~82	65~80	60~75
6000MHz~10000MHz	61~76	55~74	63~80	57~75	60~74	61~75	60~78	65~80
10000MHz~16000MHz	60~75	58~75	59~76	55~79	59~76	59~75	56~76	59~75
16000MHz~18000MHz	55~72	54~70	55~67	54~71	54~70	54~69	50~74	55~69

不同频段加入 eb 不同位置的三层屏蔽面料的屏蔽效能范围如表 4-13 所示。

表 4-13　不同频段加入 eb 不同位置三层屏蔽效能范围　　单位：dB

频段	ebb	beb	ebc	ecb	ceb	ebd	edb	eeb
1000MHz~3000MHz	66~84	70~80	66~80	67~82	65~85	65~84	66~80	68~85
3000MHz~6000MHz	65~85	67~84	64~79	60~80	65~80	62~85	66~85	60~84
6000MHz~10000MHz	63~78	61~76	61~80	63~75	62~79	62~78	62~80	60~78
10000MHz~16000MHz	60~80	59~75	65~75	59~75	60~73	60~80	58~77	60~80
16000MHz~18000MHz	55~70	55~70	55~70	54~75	56~66	50~65	50~67	54~70

不管 b 加在最外层还是 b 加在最里层比双层 eb 的屏蔽效能提高均很小。总体来看 c 加在 eb 最里层比其加在其他位置的屏蔽效能要好。d 加在 eb 中间层比加在里层的屏蔽效能稍好。总体上 e 加在 eb 中的屏蔽效能比其他组合的屏蔽效能低。

通过三层面料与双层屏蔽效能的比较，发现三层屏蔽面料的屏蔽效能并没有得到预期的大幅度提高，远远没有双层比单层屏蔽效能显著提高的现象发生，三层屏蔽面料与双层面料的屏蔽效能相当，只在某些频段会出现比双层屏蔽效能高的情况，甚至在某些频段还会出现三层比双层屏蔽效能还低的状况。总体来看，在 10000MHz~18000MHz 的高频率段，三层与双层屏蔽效能曲线起伏波动相似，相差较小，所以主要对 1000MHz~10000MHz 频段的明显差异进行分析。

下面从两层吸收型面料、一层吸收型面料以及都是反射型面料的角度对三层屏蔽面料的屏蔽效能进行分析。

1. 两层吸收型面料组合

对于含两个吸收型面料的三层组合，bbc 与 bcb 的屏蔽效能对比如图 4-30 所示，可以发现，在 1000MHz~3500MHz 频段，c 面料加在中间屏蔽效能较高，bbc 屏蔽效能比 bcb 高 10dB 左右。和双层相比，在该频段 bcb 比双层屏蔽效能提高，bbc 反而比双层 bc 的屏蔽效能低，说明 c 在两层吸波材料中间屏蔽效能较好。

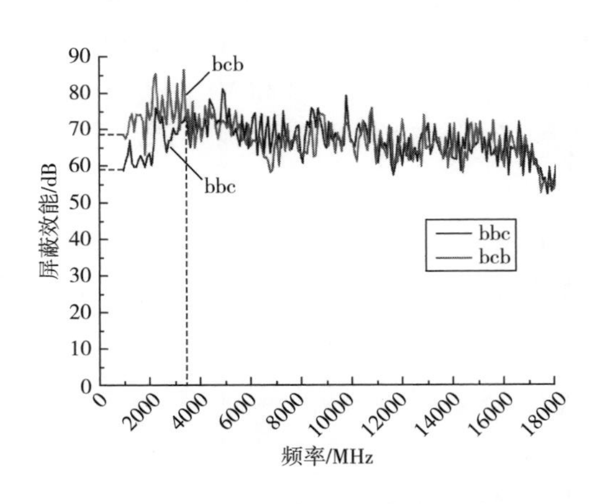

图 4-30　bbc 和 bcb 屏蔽效能对比

如图 4-31 所示，bbd 与 bdb 屏蔽效能对比，可以发现，在 1000MHz~3000MHz 频段，两者屏蔽效能达到 65dB 以上，比双层 bd 的屏蔽效能有 5dB 以上的提高。在 6000MHz~

8000MHz 频段 bbd 比双层屏蔽效能提高，bdb 屏蔽效能没有提高。但除去该频段，整体上 bdb 的屏蔽效能稍大于 bbd 的，说明除了在 6000MHz～8000MHz 频段，d 在中间更有利于对电磁波的屏蔽。

beb 与 ebb 的屏蔽效能对比如图 4-32 所示，二者屏蔽效能相近，在 6000MHz～8000MHz 频段比双层有提高，其他频段比双层没有提高。整体上在 1000MHz～8000MHz 频段 beb 的屏蔽效能高于 ebb 的，也说明 e 在双层吸波面料中间屏蔽效能稍好。

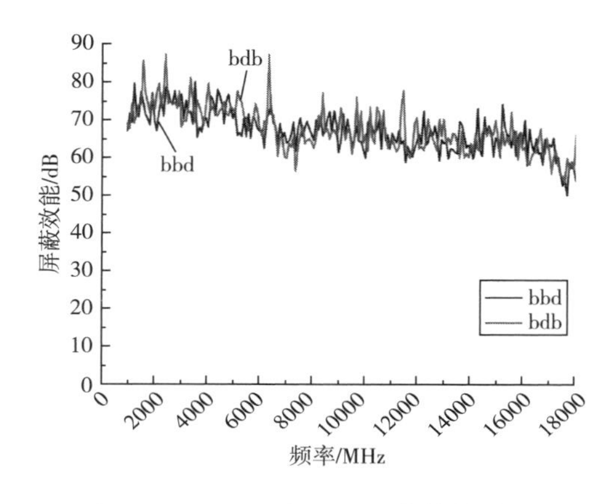

图 4-31　bbd 与 bdb 屏蔽效能对比

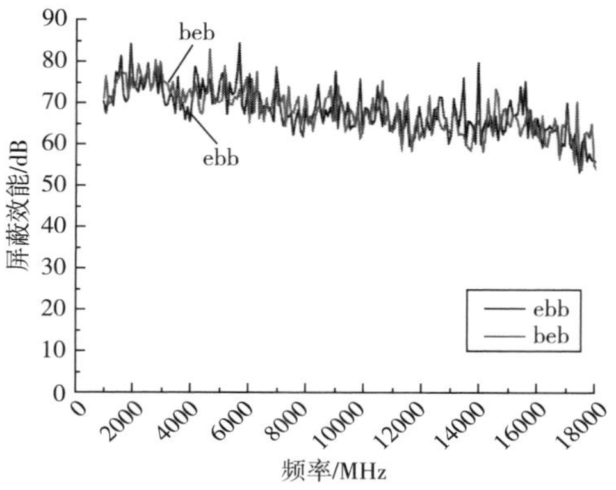

图 4-32　ebb 与 beb 屏蔽效能对比

2. 一层吸收型面料组合

对于只含一个吸收型面料的三层组合，将 b 加入 cc 中相应位置三层屏蔽面料屏蔽效能的对比，如图 4-33、图 4-34 所示，可以发现，在 1000MHz～2500MHz 频段 ccb 的屏蔽效能最好，在 65dB 以上，比双层屏蔽效能高；在 6000MHz～7000MHz 频段 bcc 的屏蔽效能最好，cbc 在 5000MHz～7000MHz 频段出现低谷 55dB 左右，屏蔽效能比双层还低。整体 ccb 的屏蔽效能较好，1000MHz～7500MHz 频段屏蔽效能基本都在 65dB 以上；bcc 次之，波动范围较大；cbc 的屏蔽效能最差，说明吸波面料在中间层不利于多层面料对电磁波的屏蔽。

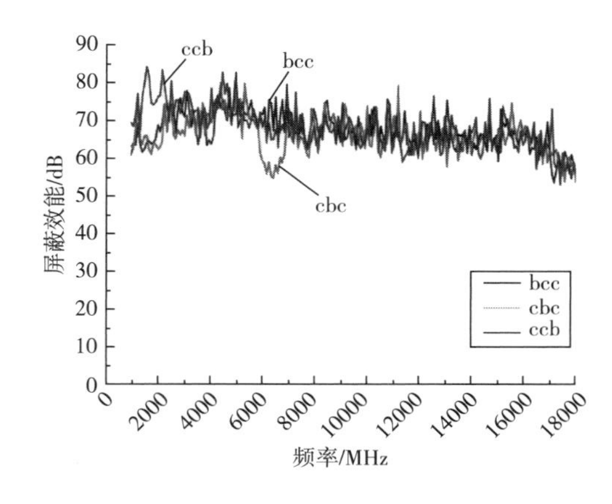

图 4-33　bcc、 cbc 与 ccb 屏蔽效能对比

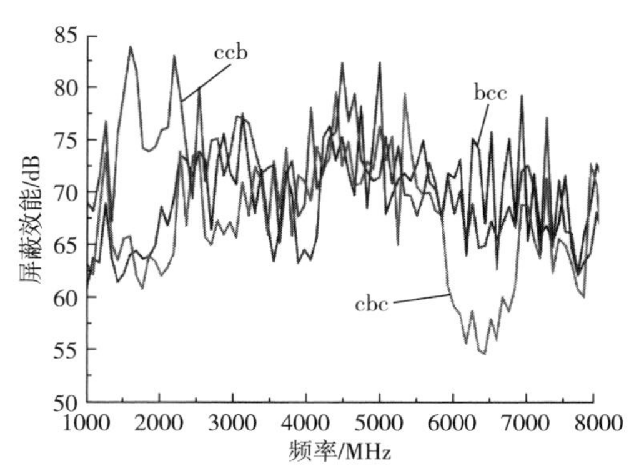

图 4-34　bcc、 cbc 与 ccb 局部放大图

ebd、edb 与 bed 三层面料屏蔽效能的对比，如图 4-35 所示，在 1500MHz~6500MHz 频段 edb 的屏蔽效能要好于 ebd，edb 在 5000MHz~7000MHz 频段比双层 eb 的屏蔽效能提高 5dB 左右，ebd 在 3000MHz~5500MHz 频段屏蔽效能比 eb 的要低 5dB 左右；bed 的屏蔽效能最小，比双层屏蔽效能大大降低，说明 e 在外层、d 在中间的层次组合的屏蔽效能较好。可见面料的层次对屏蔽电磁波的重要作用。

将 c 加入到 bd 中相应位置三层面料屏蔽效能的对比如图 4-36 所示，在 1000MHz~6000MHz 频段，bdc 的屏蔽效能最好，相较于双层 bc 的屏蔽效能，在该频段 bdc 屏蔽效能有提高；bcd 的屏蔽效能在 1000MHz~6000MHz 频段屏蔽效能最差，比双层屏蔽效能有降低；cbd 比 bcd 的屏蔽效能要好，但在 5000MHz~6000MHz 频段，cbd 的屏蔽效能比双层 bd 的屏蔽效能低。所以对于只含一个吸收型面料的三层屏蔽面料，吸收型面料放在外层屏蔽效能较好，但 d 在最里层屏蔽效能较差。

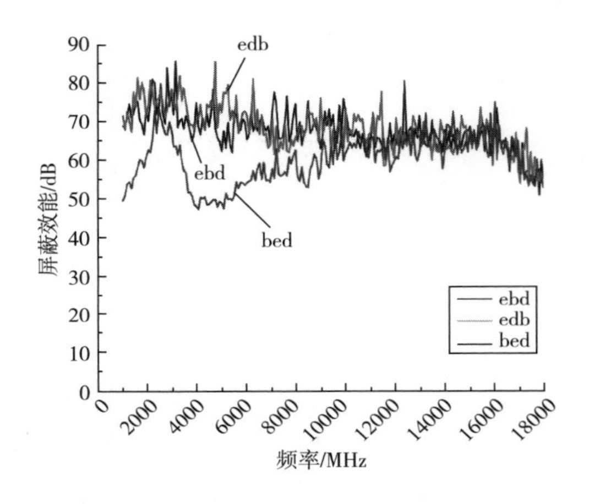

图 4-35 ebd、edb 与 bed 屏蔽效能对比

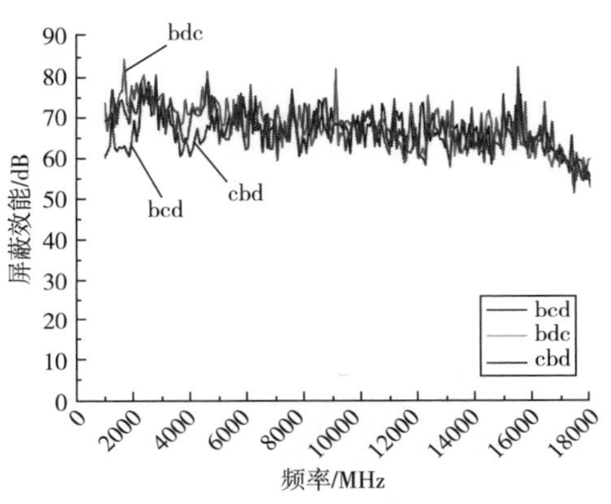

图 4-36 bcd 与 bdc 屏蔽效能对比

bce（多测试的一组）、bec、ceb、ebc 和 ecb 屏蔽效能对比，如图 4-37 所示，在 1000MHz~10000MHz 频段，bce 屏蔽效能最差，结果验证了 e 不能在最里层，说明本次实验设计的合理性。bec 在 3000MHz~6000MHz 频段的屏蔽效能较差，比双层 bc 的屏蔽效能要低 10dB。ecb 在 2500MHz~4000MHz 频段的屏蔽效能稍差 2dB 左右。而从局部放大图中可以看出，在 1500MHz~4000MHz 频段，ceb 的屏蔽效能比 ebc 的屏蔽效能要好，在 5500MHz~7000MHz 频段，ebc 的屏蔽效能较好，总体上来说 1000MHz~8000MHz 频段两者屏蔽效能都在 62dB 以上，

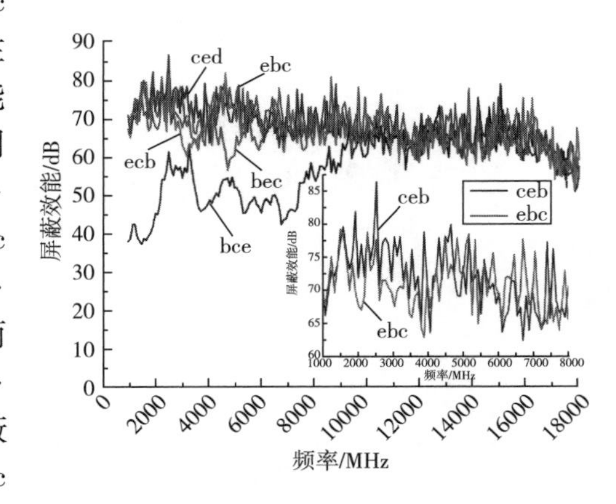

图 4-37 bce、bec、ceb、ebc 和 ecb 屏蔽效能对比

相比于其他组合两者的整体屏蔽效能较好，但相比于双层 eb 或 bc 两者屏蔽效能都没有提高。

3. 全是反射型面料组合

对于全是反射型的三层面料组合，ccc 三层面料与双层相比，屏蔽效能在 6000MHz～8000MHz 频段出现低谷，屏蔽效能几乎没有提高。把 d、e 加入 cc 中三层电磁屏蔽服装面料屏蔽效能的对比，如图 4-38、图 4-39 所示，cdc 屏蔽效能要好于 ccd，再一次说明了 d 在中间屏蔽效能较好。cec 和 ecc 在 1000MHz～4000MHz 频段比双层 cc 的屏蔽效能都有提高，两者相比在 2800MHz～4100MHz 频段 cec 比 ecc 屏蔽效能高 5dB 左右，在 6000MHz～10000MHz 频段 ecc 的屏蔽效能稍好。

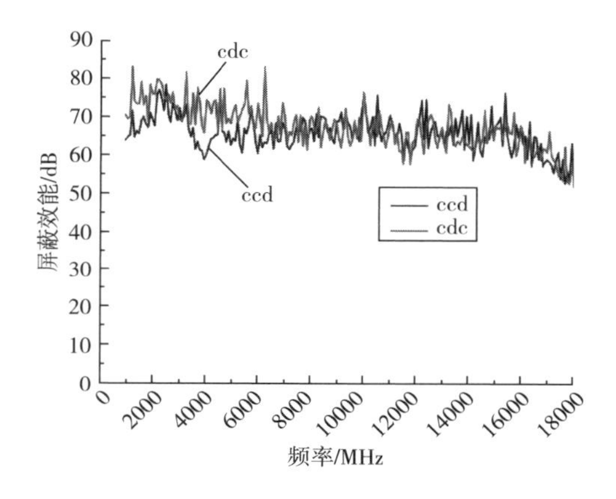

图 4-38　ccd 与 cdc 屏蔽效能对比

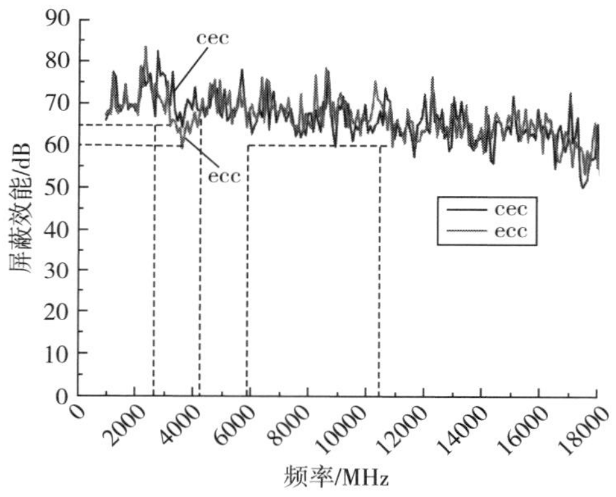

图 4-39　cec 与 ecc 屏蔽效能对比

（二）影响因素分析

1. 频率的影响

随着频率的增加，多层电磁屏蔽服装面料屏蔽效能呈现增大、减小的变化，如图 4-40 所示，在 1000MHz～4000MHz 频段，bcb 的屏蔽效能大于 bcc，在 4500MHz～7000MHz 频段，bcb 的屏蔽效能小于 bcc。说明频率对多层面料屏蔽效能影响不容忽视，频率不同电磁波在多层面料中的反射和吸收情况不同，所以导致多层屏蔽面料屏蔽效能上下波动的规律。

2. 面料的影响

不同的面料类型和面料结构对电磁波的屏蔽效果不同，在多层面料屏蔽时面料的选择也会直接影响对电磁波的屏蔽。a 面料性能没有 b 面料的好，aa 屏蔽效能没有 bb 的好；d 针织面料屏蔽效能没有 30%不锈钢面料 e 的好，双层 dd 屏蔽效能也没有 ee 的屏蔽效能好，可见相同面料多层屏蔽效能与面料性能有直接的关系。如图 4-41 所示，在 1000MHz～3000MHz 频段，bbd 的屏蔽效能要高于 bcd 的屏蔽效能，外层和最里层面料都一样，区别在于中间面料的选择，因为 b 是吸收型面料，c 是反射型面料，而且 b 的经纬密度大于 c，b 的屏蔽效能要好于 c 的屏蔽效能。所以说明面料的选择直接影响多层屏蔽面料的屏蔽效能。

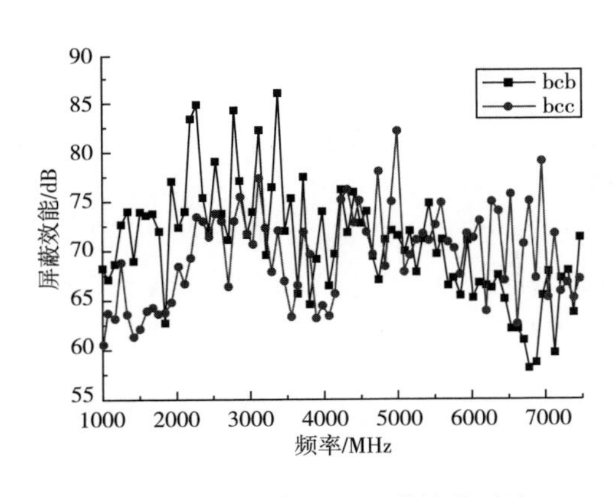

图 4-40 bcb 与 bcc 屏蔽效能对比

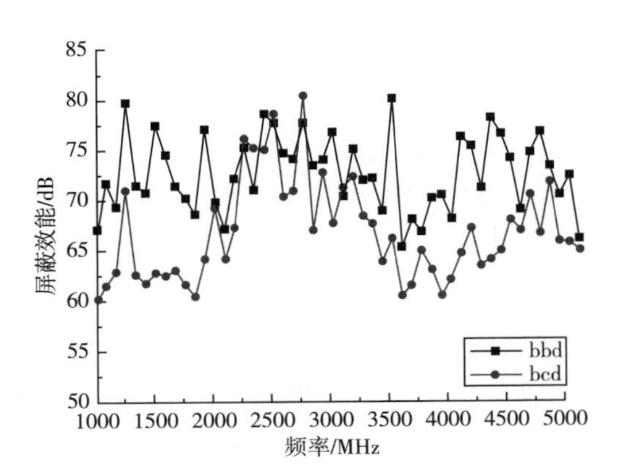

图 4-41 bbd 与 bcd 屏蔽效能对比

3. 面料的搭配

不同的面料搭配会出现不同的屏蔽效果，由于在双层分析中得到吸收型双层面料在 6000MHz~8000MHz 频段还会出现屏蔽效能波谷，所以在三层设计时把吸收型面料和反射型面料相搭配以提高在该频段的屏蔽效能，实验表明这种搭配确实使屏蔽效能在该频段得到了提高。另外如图 4-42 所示，虽然双层 cc 屏蔽效能比 dd 大得多，但加上一层吸收型面料 b 之后，在 1000MHz~2400MHz 频段，bcc 的屏蔽效能却小于 bdd，说明不同层数要选择合适的搭配，才能使多层面料的屏蔽效能得到较好的发挥。

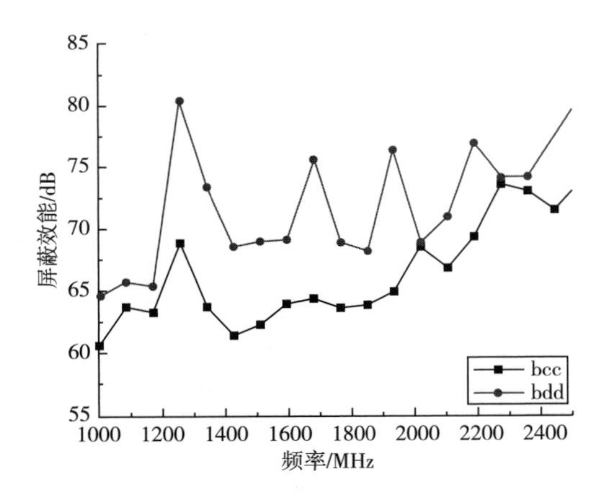

图 4-42 bcc 与 bdd 屏蔽效能对比

4. 面料的层次

在三层屏蔽面料规律的分析中可知，对于含有两个吸收型面料的三层组合，采用夹心结构的层次更有利于电磁波屏蔽；对于含一个吸收型面料的三层组合，吸收型面料在外层或在最里层的屏蔽效能较好，另外如果含有不锈钢面料，不锈钢面料在最外层较好；对于全反射三层面料，d 在中间的屏蔽效能较好，e 在最外层的屏蔽效能较好；不同的层次安排在不同频段与双层提高的幅度不同，不好的层次安排会导致多层屏蔽面料的屏蔽效能大打折扣，这都说明面料的层次对多层面料的屏蔽效能影响之大。

5. 面料的层数

在三层和双层面料屏蔽效能的比较中，发现在 10000MHz～18000MHz 频段三层和双层屏蔽效能曲线接近，屏蔽效能相差不大；而在 1000MHz～10000MHz 频段，三层比双层的屏蔽效能有降有升，冒着可能在某些频段屏蔽效能降低的风险，设计出来的较高屏蔽效能的三层面料总体上却只有 5dB 左右的提高，所以在较宽频率段，通过合适地搭配双层面料基本已经能够达到较高的屏蔽效能。根据比较在某些频段比如低频段 1000MHz～4000MHz 和屏蔽效能短板频段 6000MHz～8000MHz，可通过增加一层适当的面料达到提高屏蔽效能的目的，但在宽频段增加层数已经对屏蔽效能的提高已无作用。

四、小结

本节对多层电磁屏蔽服装面料屏蔽效能进行分类分析，通过大量实验的对比，总结其屏蔽效能变化规律，并在此基础上对多层面料屏蔽效能的影响因素进行研究，得到以下结论：

（1）含有 b 的双层面料组合的屏蔽效能大于含有 a 双层面料组合的屏蔽效能。

（2）随频率增加，双层比单层面料的屏蔽效能有较大程度的提高。三层比双层屏蔽效能只会在某些频率有所提高或降低，总体提高幅度很小。在双层面料中 bc、bd、eb、cc 的屏蔽效能较好，在 1000MHz～10000MHz 频段基本都在 60dB 以上；在三层面料中 1000MHz～10000MHz 频段屏蔽效能都在 61dB 以上的有 beb、ebb、bdc、bdd、ccb、ebc、ceb、ebd、edb、cdc。

（3）多层面料层次搭配对屏蔽效能影响较为显著。同种类型中单层屏蔽效能越好的相同面料多层组合屏蔽效能好于单层屏蔽效能差的面料。对于双层面料一般不锈钢面料在外层，吸收型面料在外层，d 在里层屏蔽效能较好；对于含两个吸收型面料的三层面料夹心型结构屏蔽效能较好，对于含一个吸收型面料的三层面料不锈钢面料在外层，针织面料在中间层，吸收型面料不在中间的屏蔽效能较好；对于全反射三层面料，宜采用不同面料的搭配，如选择两层经纬密度大的 100% 镀银纤维面料，外层搭配不锈钢纤维面料屏蔽效能较好；如果搭配针织面料，针织面料在中间屏蔽效能较好。

（4）在 6000MHz～8000MHz 频段含有吸收型面料的双层屏蔽效能有低谷，反射型不同面料双层屏蔽效能有凸点。

（5）影响多层屏蔽效能的因素有频率、面料、面料搭配、面料层次以及面料层数。

所以在选择最佳屏蔽面料的基础上，更需要合理搭配层次层数，才能在宽频段获得较高的屏蔽效能。层次搭配不好，多层屏蔽面料只能起到适得其反的作用。另外随着屏蔽面料层数的增多，到三层已经比双层的屏蔽效能提高很少，因而再增加面料层数不能使屏蔽效能在宽频段得到大幅度提高，四层的研究也显得没有意义了。本节实验中在 1000MHz～10000MHz 频率范围内 60dB 以上的多层面料，除了面料选择以外，层次的搭配起到了至关重要的作用。

第五章

电磁屏蔽服装失效现象及防范新技术

在长期研究中，发现电磁屏蔽服装在一定条件下屏蔽效能会异常降低为零甚至小于零，这一重要现象称为失效现象。电磁屏蔽服装失效现象是危害人体健康的严重隐患，可能在不知不觉中对人体产生重大伤害。为此本章采用半电波暗室搭建系统开展实验，探索发射源参数与测试位置不同时失效现象的产生规律及机理，提出投影法获取服装的等效孔洞及等效缝隙，根据电磁理论建立了失效现象是否出现的估算方法，并给出设计原则，以防范失效现象的发生。进一步介绍了减少开口区域电磁波入射的多材质配伍吸波结构技术，以及线缝处的多介质纳米线缝技术，为解决电磁屏蔽服装性能大幅度降低及失效问题提供了方法。

第一节　电磁屏蔽服装失效现象的发现

多年来电磁屏蔽服装对人体健康的电磁防护作用一直是学术界热议的话题，一种观点认为其防护作用不大，另一种则认为其防护作用明显，这引发了相关学者们的强烈兴趣，一些人依靠数值仿真及实际测试等方法对电磁屏蔽服装的屏蔽规律进行了探索，证实了电磁屏蔽服装在大多数条件下具有重要的电磁防护作用。然而通过对电磁屏蔽服装领域长期的研究，发现电磁屏蔽服装在某些条件下会失去防护作用，有时甚至穿着电磁屏蔽服装会对人体造成更大的伤害。类似于“隐形杀手”，使服装在不知不觉的情况下对人体产生巨大的危害，严重影响了电磁屏蔽服装的清洁性，遗憾的是其形成条件及发生规律还未弄清。为此，本节通过实验测试及理论分析，探索服装防护作用失效的规律及机理，并给出预测模型及解决方法。

一、服装电磁防护作用失效现象的发现

电磁屏蔽服装的电磁防护作用一般采用屏蔽效能表示。在对大量电磁屏蔽服装的测试中，发现虽然在很多条件下服装屏蔽效能的测试结果能达到正值，即具有相应的防护效果，但是在有些条件下电磁屏蔽服装会在某一频点或者频段出现屏蔽效能为 0 甚至为负值的现象，如图 5-1 所示。这种现象我们称为服装电磁防护作用即屏蔽效能的失效现象，发生这种现象的频点或连续频段称为失效点。这是一个极端危险的现象，意味着貌似测试合格的电磁屏蔽服装，在某些条件下其实并没有电磁防护功能，甚至反而使体内电磁场强增强，对人体产生更大损害。这种情况导致该产品良莠不齐，难以判断好坏，一些原本用来保护人体健康的电磁屏蔽服装在不知不觉中成为危害人体健康的隐形杀手，因此其产生的原因及发生的规律必须尽早揭示，从而建立科学的电磁屏蔽服装设计及生产方法，以杜绝人体在穿着服装的情况下莫名地受到电磁损伤。

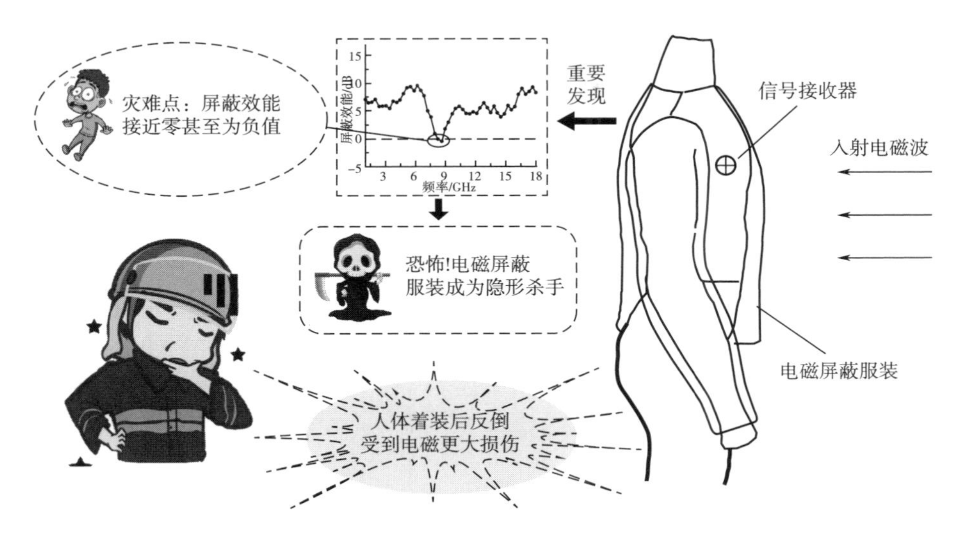

图 5-1　电磁屏蔽服装屏蔽效能失效现象的发现

二、实验设计

（一）实验样品

样品包括长期测试的各类型电磁屏蔽服装，其款式各式各样，面料主要为金属纤维混纺织物、镀铜镍织物、镀银纤维混纺织物等。

（二）测试方法

采用半电波暗室或全电波暗室进行测试，如图 5-2 所示，将电场探头置于人体模

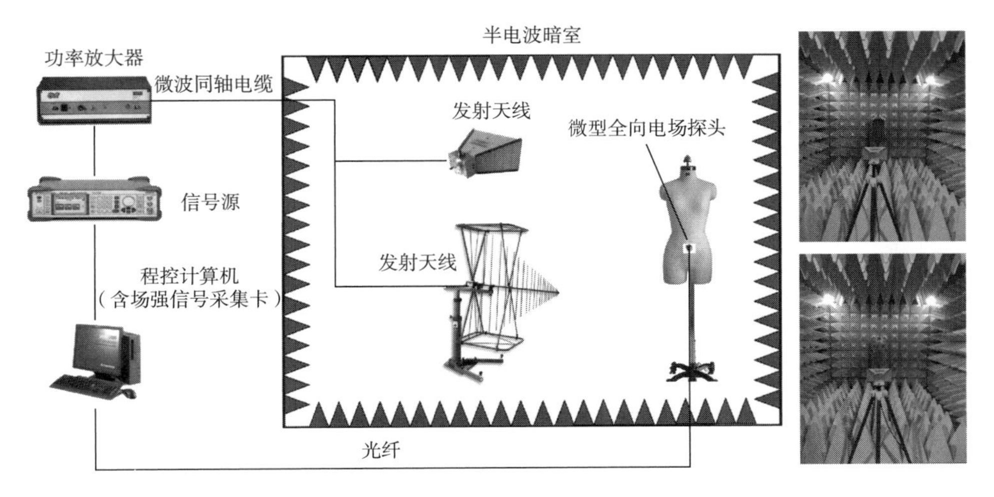

图 5-2　测试系统示意图

型内，在固定功率输出的条件下，若同一测试部位人体模型未穿着服装时的电场强度为 E_0（V/m），穿着服装的电场强度为 E_1（V/m），则该位置的屏蔽效能可采用本书的公式（2-17）计算获得。

测试系统包括 DR6103 宽带双脊喇叭天线、信号接收器、DRA00818 微波功率放大器、AV3629D 微波矢量网络分析仪（1GHz～18GHz）及人体模型等。测试部位一般为腹部及胸部，测试距离可选择 0.5m、1m、2m、3m，测试角度选择 0°、45°、90°、135°及 180°。

三、结果与分析

（一）失效现象的产生

通过大量实验证明，当服装面料及款式不变时，失效现象的产生与测试距离有密切关系。图 5-3 和图 5-4 是其中两件样品不同距离的测试图，可以看出，当两件样品的测试距离在 1m、2m 及 3m 时，均出现了图中红色圆圈标注的失效现象，更有甚者，当样品 1 测试距离是 3m 时，失效现象出现在三个区域，即出现了三个失效点。

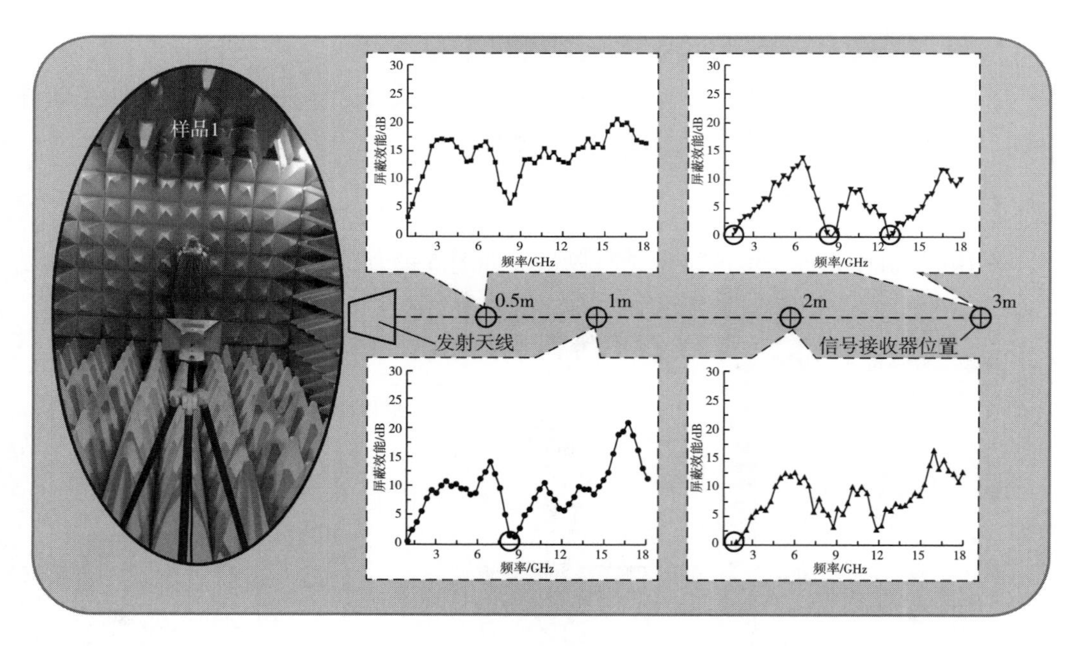

图 5-3　样品 1 在测试距离不同时所出现的失效现象

角度对失效现象的产生也有明显的影响。图 5-5 及图 5-6 是样品 1 和样品 2 不同角度测量时的结果图，1 号样品在 0°、45°及 135°分别出现了失效点，2 号样品在 0°、45°、90°及 180°均出现了失效点。

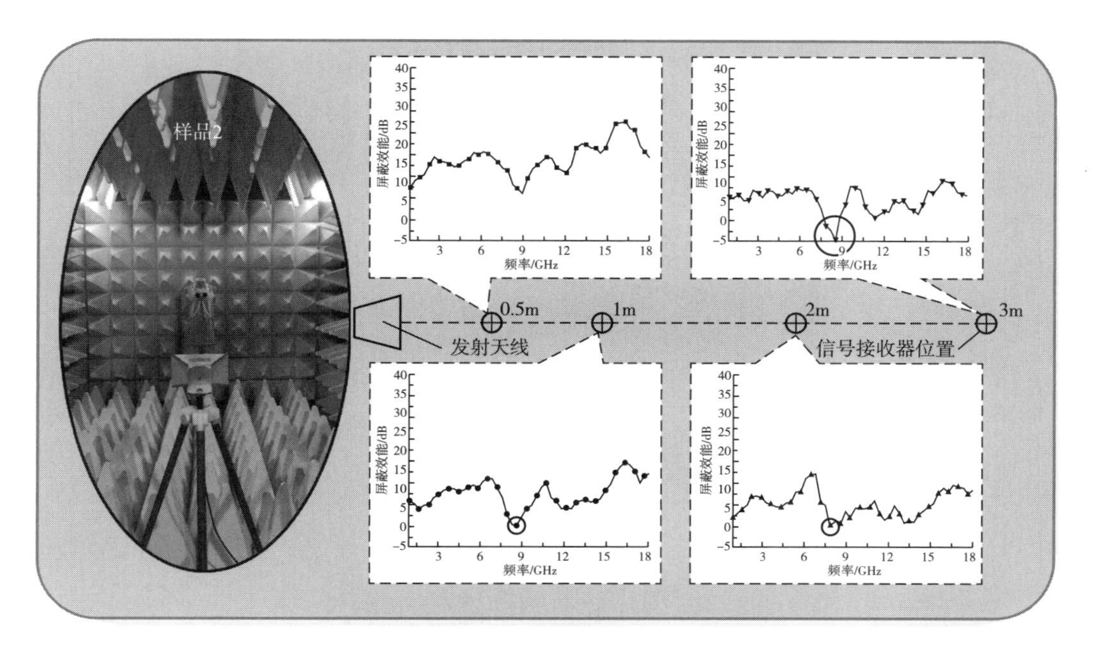

图 5-4　样品 2 在测试距离不同时所发生的失效现象

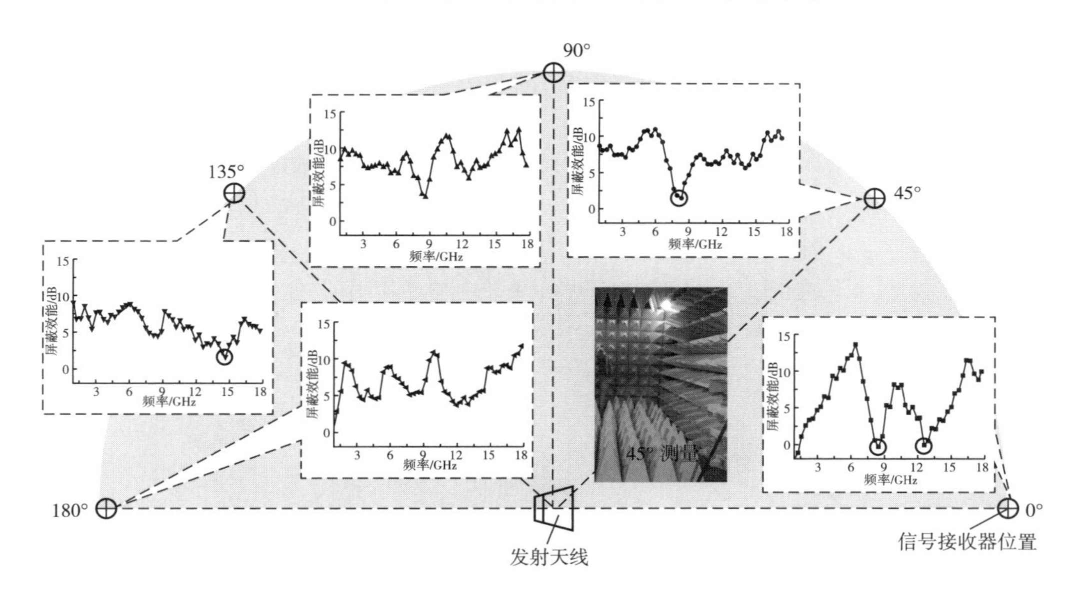

图 5-5　样品 1 在测试角度不同时所发生的失效现象

事实上，当其他条件相同而测试点位置不同时，例如，将信号接收器放在胸部与腹部不同位置时，也会或者在胸部或者在腹部出现失效现象。

（二）形成机理分析

我们认为电磁屏蔽服装失效现象的产生是由服装本身特征所决定的。如图 5-7 所示，一件合体具有一定舒适性的服装必然存在线缝、开口、拉链、纽扣、口袋等元素，

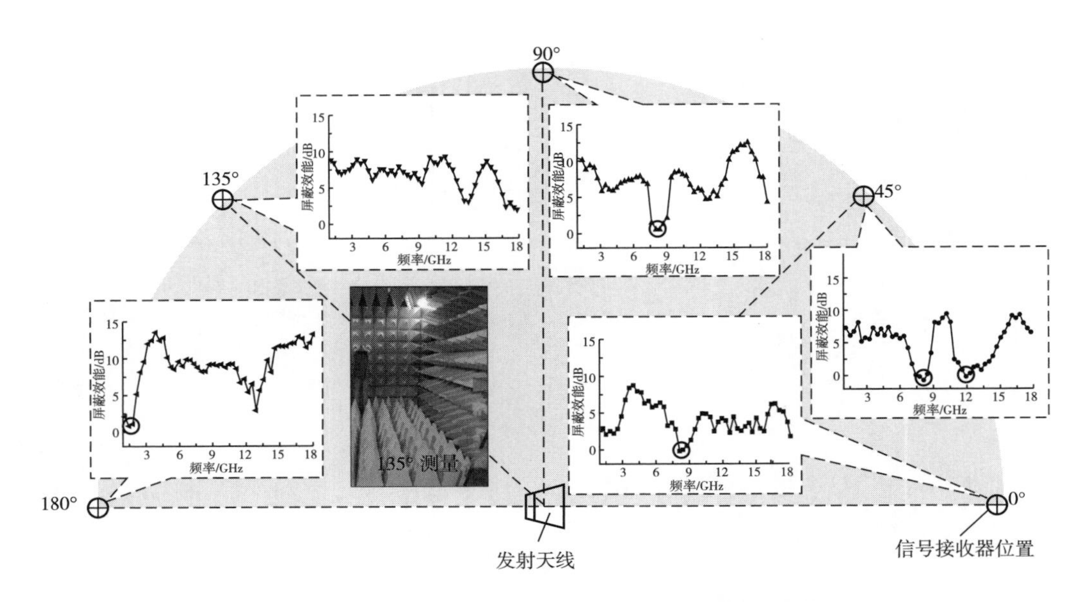

图 5-6　样品 2 在测试角度不同时所发生的失效现象

这些元素最终导致在服装面料上形成孔洞及缝隙。我们把服装中存在线缝、开口、纽扣、拉链等配件的区域称之为泄漏区，仅存在面料的区域称为普通区。当测试距离、测试角度及测试位置发生变化时，发射源正向入射区域为泄漏区尤其是含孔缝较多的危险泄漏区，电磁波会大量透过服装，使服装的防护作用消失，即屏蔽效能为 0，此时失效点出现。而更糟糕的是，若入射后的电磁波由于款式等原因在服装内部被多次反射，甚至引发谐振效应，导致服装腔体内的场强异常增大，服装的屏蔽效能即为负值，即失效点出现，此时服装不但失去保护作用，反而会对人体产生更大的伤害。而当反射源正向入射普通区域时，由于几乎没有线缝、开口、拉链、纽扣、口袋等产生的孔缝，可以对电磁波完成正常的阻挡作用，因此很少出现失效现象。

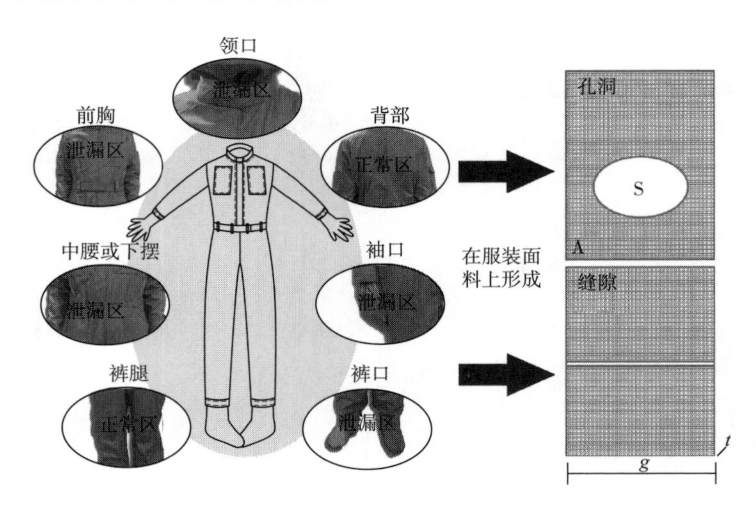

图 5-7　失效现象产生机理分析

进一步采用电磁理论分析这些缝隙及孔洞的作用机理。将线缝、拉链等处产生的缝隙可以看作是理想的狭长缝隙，设其厚度为 t（mm），宽度为 g（mm），则其理想状态下带有缝隙的面料屏蔽效能 SE_g 可采用式（5-1）分析：

$$SE_g = 20\lg \frac{H_o}{H_p} \tag{5-1}$$

式中，H_o 是入射电磁波的磁场强度，A/m；H_p 为透过缝隙后的磁场强度，A/m。当趋肤深度 $\delta>0.3g$ 时，有：

$$SE_g = 27.27\frac{t}{g} \tag{5-2}$$

此时透射系数 T_g 为：

$$T_g = \frac{1}{10^{\frac{1.3635t}{g}}} \tag{5-3}$$

可见缝隙的深度及宽度对电磁波的透过有重要影响。对于复杂路径的服装线缝，则对电磁波的透过影响更加显著，尤其是线缝长度尺寸接近波长时，极易形成天线效应，使屏蔽效能猛然下降。

将开口、纽扣、装饰物等处的非狭长型空缺看作是具有横纵轴的孔洞。设该孔洞的横向尺寸为 a（mm），纵向尺寸为 b（mm），面积为 S（mm^2），所在服装区域的面积为 A（mm^2），则孔洞处电磁波的透射系数 T_h 为：

$$T_h = 4\left(\frac{S}{A}\right)^{\frac{3}{2}} \tag{5-4}$$

若含孔洞面料的透射系数为 T_f，则此时其屏蔽效能 SE_h 为：

$$SE_h = 20\lg\left(\frac{1}{T_f + T_h}\right) \tag{5-5}$$

可见服装所形成的孔洞的面积越大，则透射系数越大，导致服装总的屏蔽效能也越小。

事实上，服装的线缝、开口、纽扣、拉链等元素都是交错或者重叠出现的，即有些泄漏区可能会出现多个泄漏元素，即出现多种类型的狭长缝隙及非狭长孔洞，因此泄漏区又可根据孔缝多少分为严重泄漏区和一般泄漏区。另外，入射电磁波虽然有方向及入射点之分，但其覆盖面其实涉及整体服装，所以往往并不是单一一个泄漏区发挥作用，而是多个不同类型泄漏区之间的相互作用导致服装内部屏蔽效能的下降。

（三）失效现象的预测及防范

由于服装孔缝的复杂性，目前还无法给出一种准确的量化方法描述到底满足什么条件才会导致失效现象的出现，但通过实验初步给出了一个基于等效孔洞及等效线缝的关系式，用以快速估算服装出现失效现象的可能性。

如图 5-8 所示，考虑到服装的三维曲面特点，服装各个区域的缝迹及孔洞的有效形状应是入射波方向垂直面的投影。为此引入等效缝迹及孔洞，将袖口、领口等区域与入射波垂直的平面的投影称为等效孔洞，将各类线缝在与入射波垂直的平面上的投影称为等效缝隙。

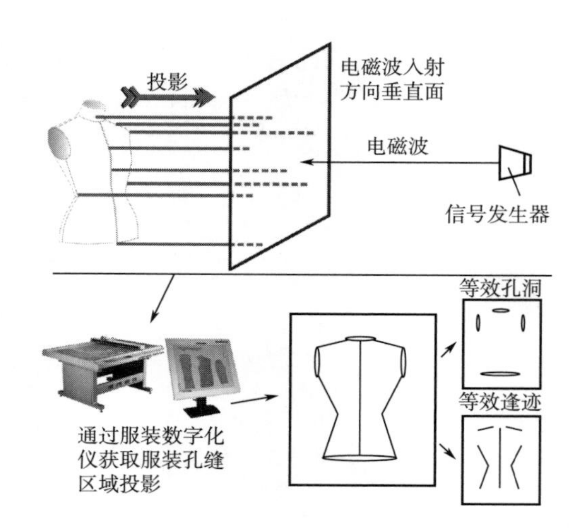

图 5-8　投影法获取服装的等效孔洞及等效缝隙

设服装的屏蔽效能为 SE，则：

$$SE = 20\lg\left(\frac{1}{T_f + T_h + T_g}\right) \tag{5-6}$$

将式（5-3）及式（5-4）代入式（5-6），有：

$$SE = 20\lg\left[\frac{1}{T_f + 4\left(\frac{S}{A}\right)^{\frac{3}{2}} + \frac{1}{10^{\frac{1.3635t}{g}}}}\right] \tag{5-7}$$

即当满足式（5-8）时，服装整体的屏蔽效能将是 0 或者为负值。

$$T_f + 4\left(\frac{S}{A}\right)^{\frac{3}{2}} + \frac{1}{10^{\frac{1.3635t}{g}}} \geqslant 1 \tag{5-8}$$

根据式（5-8）可见，当 S 远小于 A，且 g 远小于 t 时，式（5-8）左端才会小于 1，从而式（5-8）不成立，即屏蔽效能不会为 0 或者负值。

由此给出根据投影后的等效缝隙及等效孔洞参数以及服装面料屏蔽效能 SE_f 判断是否有失效点出现的粗略估算方法。设等效线缝总长为 L_e（mm），平均宽度为 W_e（mm），等效孔洞总面积为 S_e（mm^2），服装投影周界总长为 L_c（mm），服装投影总面积为 A_e（mm^2），则可将这些投影参数代入式（5-9）以判断是否有失效点：

$$\frac{1}{10^{\frac{SE_f}{20}}} + 4\left(\frac{S_e}{A_e}\right)^{\frac{3}{2}} + \frac{L_e}{L_c} \times \frac{1}{10^{\frac{1.3635t_e}{g_e}}} \geqslant 1 \tag{5-9}$$

很明显，根据式（5-9）采用投影法可以估算服装的屏蔽效能是否会出现失效现象，在设计服装时，为了防止屏蔽效能为 0 或为负值，需遵循以下原则：

（1）应选择屏蔽效能大的面料制作服装，若面料具有吸波特性则更佳，这样可以有效防止电磁波进入腔体后多次反射的发生。

（2）尽量减少线缝及含线迹的装饰物，在必须存在线缝时，应选择紧密缝型减少缝隙宽度，可采用吸波材料对其进行整理使之更好地抵挡入射电磁波。

（3）尽量减少开口区域的孔洞面积，在必须存在孔洞的区域可以设计褶皱或者添加一定吸波材料，使之能吸收抵挡电磁波。

（4）尽量减少线缝和孔洞在一个区域同时存在，尽量避免多条线缝发生交叉及多个孔洞发生交叉。

四、小结

（1）一定条件下电磁屏蔽服装在一些频率范围内屏蔽效能异常降低为0甚至小于0，称为失效现象。这种现象极端危险，使服装成为隐形杀手，不知不觉中失去防护作用，甚至对人体造成更大损伤。

（2）发射源距离、角度及测试位置对失效现象的产生具有重要影响，其本质是由电磁波入射的服装区域的泄漏区及正常区分布及特征所决定。无论发射源参数如何设置，当电磁波入射线缝及孔洞较多的服装泄漏区时，失效现象容易发生。

（3）通过投影法可获取服装在电磁波入射垂直面上的等效孔洞及等效缝隙，所构建的失效现象判断公式可根据等效孔洞、等效缝隙及面料屏蔽效能快速估算是否会出现失效现象，所提出的设计原则可防范灾难点的发生。

本节研究发现了电磁屏蔽服装存在失效点的危险隐患，分析了其发生机理和规律，并提出了失效现象的判断方法及防范措施，为电磁屏蔽服装的设计、生产、测试、评价及相关科学研究提供了参考。

第二节 减少开口区域电磁波入射的多材质配伍吸波结构

开口区域导致电磁波大量入射到服装内部，是电磁屏蔽服装防护性能显著下降的主要原因之一，这已成为瓶颈问题，目前还缺乏有效方法解决。本节探索在开口区域添加不同的吸波材料，将不同电磁属性的多种材质巧妙空间配伍，从而在开口处形成高效损耗电磁波的多材质配伍吸波结构，以达到削弱该处入射电磁波强度的目的。该方法可操作性好，经验证能在一定程度克服服装开口处电磁波大量入射的问题，从而提高服装的整体屏蔽效能，为解决开口区域大量泄漏电磁波问题提供了新的思路。

一、开口的多材质配伍吸波结构及对服装屏蔽效能的影响

本节所使用的实验材料为：不添加任何吸波材料时服装本身的不锈钢面料（a），以及添加吸波材料的碳纤维面料（b）、纳米铝面料（c）、多离子导电布（d）、碳粉末涂层面料（e）、铁氧体涂层面料（f）、碳纳米管涂层面料（g）。通过改变运用方式和

组合方式将所选择和制作的吸波面料运用至开口部位。为保证实验结果的准确性，控制领口部位或袖口部位作为实验测试的唯一变量，暂不考虑服装试样的其他开口部位及线缝等因素对屏蔽效能的影响，实验测试时只考虑领子开口部位电磁波的入射变化。

根据所选择实验面料和服装开口部位的结构，选择 4 种组合和运用方式将吸波面料和服装开口部位结合起来。即：①单层面料夹层式运用。将吸波材料设计为条状，夹在开口处的两层面料内部，嵌条宽度为 3cm。②双层复合面料夹层式运用。将吸波面料两两组合在一起，通过实验确定最优的组合，之后如①中一样处理。③单层吸波面料直接覆盖运用。将吸波面料通过缝制直接覆盖在开口部位。④涂层类吸波面料运用。将实验部分制作的三种涂层液与服装开口部位相结合。

（一）单层吸波面料夹层式运用分析

单层吸波面料夹层式运用于领口时服装的屏蔽效能测试结果见图 5-9。从图中可以看出频率在 1000MHz～3000MHz 内，吸波材料嵌条式运用在领子部位的电磁屏蔽效能测试中，不加任何材料的空白领口结构服装试样的电磁屏蔽效能范围为 1.7～7.8dB。领口部位夹层碳纤维面料后服装试样的电磁屏蔽效能范围为 3.7～11.7dB。领口部位夹层纳米铝面料后服装试样的电磁屏蔽效能范围为 6.4～11.8dB。领口部位夹层多离子面料后服装试样电磁屏蔽效能范围为 7～10.6dB。

从整体上看，领口处结合吸波面料后，服装的屏蔽效能有了一定的提高，都较不加材料时服装的屏蔽效能高。其中纳米铝面料和多离子导电布运用后服装试样屏蔽效能提高的幅度更大，在绝大部分的频段范围内均提高了 5dB 以上，纳米铝面料最好。服装的屏蔽效能随着频率的增加呈现波动趋势，在 1000MHz～2000MHz 范围内，整体波动较大不够稳定，在 2000MHz 之后屏蔽效能趋于稳定。

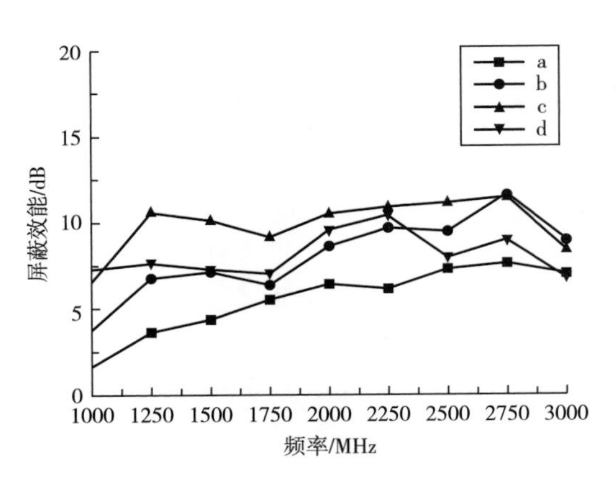

图 5-9　单层吸波面料夹层式运用于领口时服装的屏蔽效能

主要是由于添加面料后，服装领口部位周围的面料层次增加，多次反射次数也随之增加，且吸波材料的运用也使得该部位电磁波的吸收程度增大，所以试样整体屏蔽效能较之前有了大幅度的提高。

（二）双层吸波面料夹层式运用分析

双层吸波面料夹层式运用于领口时服装的屏蔽效能测试结果见图 5-10。

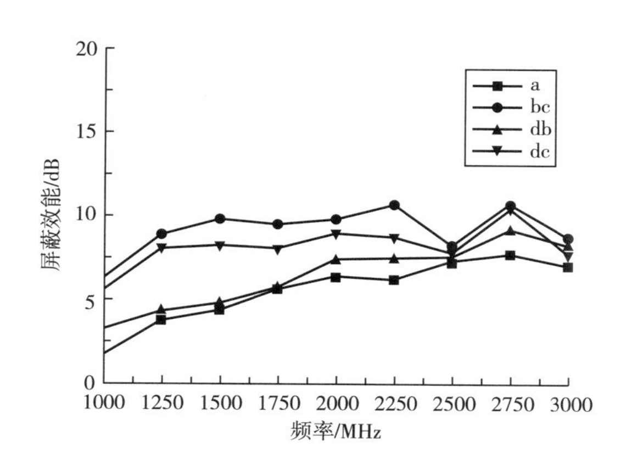

图 5-10　双层吸波面料夹层式运用于领口时服装的屏蔽效能

当将实验部分测试选择出的 3 种吸波面料 bc、db、dc 组合作为夹层运用至服装领口部位时服装试样的屏蔽效能可从图 5-10 中得知，在频率 1000MHz~3000MHz 范围内，面料的两两组合对屏蔽效能的提高有较大帮助。不加任何材料的空白领服装试样电磁屏蔽效能范围为 1.7~7.8dB。多离子面料和碳纤维电磁屏蔽效能范围为 3.2~9.3dB。多离子面料和纳米铝电磁屏蔽效能范围为 5.6~10.7dB。碳纤维和纳米铝电磁屏蔽效能范围为 6.2~10.8dB。

从图 5-10 分析可知，材料组合运用至领口部位之后服装电磁屏蔽效能提高较高的组合是碳纤维面料和纳米铝面料。多离子面料加碳纤维面料组合后服装试样屏蔽效能提高的范围不大。说明在这一频率范围内，在服装领口处运用双层吸波面料的意义不大。在 1500MHz 和 2250MHz 频率附近，服装的屏蔽效能有很大的提高。因此，在实际的运用中，可以分频段使用不同的复合吸波面料。

（三）单层吸波面料直接覆盖运用分析

当改变运用方式，将 3 种吸波面料通过工艺缝制直接覆盖在服装开口处时，服装的屏蔽效能测试结果见图 5-11。

当吸波面料直接覆盖运用时，在不同的频率段，三种面料的效果差别较大。在 2000MHz 频率附近时，碳纤维面料和多离子面料的效果较好，而使用纳米铝面料时服装试样此时的效果较差，有些频率点甚至低于不加材料时的屏蔽效能。从整体上看，使用多离子面料时服装的屏蔽效能较好且比较稳定，即当吸波面料直接运用在领口处时，多离子面料较为适合。

（四）涂层类吸波面料运用分析

当改变运用方式，将 3 种涂层吸波面料直接缝制作为领口结构时，服装试样的屏蔽效能测试结果见图 5-12。

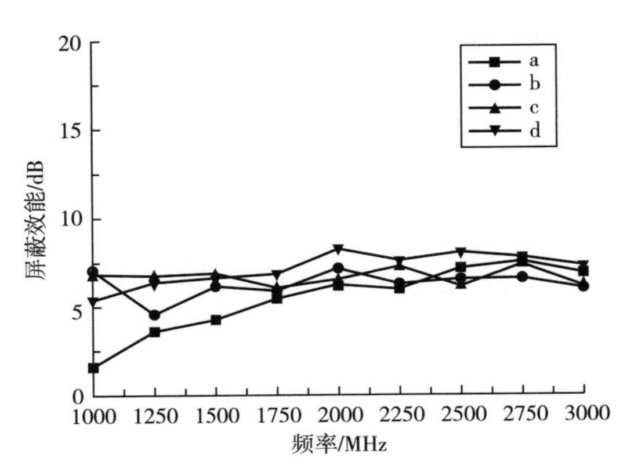

图 5-11　单层吸波面料直接覆盖运用于领口时服装的屏蔽效能

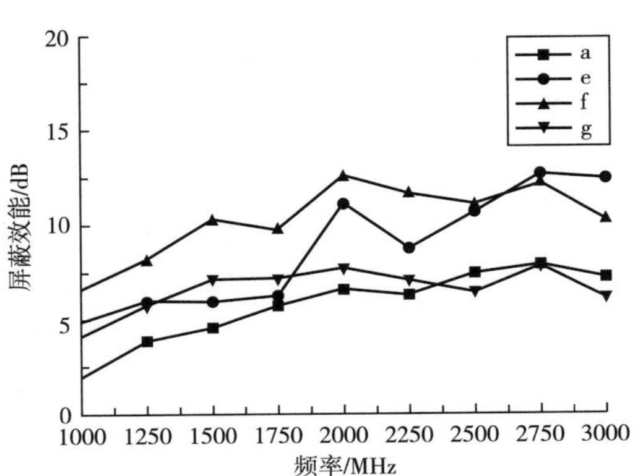

图 5-12　涂层类吸波面料运用于领口时服装的屏蔽效能

从图 5-12 中可以看出，在 1000MHz~3000MHz 的频率范围内，参照领口结构服装试样的电磁屏蔽效能范围为 1.7~7.8dB。碳粉末涂层运用至领口部位的服装试样屏蔽效能为 3.9~12.7dB，铁氧体涂层运用至领口部位的服装试样屏蔽效能为 6.4~12.5dB，碳纳米管涂层运用至领口部位的服装试样屏蔽效能为 4.7~7.8dB。

铁氧体涂层在领口运用后服装的屏蔽效能高于其他涂层试样，表现出良好的屏蔽效果。碳粉末涂层和碳纳米管涂层领口的服装试样屏蔽效能较不锈钢均有所提高。即三种涂层的性能好坏依次为，铁氧体涂层，碳粉末涂层，碳纳米管涂层。

（五）同种吸波面料采用不同方式运用至领口时服装屏蔽效能的变化

不同的吸波面料运用至领口部位后，电磁屏蔽服装的屏蔽效能有不同程度的变化和提升。对于碳纤维面料、纳米铝面料及多离子导电布 3 种吸波面料，采用不同的运用组合方式将其与服装领口部位相结合也会使得服装的屏蔽效能有较大的差异。

碳纤维面料夹层式运用和直接覆盖式运用至服装领口后服装屏蔽效能的测试结果见图 5-13。a 为参照空白领口部位服装试样的屏蔽效能，b1 为单层碳纤维面料夹层式运用后服装屏蔽效能，b2 为单层碳纤维面料直接覆盖式运用后服装屏蔽效能。

从图 5-13 中可看出，领口处添加碳纤维面料后，服装整体的屏蔽效能均得到了一定的提升。其中碳纤维面料夹层式运用方式的服装屏蔽效能最优。主要是由于碳纤维面料具有较好的吸波性能，当其处于领口处两层不锈钢混纺面料中间时，电磁波在两层面料间的多次反射均会透过碳纤维面料，由此使得进入服装内部的电磁波大量减少。

纳米铝面料和多离子导电布夹层式运用和直接覆盖式运用至服装领口后服装屏蔽效能的测试结果见图 5-14 和图 5-15。a 为参照空白服装试样的屏蔽效能，c1、d1 为单层纳米铝面料及多离子导电布夹层式运用后服装屏蔽效能，c2、d2 为单层纳米铝面料及多离子导电布直接覆盖式运用后服装屏蔽效能。

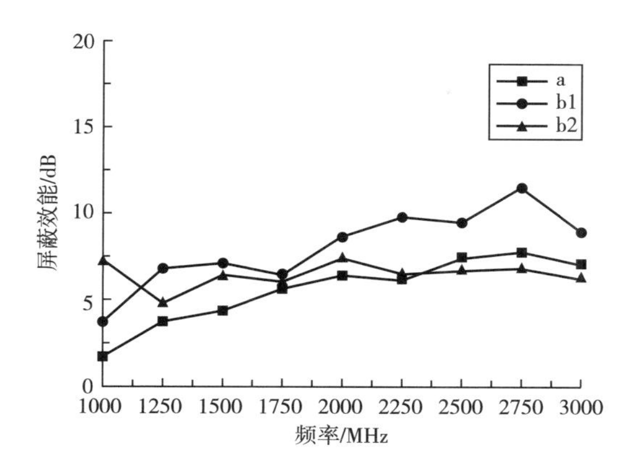

图 5-13　碳纤维面料在领口处不同运用方式后的服装屏蔽效能

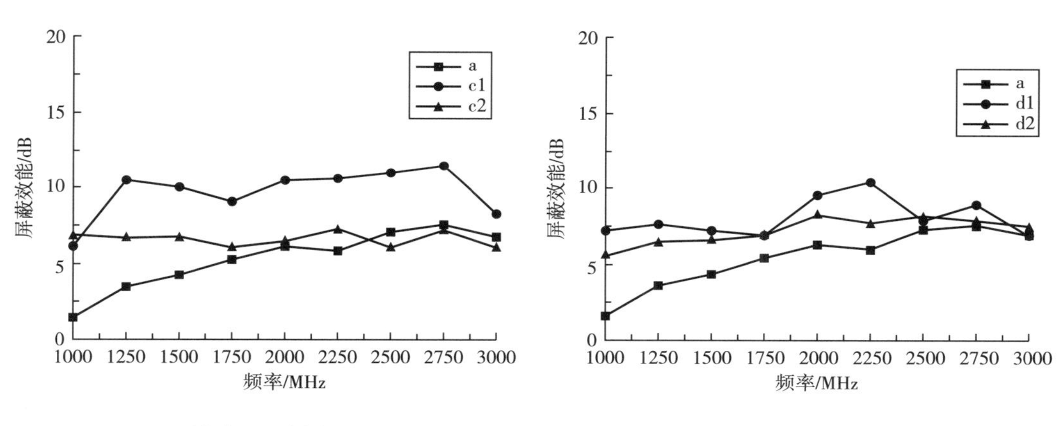

图 5-14　纳米铝面料在领口处不同运用方式后的服装屏蔽效能

图 5-15　多离子导电布在领口处不同运用方式后的服装屏蔽效能

由图 5-14 及图 5-15 可知，同碳纤维面料一样，纳米铝面料及多离子导电布与服装领口部位的组合也是夹层式运用方式最好。普遍比直接覆盖式运用方式服装的屏蔽效能高。

由此可得知，3 种吸波面料运用至服装领口部位时，夹层式运用方式更好，服装屏蔽效能的提升幅度更大。

二、袖口的多材质配伍吸波结构及对电磁屏蔽服装屏蔽效能的影响

将同样的 4 种吸波面料以组合方式运用至服装试样的袖口部位，测试分析添加吸波材料于袖口结构后电磁屏蔽服装试样屏蔽效能的变化。

（一）单层吸波面料夹层式运用分析

单层吸波面料夹层式运用于袖口时服装各试样的屏蔽效能测试结果见图 5-16。

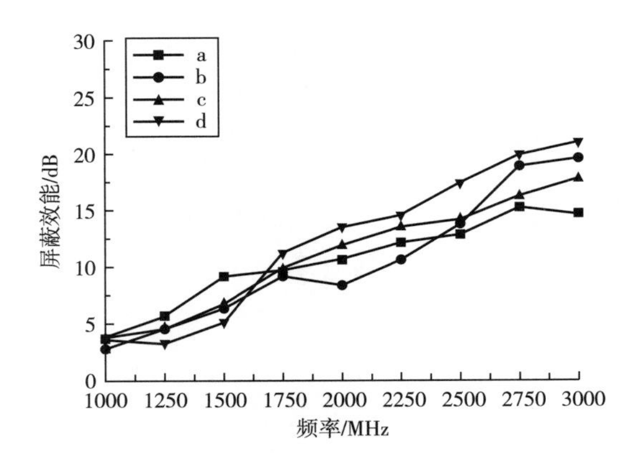

图 5-16 单层吸波面料夹层式运用于袖口时服装的屏蔽效能

在 1000MHz~3000MHz 频率范围内，试样整体的屏蔽效能随着频率的增大而大幅度上升。主要是由于随着频率的增加电磁波的波长与袖口处长度的差值变大，使得电磁波不易通过袖口处进入服装内部。且在袖口处添加材料后，服装试样的屏蔽效能增加的幅度并不高。说明吸波材料的此运用方式并不合适，不能够较好地减弱袖口处电磁波的入射。

（二）双层吸波面料夹层式运用分析

双层吸波面料夹层式运用于袖口时服装试样的屏蔽效能测试结果见图 5-17。

由图 5-17 可以看出，双层吸波材料运用在袖口处时，服装试样整体屏蔽效能也是随着频率的增大而增大，同单层夹层运用时规律一致。其中，多离子导电布加碳纤维面料组合及多离子导电布加纳米铝面料组合运用至袖口后，服装试样屏蔽效能并无明显提高。而碳纤维面料加纳米铝面料组合运用后服装的屏蔽效能提高最大，服装试样屏蔽性能最好。

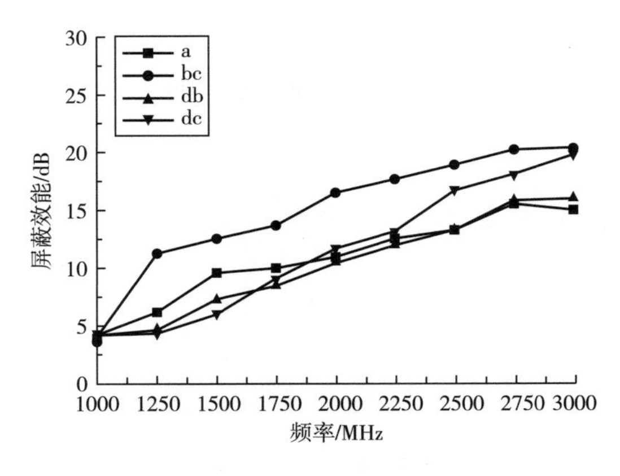

图 5-17 双层吸波面料夹层式运用于袖口时服装的屏蔽效能

（三）单层吸波面料直接覆盖运用分析

单层吸波面料直接覆盖运用于袖口时服装的屏蔽效能测试结果见图 5-18。

在服装袖口处屏蔽效能的测试中，从图 5-18 中可以看出频率在 1000MHz～3000MHz 内，材料直接运用在袖子开口处时服装试样的电磁屏蔽效能值随着频率的增加而增加。参考袖口结构服装电磁屏蔽效能范围为 4.3～15.8dB。碳纤维面料运用后服装电磁屏蔽效能范围为 6.3～20.8dB。纳米铝面料运用至袖口后服装电磁屏蔽效能范围为 8.6～20.9dB。多离子导电布运用至袖口后服装电磁屏蔽效能范围为 6.9～17.3dB。

其中，纳米铝面料运用至袖口后服装屏蔽效能的提升幅度较大。多离子导电布运用后的屏蔽效能最差，整体效果不太明显，与参考袖口结构服装屏蔽效能较为接近。

（四）涂层类吸波面料运用分析

当改变运用方式，将 3 种涂层吸波面料直接缝制作为袖口结构时，服装试样的屏蔽效能测试数据见图 5-19。

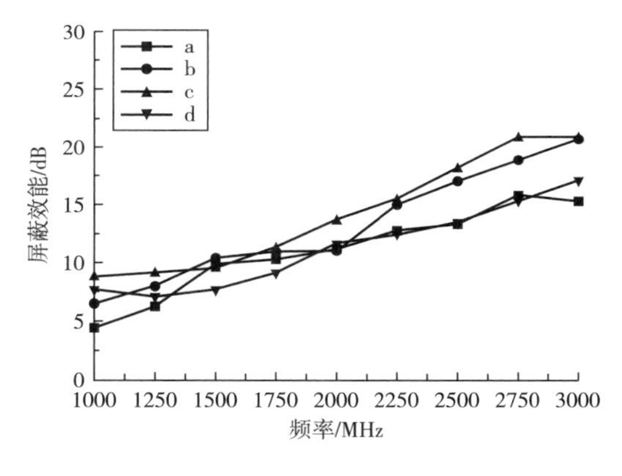

图 5-18　单层吸波面料直接覆盖运用于袖口时服装的屏蔽效能

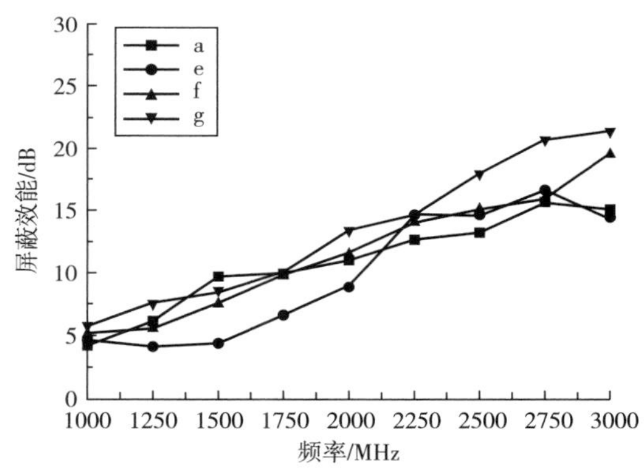

图 5-19　涂层类吸波面料运用于袖口时服装的屏蔽效能

根据图 5-19 可分析得知，涂层类吸波面料运用至服装袖口部分后，整体上电磁屏蔽服装试样的屏蔽效能并没有较大的提高，甚至在一些频率段低于参考袖口结构服装试样的屏蔽效能。由此可说明，涂层类吸波材料并不适合运用至服装的袖口结构处。

（五）同种吸波面料采用不同方式运用至袖口时服装屏蔽效能的变化

不同的吸波材料组合及运用方式与袖口结合后，电磁屏蔽服装试样的屏蔽效能有不同程度的变化和提升。对于同种吸波面料，根据实验测试数据分析采用不同的运用方式与服装袖口部位相结合后服装屏蔽效能的变化。

碳纤维面料夹层式运用和直接覆盖式运用至袖口部位后电磁屏蔽服装屏蔽效能的

测试结果见图 5-20。其中 a 为空白袖口部位服装屏蔽效能，b1 为单层碳纤维面料夹层式运用后服装屏蔽效能，b2 为单层碳纤维面料直接覆盖式运用后服装屏蔽效能。

从图 5-20 可看出，随着频率的增加电磁屏蔽袖口试样的屏蔽效能随之增大。袖口部位添加吸波材料后，服装试样的屏蔽效能提升幅度并不明显。其中，碳纤维面料在袖口处夹层运用的效果较差，在<2500MHz 频率时屏蔽效能甚至低于参照试样。碳纤维面料在袖口处直接覆盖运用方式的效果整体较好，由于袖口部位是圆筒结构，当电磁波通过袖口处入射时，会在袖口圆筒四周来回反射，从而被直接覆盖使用的碳纤维吸波面料损耗掉，由此使得进入服装内部的电磁波大量减少。

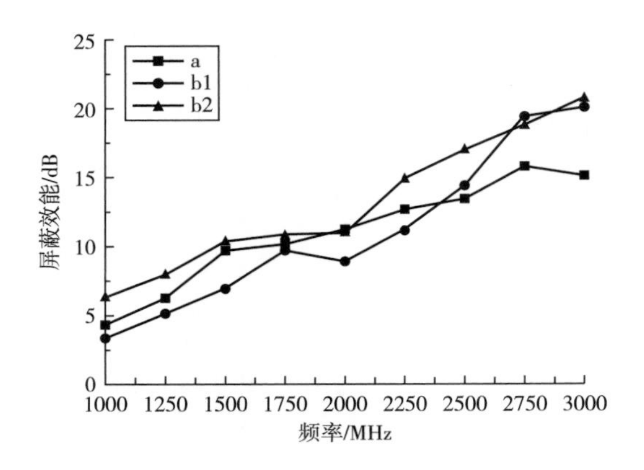

图 5-20　碳纤维面料在袖口处采用不同运用方式服装屏蔽效能

纳米铝面料和多离子导电布夹层式运用和直接覆盖式运用至服装袖口后服装屏蔽效能的测试结果见图 5-21 和图 5-22。a 为空白服装试样的屏蔽效能，c1、d1 为单层纳米铝面料及多离子导电布夹层式运用后服装屏蔽效能，c2、d2 为单层纳米铝面料及多离子导电布直接覆盖式运用后服装屏蔽效能。

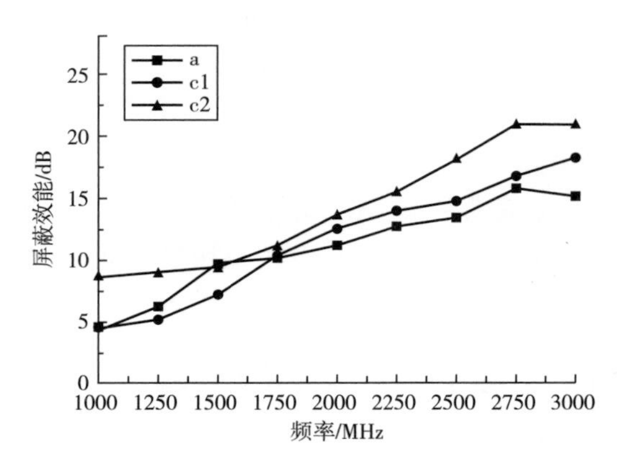

图 5-21　纳米铝面料在袖口处采用不同运用方式服装屏蔽效能

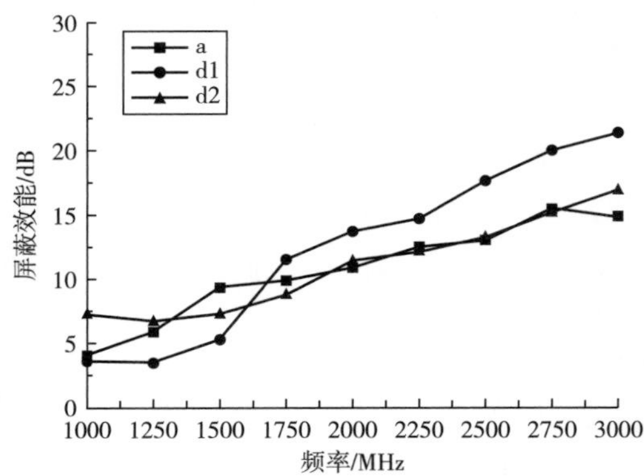

图 5-22　多离子导电布在袖口处采用不同运用方式服装屏蔽效能

由图 5-21 及图 5-22 可知，服装试样整体的屏蔽效能变化趋势同碳纤维面料一样。纳米铝面料与袖口处结合时直接覆盖运用方式整体效果较好，而多离子导电布与服装袖口部位的组合则是夹层式运用方式最好。在 1750MHz 频率之前，两种面料运用至袖口部位后服装的屏蔽效能均不够稳定。

由此可得知，3 种吸波面料运用至服装袖口部位时，服装的屏蔽效能与运用方式和频率都有很大的关系，要分情况使用不同的面料和运用方式。

三、小结

本节主要针对不同吸波材料以不同的方式运用到服装领口和袖口部位后屏蔽效能的变化进行研究。通过改变实验材料的组合方式和运用方式，分析在开口部位添加材料后的服装试样的屏蔽效能，以得出吸波材料运用至服装开口部位后屏蔽效能的变化规律，并最终选出较为合适的组合方式和运用方式，为提高服装屏蔽效能提供一定的数据支持和参考。

当改变运用方式和组合方式将吸波面料运用至领口处时，整体上服装的电磁屏蔽效能有了明显的提高。单层面料使用时，在领口处采用纳米铝面料嵌条式应用、多离子面料直接覆盖缝制及铁氧体涂层时试样的屏蔽效能最好，均提高了 5dB 以上。双层面料复合嵌条式使用时，效果最明显的为碳纤维面料和纳米铝面料组合。

当改变运用方式和组合方式将吸波面料运用至袖口处时，整体上所有服装试样的屏蔽效能均随着频率的增大而明显增大。袖口处运用材料后服装试样屏蔽效能较为接近，且提升幅度不大。其中双层面料中的碳纤维面料加纳米铝面料运用至袖口部位试样的屏蔽效能最优。

第三节 抵抗电磁波入射的多介质纳米线缝技术

电磁屏蔽服装线缝的存在，使得完整的服装结构被破坏，所产生的孔和缝不可避免地破坏了电磁屏蔽服装整体的导电连续性。线缝使得更多的电磁波进入电磁屏蔽服装内部，成为泄漏电磁波的主要途径。即使选择电磁屏蔽效果较好的面料，若对线缝不进行合理结构设计，则会降低电磁屏蔽服装的理想屏蔽效果，甚至会产生天线效应，严重破坏服装的防护性能。为此本节提出了抵抗电磁波入射的多介质纳米线缝技术，采用吸波材料及纳米涂层等介质在线缝处形成对电磁波的超强抵抗作用，从而保证电磁屏蔽服装不因线缝的存在而屏蔽效能显著下降。

一、吸波材料构建多介质纳米线缝技术

（一）实验材料

选择适合在电磁屏蔽服装线缝中运用的吸波材料——吸波海绵、纳米铝材料、碳纤维编织物和多离子织物，其详细参数如表 5-1 所示。

表 5-1 实验材料

参数名称	多离子织物	吸波海绵	纳米铝材料	碳纤维编织物
宏观结构				
微观结构				
成分	涤纶纤维 62%、金属铜 25%、金属镍 13%	聚氨酯海绵 75%±5%、Ni25%±5%	玻璃纤维为基材，纳米铝镀层	PAN 基碳纤维
厚度/mm	0.04	20	0.15	0.34

服装缝型对缝纫产品的加工方法和产品的质量起着决定性作用，但在防辐射服装中缝型的设计同样会影响到服装整体的屏蔽效能。根据实验对缝型结构的要求，以及参照缝型国际标准和常见缝型的类型，选择了 4 种缝型。实验缝型如表 5-2 所示。

表 5-2 缝型

缝型名称	ISO 标示名称	缝型结构和吸波材料加入方式
缝型 a	1.01.01	
缝型 b	2.02.07	
缝型 c	4.03.03	

续表

缝型名称	ISO 标示名称	缝型结构和吸波材料加入方式
缝型 d	1.06.03	
缝型 e	2.04.05	

注 红线表示吸波材料，见文后彩表 1。

（二）实验方法与原理

反射率（RL）是反映材料吸波性能好坏的重要参数之一，其意义是相同功率和极化方向的电磁波入射到材料表面的反射波功率 P_1（W），与入射到金属板表面的反射波功率 P_2（W）之比，具体如式（5-10）所示：

$$RL = 10\lg\frac{P_1}{P_2}(\mathrm{dB}) \tag{5-10}$$

吸波材料的反射率一般用负值来表示。在反射率测试中测试平台金属板对入射的电磁波是完全反射的，在测试平台上加入吸波材料后，其值越小表示从吸波材料表面反射的电磁波能量就越少，即吸波材料对电磁波的能量损耗就越大。

采用 DR-R01 反射率高精度测试系统进行面料的吸波性能测试。测试系统如图 5-23 所示。由于弓形法测试反射率中待测试样处在远场区，因此弓形法的频段测试一般只适用 1GHz 以上。

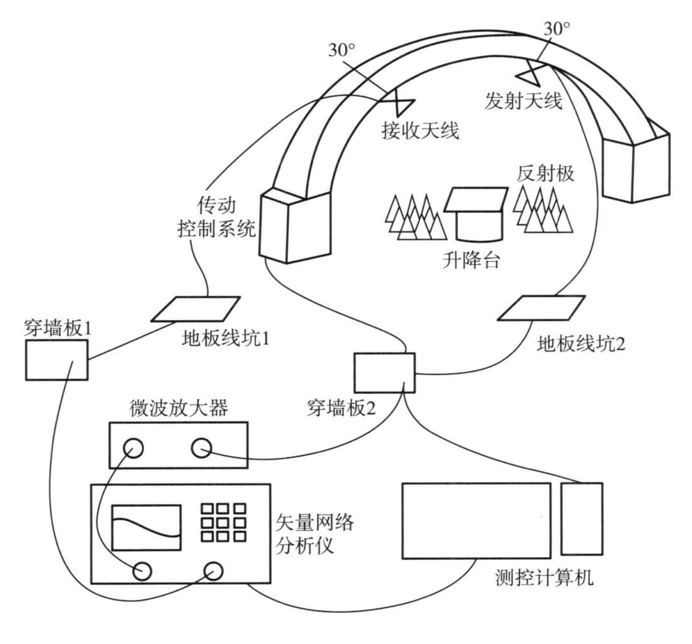

图 5-23　反射率测试系统

（三）服装常用缝型对电磁屏蔽织物屏蔽效能的影响

选择服装常用缝型，而且要适当加入吸波材料。参照缝型国际标准和常见缝型的类型，选择 4 种缝型，ISO 标示名称分别为 1.01.01（对照平缝，缝型 a）、2.02.07（缝型 b）、4.03.03（缝型 c）、1.06.03（缝型 d）、2.04.05（缝型 e）。测试结果如图 5-24 所示。

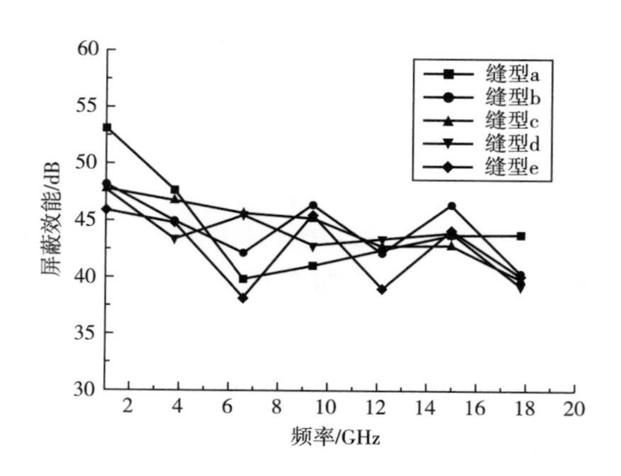

图 5-24　不含吸波材料缝型电磁屏蔽织物的屏蔽效能

由图 5-24 中分析可知，不同缝型对试样的屏蔽效能影响不同。缝型 b、c、d、e 含有缝份折边结构，平缝 a 无缝份折边结构。从图中可以看出，含有缝份折边结构的缝型波动或大或小，折边的结构对缝型屏蔽效能有一定的影响。缝型 c 和缝型 d 试样的屏蔽效能在 12GHz~18GHz 频率范围内变化趋势相同，呈下降趋势，两个缝型屏蔽效能大小总体波动不大，之间屏蔽效能值相差不大。缝型 b、缝型 c 和缝型 d 试样的屏蔽效能在 6GHz~12GHz 频率范围内高于平缝缝型 a。缝型 a 试样的屏蔽效能在 7GHz~16GHz 频率范围内低于缝型 b、c、d。缝型 e 试样屏蔽效能变化浮动大，在 5GHz~7GHz 频率范围内达到最低值，且低于其他 4 个缝型。缝型 b 和缝型 e 试样的屏蔽效能波动性比缝型 c 和 e 较大，且变化趋势相同，即波峰和波谷的频率范围大体相同，但缝型 b 试样的屏蔽效能高于缝型 e。用图 5-25 缝型 b 和 e 试样屏蔽效能波动性分析来解释这一现象。

由图 5-25 分析可知，缝型 b 和缝型 e 都具有一定的折边宽度（如图黄色虚线部分，可看作是挡缝折边），且缝型 b 的折边宽度 3mm 大于缝型 e 的折边宽度 1mm。绿色方形区域为缝缝的缝隙位置，这个部位可等效于两个平行板。平行电磁波垂直入射到折边部位，进入平行板之间的电磁波相互反射，部分电磁波相互抵消和损耗，则缝缝中泄漏的电磁波相对减少，而折边宽的缝型 b 泄漏的电磁波比缝型 e 的少。另外一个原因是：缝型 e 缝缝处可看作多个不规则腔体，电磁波的射入，在适当的激励源条件下，由于金属面板的反射，屏蔽腔内会形成驻波，产生电磁谐振现象。这部分频率范围内使得孔缝泄漏更多的电磁波，降低缝型试样屏蔽效能。

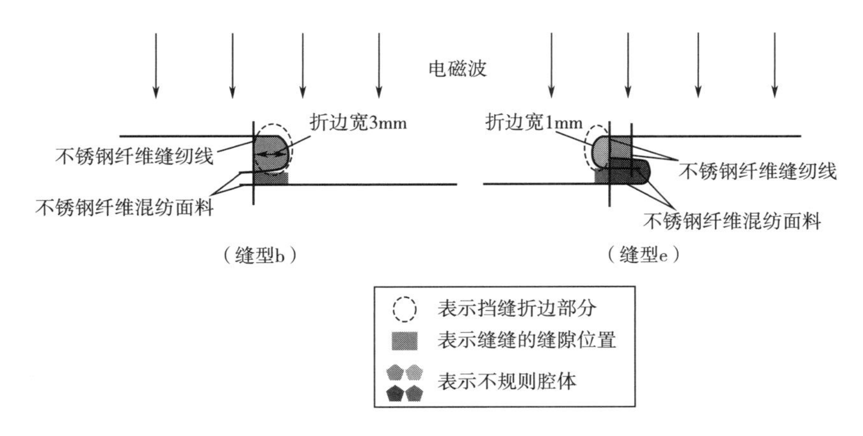

图 5-25　缝型 b 和 e 试样屏蔽效能波动性分析（见文后彩图 4）

（四）吸波材料的吸波性能和屏蔽效能

采用拱形法对多离子织物、纳米铝材料、碳纤维编织物和吸波海绵进行反射率测试，测试结果如图 5-26 所示。为了解吸波材料的屏蔽性，先探究吸波材料的屏蔽效能特性，测试结果如图 5-27 所示。

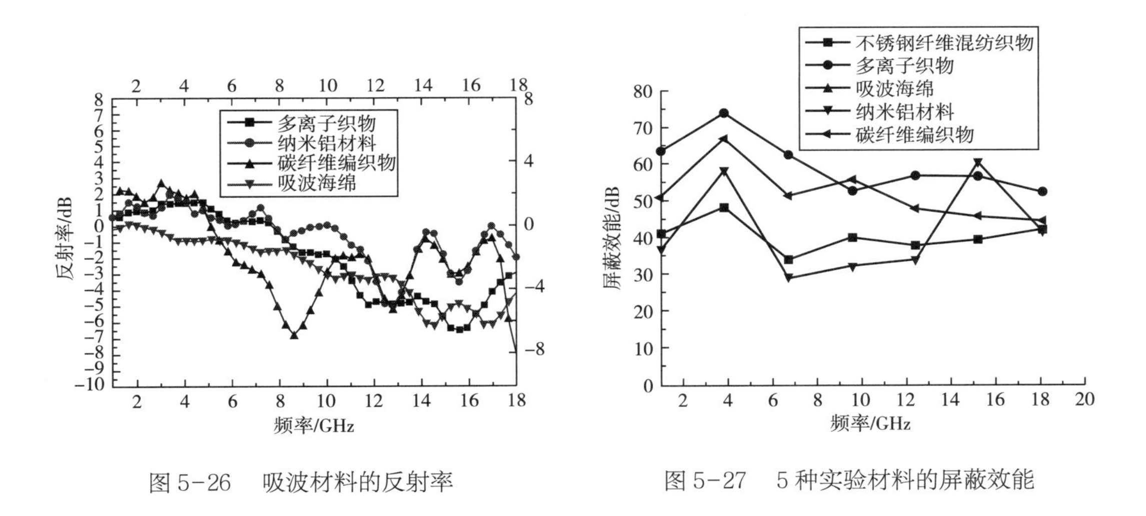

图 5-26　吸波材料的反射率　　　　图 5-27　5 种实验材料的屏蔽效能

由图 5-26 分析可以看出，随着频率的增大，多离子织物和吸波海绵的反射率越低，吸波性能越好。纳米铝材料和碳纤维编织物在 13GHz～18GHz 频率范围内，反射率波动较大，吸波性能较差。碳纤维编织物的反射率在 6GHz～10GHz 频率范围内出现波谷，约-7dB，比其他 3 种吸波材料都低，低约-5dB。碳纤维编织物在这个频率范围内吸波性能最好。

由图 5-27 可知，多离子织物、纳米铝材料和碳纤维编织布 4 种材料均在 2GHz～5GHz 频率范围内出现峰值。吸波海绵的屏蔽效能在整个频率范围内几乎为零。多离子织物的屏蔽效能整体最高。碳纤维编织物的屏蔽效能在 8GHz～12GHz 频率范围内与不锈钢纤维混纺织物的屏蔽效能大体相近，在其他频率范围内均低于不锈钢纤维混纺织物的屏蔽效能。碳纤维编织物的屏蔽效能在 14GHz~16GHz 频率范围内出现较大的波动，峰值高于其他 3 种材料的屏蔽效能。另外还可以看出，纳米铝材料、多离子织物和碳纤维编织布具有屏蔽效能和吸波性能，吸波海绵只具有吸波性能。

（五）加入吸波材料的缝型对电磁屏蔽织物的屏蔽效能的影响

将多离子织物、吸波海绵和纳米铝材料裁成合适尺寸的长条应用到缝型 b、c、d 和 e 中，长条在不同的缝型中宽度不同，分别为 1cm（缝型 b、c、d），2cm（缝型 e）。碳纤维编织物由于织物经纬纱密度小，编织编结构易变形且易脱丝，所以不单独应用于缝型中，需要与其他吸波材料复合运用。测试结果如图 5-28~图 5-31 所示。

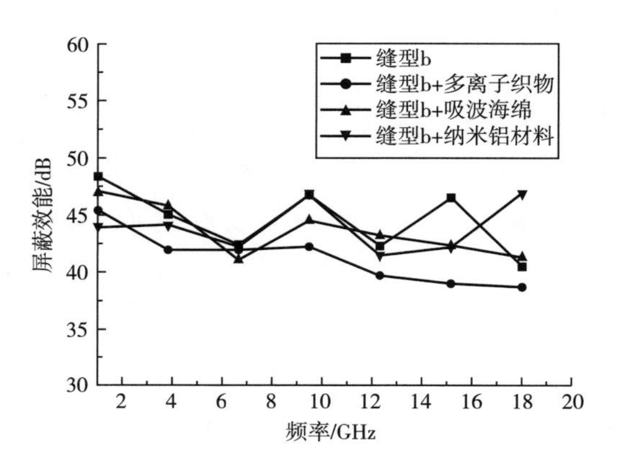

图 5-28　含吸波材料缝型 b 的屏蔽效能

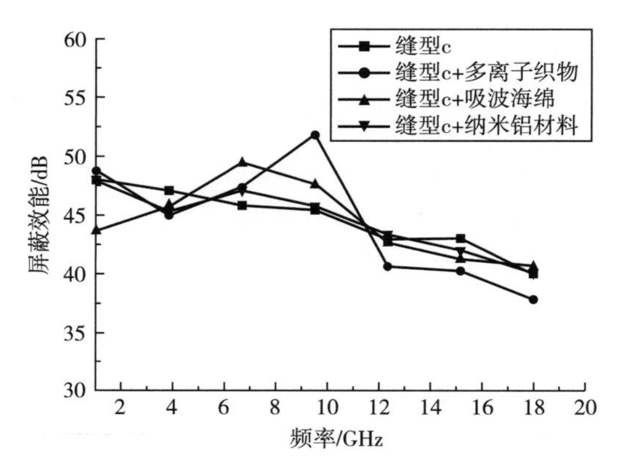

图 5-29　含吸波材料缝型 c 的屏蔽效能

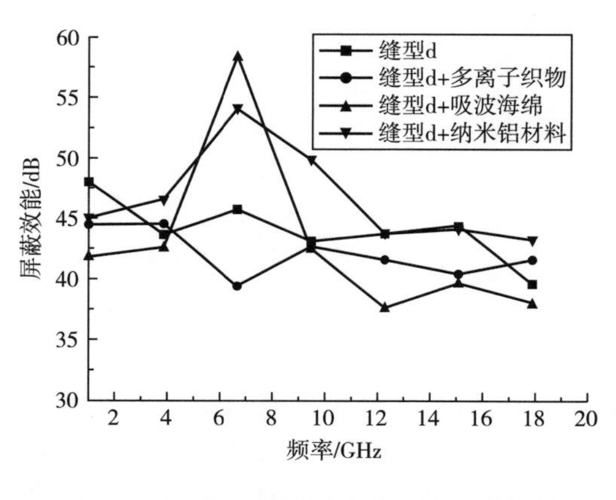

图 5-30　含吸波材料缝型 d 的屏蔽效能

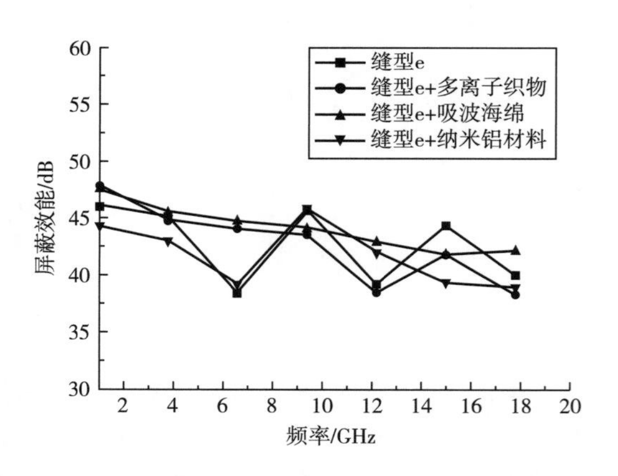

图 5-31　含吸波材料缝型 e 的屏蔽效能

在不同的缝型中添加不同的吸波材料，对缝型的屏蔽效能有着不同影响。缝型 d 和 e 中添加 3 种吸波材料试样屏蔽效能变化最为明显。在 4GHz~12GHz 频率范围内，缝型 d 加入吸波材料的缝型屏蔽效能与未加入吸波材料的屏蔽效能差值较大。其中，缝型 d+吸波海绵和缝型 d+纳米铝材料试样的屏蔽效能高于缝型 d 约 10dB；在其他频率范围内，加入吸波材料的缝型屏蔽效能比缝型 d 小。缝型 d+多离子织物并未提高缝型 d 试样的屏蔽效能，反而降低了屏蔽效能。同样，缝型 b+多离子织物、缝型 b+吸波海绵和缝型 b+纳米铝材料屏蔽效能比缝型 b 的屏蔽效能低。缝型 b+多离子织物的屏蔽效能最低。缝型 c+纳米铝材料与缝型 c 试样的屏蔽效能在整个频率范围变化总体相等。在 6GHz~12GHz 频率范围内缝型 c+多离子织物和缝型 c+吸波海绵试样的屏蔽效能比缝型 c 略大。缝型 e+多离子织物和缝型 e+纳米铝材料试样的屏蔽效能同缝型 e 一样波动范围较大。缝型 e+吸波海绵试样减少了这种波动，其屏蔽效能值随频率的增大呈缓慢下降趋势。

（六）吸波材料不同的加入位置对电磁屏蔽织物屏蔽效能的影响

可根据缝型的结构，改变缝型中吸波材料的不同加入位置，探究其对缝型屏蔽效能的影响，以缝型 c 和吸波海绵为例，吸波材料的不同加入位置如表 5-3 所示。改变多离子织物添加位置，探究其对电磁屏蔽织物屏蔽效能影响。测试结果如图 5-32 所示。

表 5-3　缝型中吸波材料的不同加入位置

缝型名称	ISO 标示名称	结构和吸波材料加入位置一	结构和吸波材料加入位置二
c	4. 03. 03		

注　红线表示吸波材料。

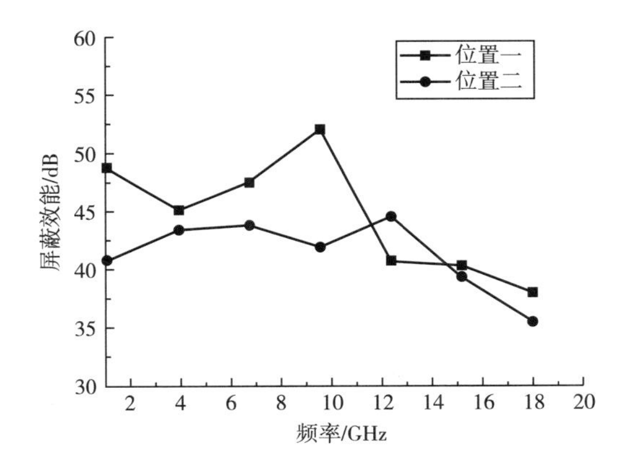

图 5-32　不同缝型 c+多离子织物位置的屏蔽效能

由图 5-32 中分析可知，位置一和位置二试样在整个频率范围内随着频率的增大，其屏蔽效能呈先增大后减小的趋势。多离子织物在缝型 c 中不同的位置对缝型 c 试样的屏蔽效能产生不同的影响。位置一试样的屏蔽效能在 1GHz~11GHz 频率范围内高于位置二，在 8GHz~11GHz 频率范围内出现峰值。由图 5-33 可以解释这一现象：这是由于随着频率的增大，蓝色线孔缝区域内，电磁波在孔缝区域内从缝缝外进入缝缝内部，大大降低了试样的屏蔽效能。多离子织物放置在红色线所在的位置。位置一的多离子织物对缝缝处进行有效的遮挡，增大了电磁波的损耗，减少了电磁波的泄漏，形成有效的防护。位置二的多离子织物在缝缝的两侧，电磁波由缝缝处进入缝缝内部。缝缝相当于一个矩形缝隙，易产生电磁波的泄漏。

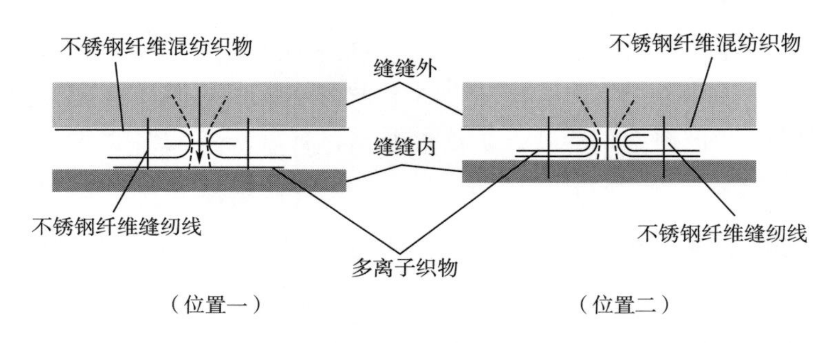

图 5-33　不同缝型 c+多离子织物位置的结构图（见文后彩图 5）

（七）复合吸波材料缝型对电磁屏蔽织物屏蔽效能的影响

将多种吸波材料复合加入缝型中，探究复合吸波材料对缝型的屏蔽效能的影响。其中碳纤维具有优良的导电性和一定的吸波性能，由于碳纤维编织结构易脱丝，所以将其与多离子织物，吸波海绵和纳米铝材料复合在一起，添加到缝型中。复合材料设计将多离子织物、纳米铝织物、吸波海绵分别与碳纤维编织布复合，分别添加到缝型 b、c、d、e 中。

1. 缝型 b 加入复合吸波材料

将多离子织物、纳米铝织物、吸波海绵分别与碳纤维编织布缝合固定，制成复合吸波材料。将复合吸波材料加入缝型 b 中，测试结果如图 5-34～图 5-36 所示。

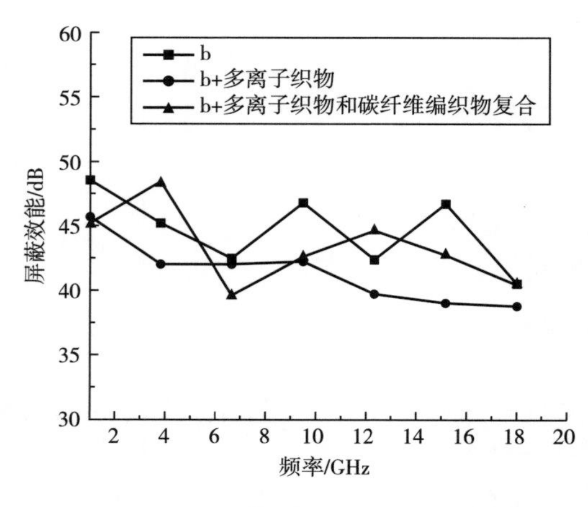

图 5-34　含多离子织物复合吸波材料缝型 b 的屏蔽效能

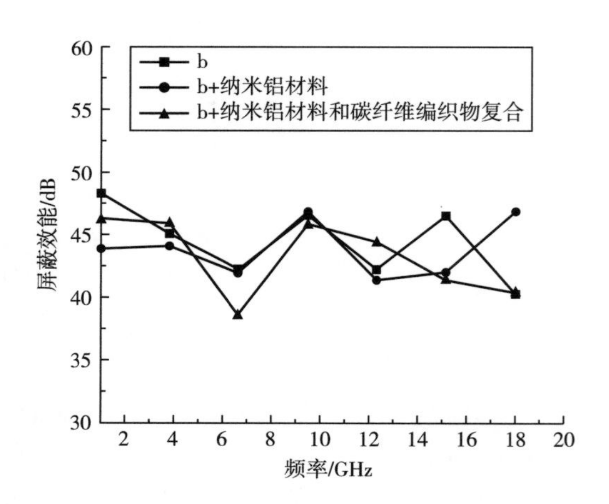

图 5-35　含纳米铝材料复合吸波材料缝型 b 的屏蔽效能

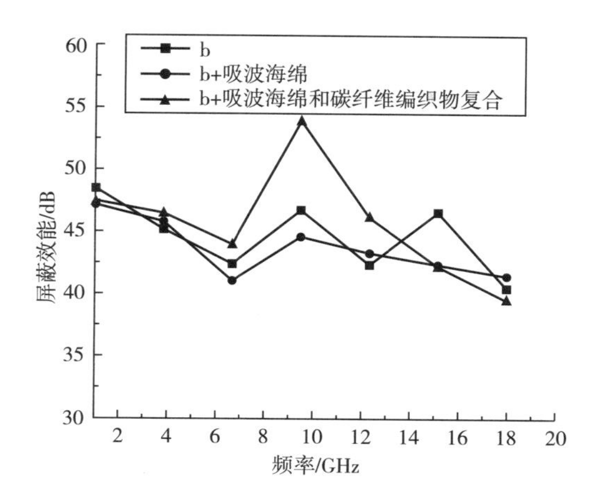

图 5-36　含吸波海绵复合吸波材料缝型 b 的屏蔽效能

由图 5-34~图 5-36 分析可知，在缝型 b 中加入多离子织物+碳纤维编织物、纳米铝材料+碳纤维编织物和吸波海绵+碳纤维编织物 3 种组合复合吸波材料，对缝型 b 试样的屏蔽效能影响不同。缝型 b+多离子织物+碳纤维编织物和缝型 b+纳米铝材料+碳纤维编织物试样的屏蔽效能在整个频率范围内变化趋势总体相同，呈先增大后减小的变化趋势，在 4GHz~8GHz 频率范围内最低。缝型 b 多离子织物屏蔽效能低于缝型 b+纳米铝材料。缝型 b+吸波海绵+碳纤维编织布试样的屏蔽效能在 4GHz~13GHz 频率范围内出现峰值，约 55dB，其值高于所有组合的复合吸波材料的屏蔽效能。在 1GHz~6GHz 频率范围内，缝型 b+吸波海绵+碳纤维编织物、缝型 b+吸波海绵和缝型 b 试样的屏蔽效能变化相差较小，总体相等。

缝型 b+吸波海绵+碳纤维编织物的结构如图 5-37 所示。不锈钢纤维混纺织物 A 和 B 是以反射为主的电磁屏蔽织物，碳纤维编织物具有屏蔽效能和吸波效能，吸波海绵以吸波为主。不锈钢纤维混纺织物 A 和 B 相当于两个反射平板，中间填充吸波材料。电磁波入射到不锈钢纤维混纺织物 A 表面，透射进去中间夹层吸波海绵和碳纤维编织，电磁波在内部多次反射，并被吸波材料损耗一部分。同时，吸波海绵厚度较大，增大电磁波的传播路径，增大了电磁损耗。因此，缝型 b 最佳匹配吸波材料为缝型 b+吸波海绵+碳纤维编织物。

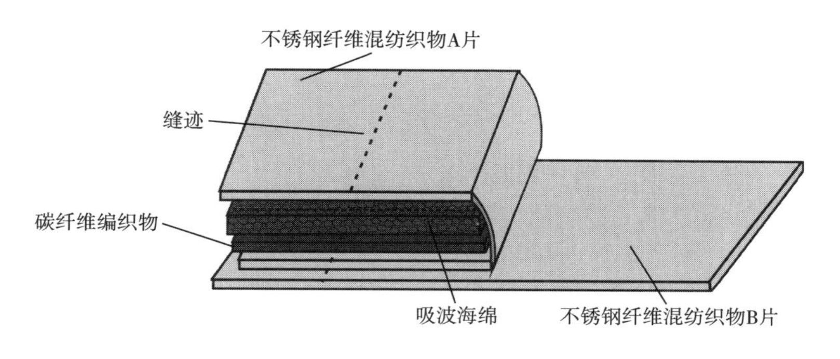

图 5-37　含吸波海绵和碳纤维编织物复合吸波材料的缝型 b 结构

2. 缝型 c 加入复合吸波材料

将复合吸波材料加入缝型 c 中，测试结果如图 5-38~图 5-40 所示。

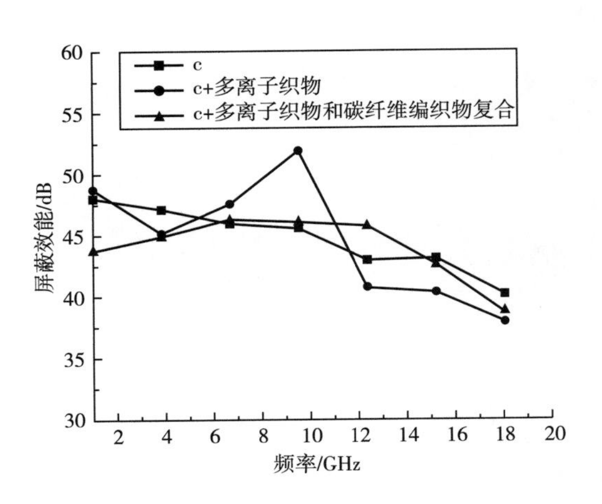

图 5-38 含多离子织物复合吸波材料缝型 c 的屏蔽效能

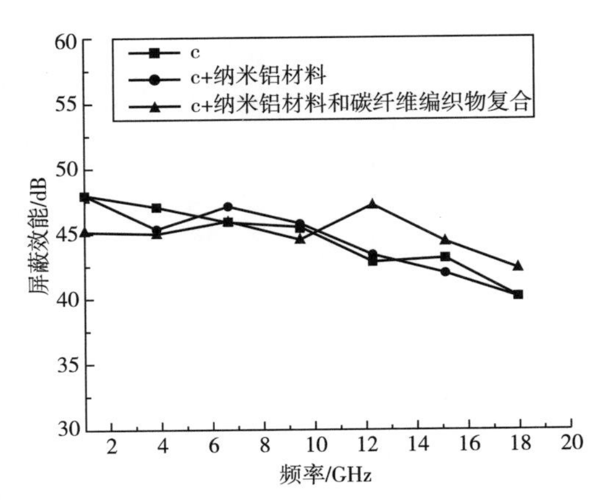

图 5-39 含纳米铝材料复合吸波材料缝型 c 的屏蔽效能

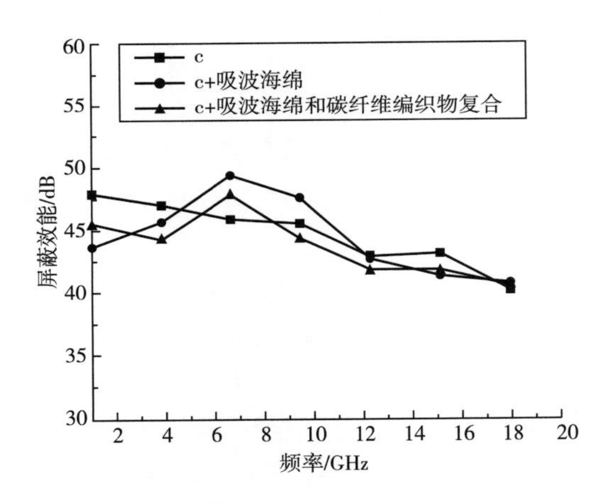

图 5-40 含吸波海绵复合吸波材料缝型 c 的屏蔽效能

由图 5-38~图 5-40 可以看出，缝型 c+多离子织物+碳纤维试样的屏蔽效能比其他复合屏蔽效能变化较大。缝型 c+纳米铝材料/吸波海绵+碳纤维编织物试样的屏蔽效能变化趋势同缝型 c、缝型 c+纳米铝材料/吸波海绵的大体相同。缝型 c+多离子织物/纳米铝材料/吸波海绵+碳纤维编织物试样的屏蔽效能在 1GHz~4GHz 频率范围内均低于缝型 c，主要由于多离子织物、纳米铝材料、吸波海绵、碳纤维编织物在这个频率范围内吸波性能较低。缝型 c+纳米铝材料+碳纤维编织物试样的屏蔽效能在 11GHz~18GHz 频率范围内略有提高，高于缝型 c+纳米铝材料，提高约 1~3dB。缝型 c+吸波海绵+碳纤维编织物试样的屏蔽效能总体上比缝型 c+吸波海绵+缝型 c 要低约 1~2dB。这说明吸波海绵+碳纤维编织物组合吸波复合材料不能提高缝型 c 屏蔽效能，反而降低其屏蔽效能。这是由于吸波海绵和碳纤维编织物的结构所造成的，如图 5-41 所示。缝型 c+吸波海绵+碳纤维编织物结构如图 5-42 所示。

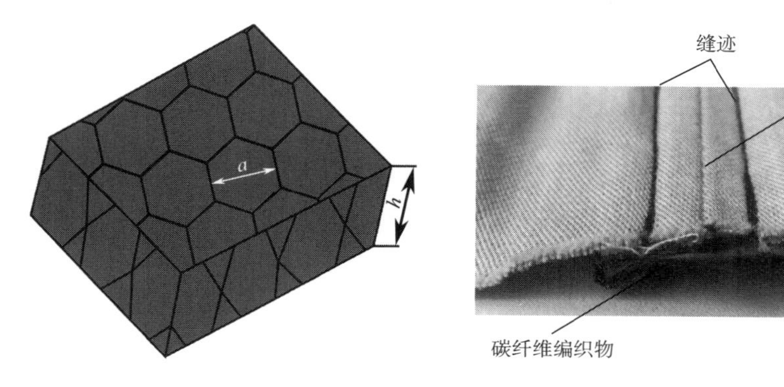

图 5-41　吸波海绵结构　　图 5-42　缝型 c+吸波海绵+碳纤维编织物结构图

吸波海绵具有孔隙直径为 a 的多个不规则网孔，一定的厚度 h。复合吸波材料的吸波剂沿着电磁波通路形成有效的电磁通路，其通道越长，吸收效果越好。电磁波的传输通道呈网状分物将会大大增加其传输路径。但加入碳纤维编织物复合以后，增加了吸波材料的厚度。通过增加厚度提高吸收效果，需要一定的条件，这需要增加厚度以保证电磁波的传输通道无阻，否则，则会降低吸收效果。由于缝型 c 结构缝缝处相当于是一条缝隙，吸波海绵和碳纤维编织物复合吸波材料缝制在缝缝处易泄漏电磁波。

3. 缝型 d 加入复合吸波材料

将复合吸波材料加入缝型 d 中，测试结果如图 5-43～图 5-45 所示。

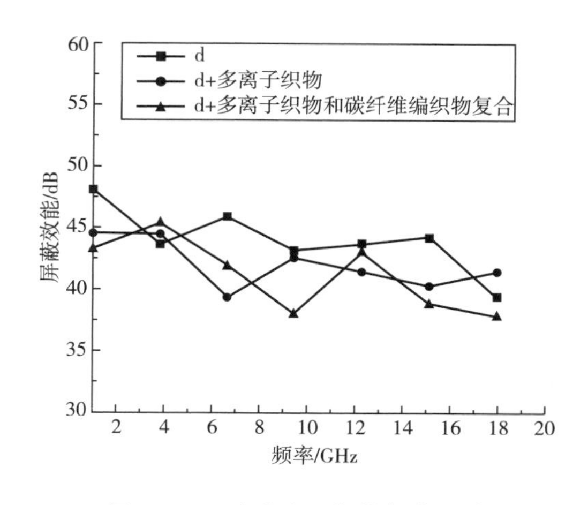

图 5-43　含多离子织物复合吸波材料缝型 d 的屏蔽效能

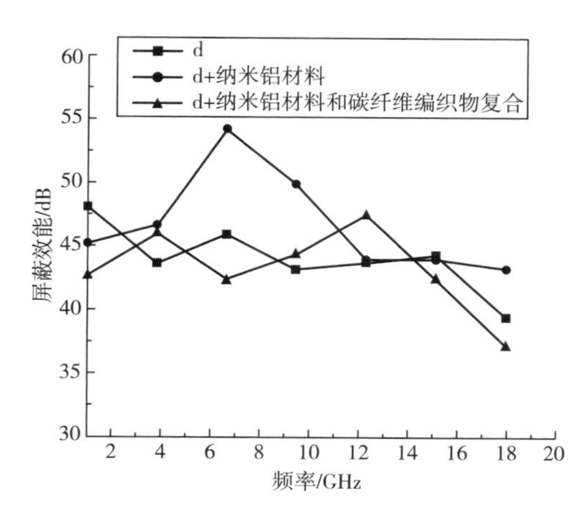

图 5-44　含纳米铝材料复合吸波材料缝型 d 的屏蔽效能

由图 5-43～图 5-45 分析可知，多离子织物、纳米铝材料、吸波海绵+碳纤维编织物加入缝型 e 对其屏蔽效能的影响较大。缝型 c 中加入复合材料在大部分频率范围内降低了其屏蔽效能，降低至约 35dB。缝型 d+多离子/纳米铝材料/吸波海绵+碳纤维编织物试样的屏蔽效能变化趋势在整个频率范围内总体相同，呈先增大，再减小，再增大，再减小的变化趋势。其屏蔽效能均在 4GHz~10GHz 出现波谷。缝型 d+多离子织物+碳纤维编织物试样和缝型 d+吸波海绵+碳纤维编织物的屏蔽效能在整个频率范围内总体低于缝型 d。缝型 d+纳米铝材料+碳纤维编织物试样的屏蔽效能在 10GHz~14GHz 频率范围内高于缝型 d 的屏蔽效能。这是由于纳米铝材料在 11GHz~14GHz 频率范围内反射率低，吸波性能较好。加入复合吸波材料的缝型除小部分频率范围外，缝型 d+多离子织物/纳米铝材料/吸波海绵+碳纤维编织物试样的屏蔽效能均降低了缝型 d 的屏蔽效能。加入复合吸波材料缝型 d 的结构较复杂，如图 5-46 所示。

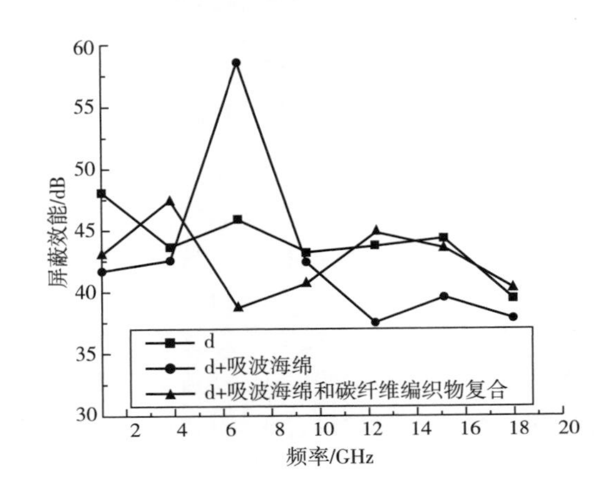

图 5-45　含吸波海绵复合吸波材料缝型 d 的屏蔽效能

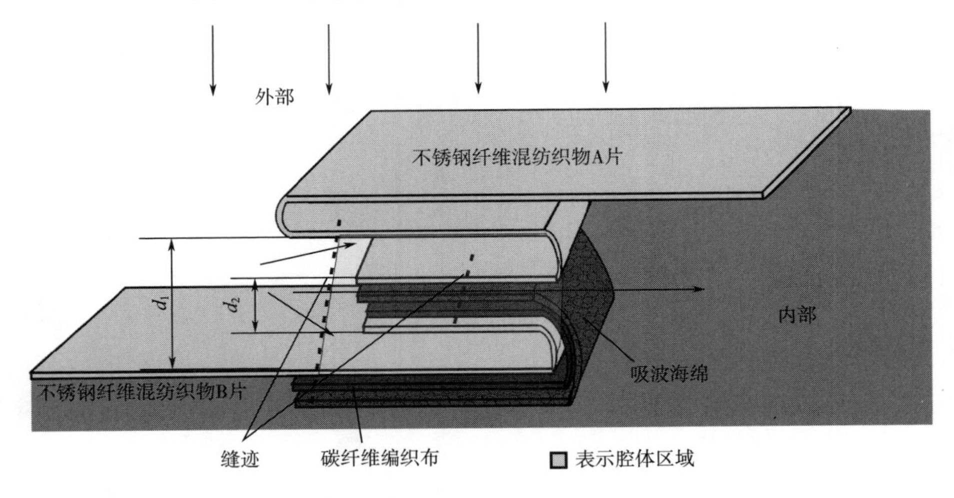

图 5-46　复合吸波材料运用在缝型 d 的结构分析（见文后彩图 5）

由图 5-46 可以看出，缝型 d 处厚度为 9 层，从上到下依次为：不锈钢纤维混纺织物（3 层）、复合吸波材料（2 层）、不锈钢纤维混纺织物（2 层）、复合吸波材料（2 层）。这表明导电织物 3 层最为合适，大于 3 层的导电织物对服装的电磁屏蔽效能提高不明显。由于缝合材料较厚，则

$$d_2 > d_1 > 0 \quad (5-11)$$

形成高度为 d_2 的黄色区域标识的腔体，其结构不规则。折射和透射进入的电磁波，引起腔体谐振。部分被吸波材料损耗吸收，部分通过缝迹间隙被加强入射到内部，导致缝型 d 的屏蔽效能的降低。

4. 缝型 e 加入复合吸波材料

将复合吸波材料加入缝型 e 中，测试结果如图 5-47~图 5-49 所示。

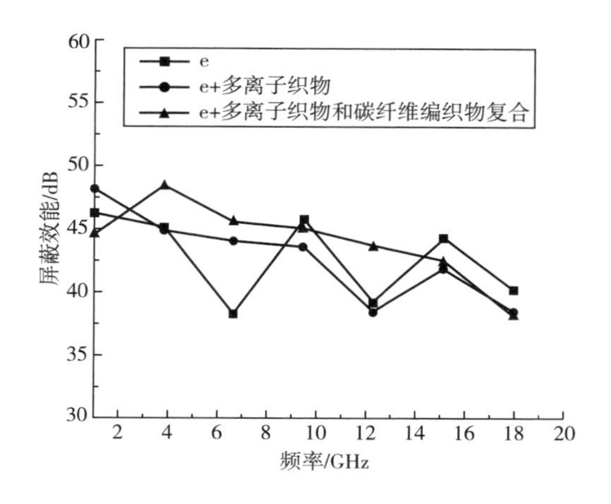

图 5-47　含多离子织物复合吸波材料缝型 e 的屏蔽效能

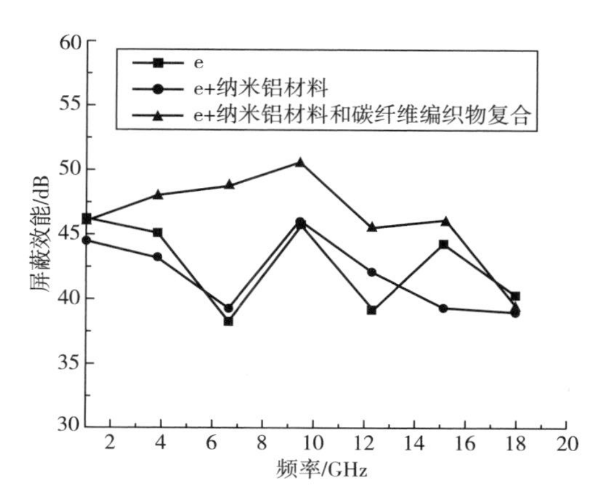

图 5-48　含纳米铝材料复合吸波材料缝型 e 的屏蔽效能

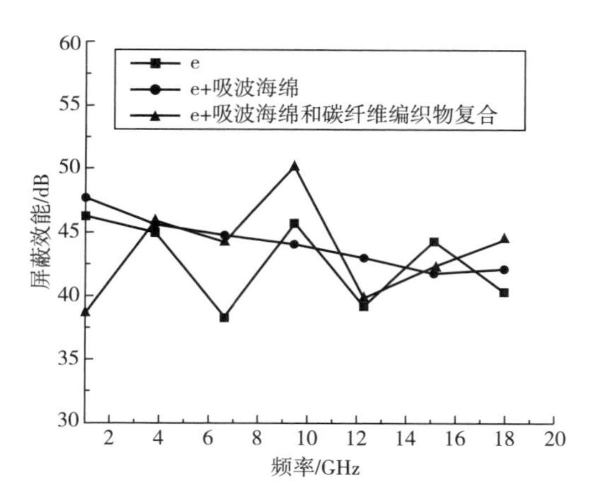

图 5-49　含吸波海绵复合吸波材料缝型 e 的屏蔽效能

由图 5-47~图 5-49 分析可知，缝型 e 中加入单层吸波材料多离子织物/纳米铝材料/吸波海绵，其试样的屏蔽效能提高相对不明显，与缝型 e 呈交叉曲折变化。将多离子织物、纳米铝材料、吸波海绵和碳纤维编织物复合成吸波材料加入缝型 e 中，其屏蔽效能在整个频率范围内有了明显提高，出现明显的波峰，同时也是最大值。缝型 e+纳米铝+碳纤维编织物试样的屏蔽效能在 6GHz~12GHz 频率范围内提高较大，最高达到 50dB。互包式的缝型，如图 5-50 所示，可改变通过缝型缝隙进入电磁屏蔽服装内部的传播路径，在“S”形路径中经不锈钢纤维混纺织物不断反射、损耗，复合吸波材料吸收反射波、从不锈钢纤维混纺织物中穿过的透射波，最终进入电磁屏蔽服装内部的电磁波相对减少。

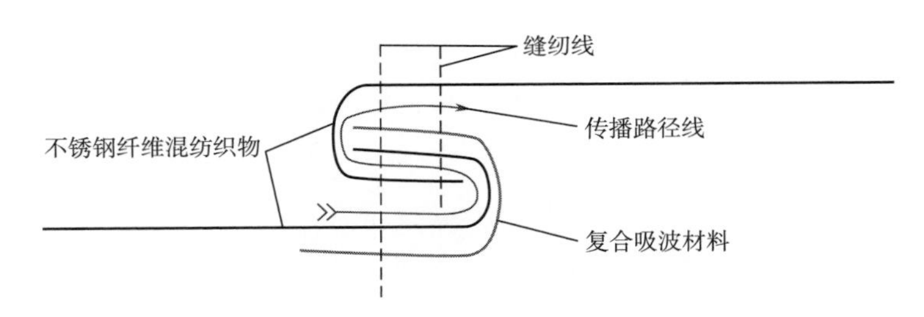

图 5-50　含吸波海绵复合吸波材料缝型 e 的结构

二、涂层构建多介质纳米线缝

（一）实验材料

本实验吸波涂料详细信息如表 5-4 所示。

表 5-4　吸波涂料成分

名称	来源	特点
包镍石墨粉	常州市寅光电化技术有限公司	吸波性
水性聚氨酯树脂	济宁宏明化学试剂有限公司	黏合剂
硅烷类偶联剂	南京创世化工助剂有限公司	偶联剂

吸波材料采用吸波海绵和碳纤维与第 3 章节材料相同，本章引用新型吸波材料石墨烯纤维，其详细参数如表 5-5 所示。

表 5-5　石墨烯纤维参数

名称	来源	成分	旦数（D）	微观图
石墨烯纤维	太仓舫柯纺织品有限公司	5%石墨烯、95%尼龙	70	

（二）实验参数设计

1. 吸波涂层的吸波剂配比

将包镍石墨粉与水性聚氨酯、硅烷类偶联剂溶液配制成吸波涂层浆料，包镍石墨粉分别占总含量的 15%、37%、50%。即改变吸波材料在吸波涂层中的含量，如表 5-6 所示。

表 5-6　单一吸波剂配比

材料组别	含量一/%	含量二/%	含量三/%
包镍石墨粉	15	37	50

2. 平面织物孔缝参数

平面织物尺寸为 45cm×45cm，其详细参数如表 5-7 所示。

表 5-7　平面实验缝纫参数

织物	缝纫线种类	线迹密度	缝纫机针号型	缝型
不锈钢纤维混纺织物	普通缝纫线	6 针/2cm	14#	平缝

3. 电磁屏蔽服装立体服装袖子的设计

以电磁屏蔽服装的袖子为例进行实验测试，避免其他多种电磁屏蔽服装腔体结构（裤子、大身）、连接处（腋下、裆部）及端口（裤口、领口、下摆口等）对实验结果的干扰。采用 3 米法电磁屏蔽暗室测试对电磁屏蔽服装袖子进行实验测试。为了使测试的结果更加准确（即减少对缝型屏蔽效能的影响），在测试前要将袖子上下两端的开口封住，避免电磁波进入，袖口和袖山要有足够的浮余量，方便封口。以男装袖子 185/100A 为例，号型规格如表格 5-8 所示，袖子 CAD 版型结构图如图 5-51 所示。

表 5-8　袖子尺寸规格表　　单位：cm

部位	袖长	袖肥	袖口	袖山高
尺寸	95	42	30	17. 5

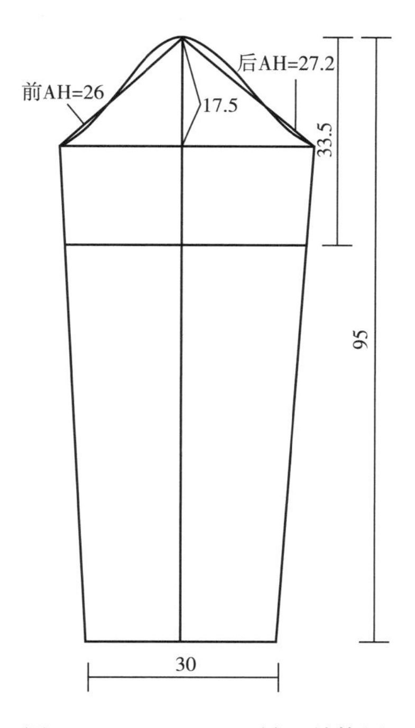

图 5-51　185/100A 袖子结构图

（三）实验测试方法

如图 5-52 所示，袖窿和袖口在实验中保持封闭状态，接收天线放置在袖子的中部，连接线从袖口处进入。最后采用 3 米法半电波暗室法。实验设备为屏蔽暗室、人体模特、接收天线、发射天线、AV3629D 微波矢量网络分析仪（AV3629D）、DRA00818 功率放大器、计算机。实验设备连接如图 5-53 所示。根据 ANSI C63. 4—2003 规定，对袖子进行立体的测试。实验测试搭建平台如图 5-54 所示。

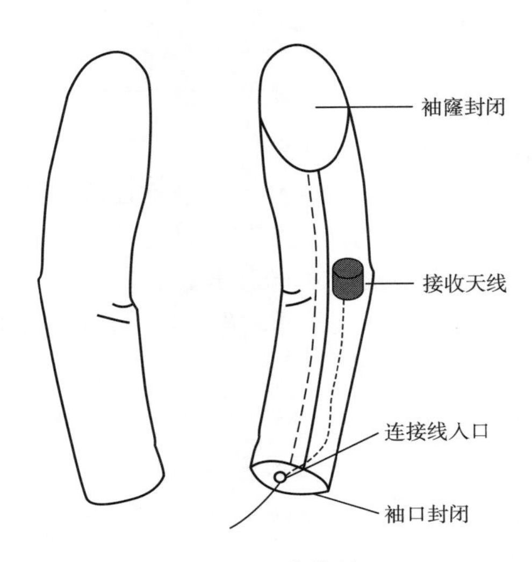

图 5-52 立体袖子

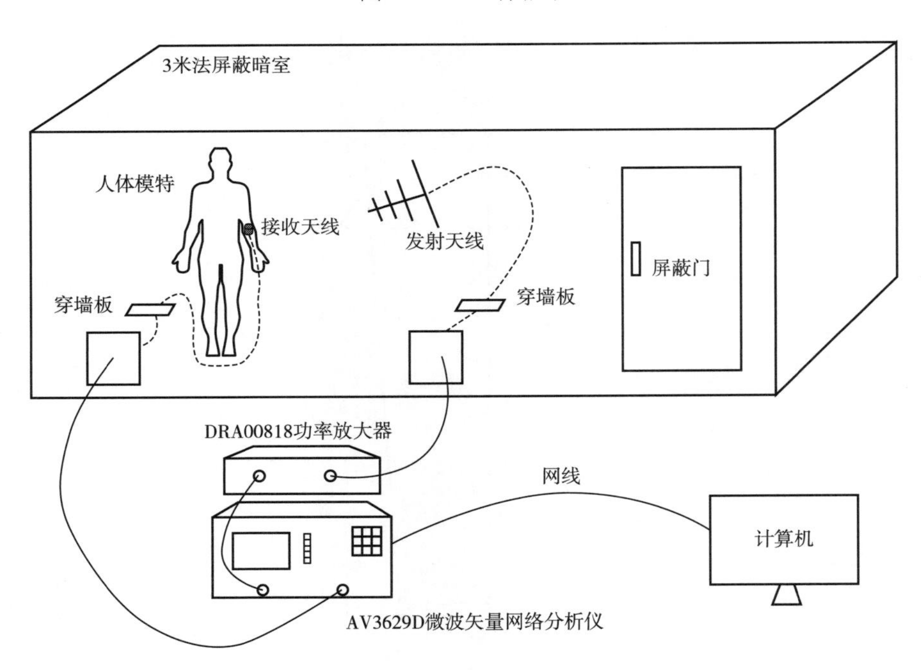

图 5-53 3 米法测试设备连接图

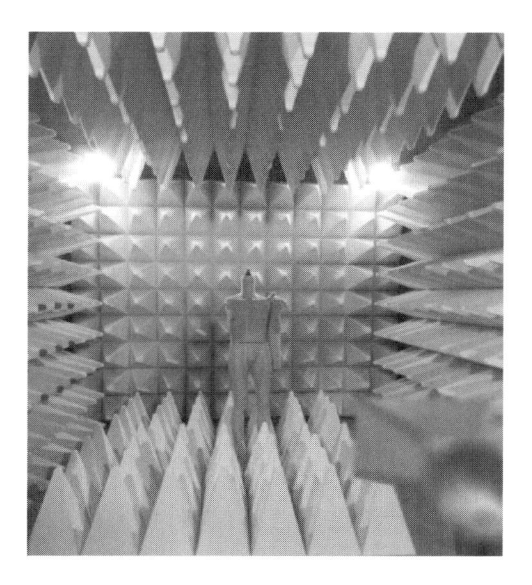

图 5-54　测试服装袖子测试台的搭建

（四）实验样品的制备

先从平面织物进行涂层设计，采用小窗法屏蔽效能测试对平面织物样品进行实验测试。将平面涂层屏蔽效能较好的涂料涂覆到袖子的孔缝区域内，采用 3 米法屏蔽暗室进行袖子试样的测试。选择不锈钢纤维混纺织物为基布，水性聚氨酯树脂和硅烷类偶联剂为基体，包镍石墨粉、碳纤维粉末、铁氧体粉末和碳纳米管分散液作为吸波剂，制备 0.5mm 涂层厚度的柔性纺织涂层复合面料。

（五）不同吸波剂含量的吸波涂层的反射率和屏蔽效能

用 Keyence VK-X110 形状测量激光显微镜放大 200 倍扫描 15%包镍石墨粉、37%包镍石墨粉、50%包镍石墨粉织物微观的涂层状态（图 5-55）。采用拱形法测试对 15%包镍石墨粉、37%包镍石墨粉、50%包镍石墨粉试样进反射率测试，测试结果如图 5-56 所示。采用小窗法系统测试其屏蔽效能，实验结果如图 5-57 所示。

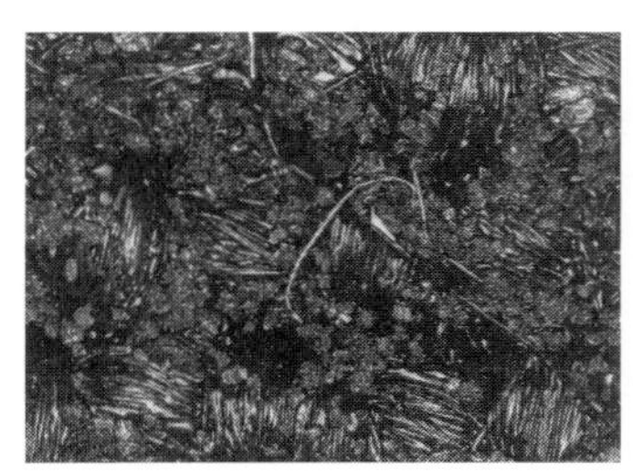

15%包镍石墨粉

37%包镍石墨粉

50%包镍石墨粉

图 5-55　不同包镍石墨粉含量的织物表面涂层的微观状态

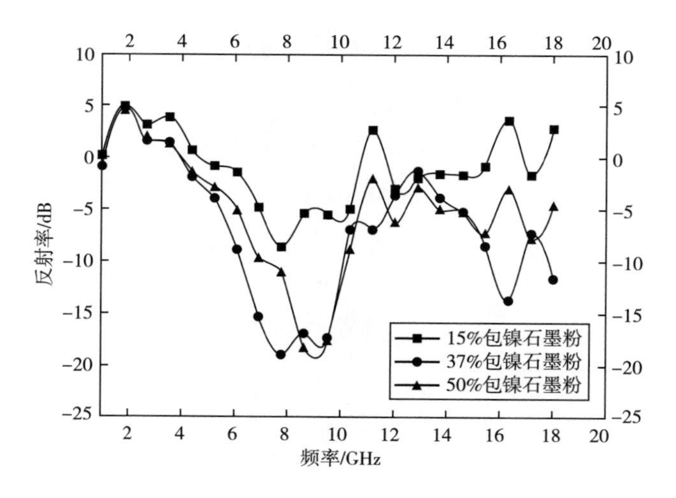

图 5-56　不同含量包镍石墨粉涂层试样的反射率

由图 5-56 可以看出，3 种不同含量的包镍石墨涂层粉试样在 6GHz～11GHz 频率范围内出现波谷，其反射率均较低。15%包镍石墨粉涂层试样的反射率在 1GHz～18GHz 频率范围内最差，在-6～5dB 范围内浮动。37%和 50%包镍石墨粉涂层试样的反射率在 9GHz～15GHz 频率范围内总体相等。37%包镍石墨粉试样的反射率在 16GHz～18GHz 频率范围内低于 50%包镍石墨粉涂层试样。37%和 50%包镍石墨粉涂层试样的反射率在 6GHz～11GHz 频率范围内变化趋势相同且其最低值相差较小，约-20dB。同时，比 15%包镍石墨粉涂层试样反射率低。这是由于 37%和 50%包镍石墨粉含量升高，水性聚氨酯的会产生连续性降低，而包镍石墨粉在基体水性聚氨酯中的连续性增加，使包镍石墨粉颗粒之间孔隙间距变小，水性聚氨酯在基体中形成了具有一定导电能力的导电链，电磁波在吸波涂层中进行有效的传导，同时增加了吸波涂层面料表面的电阻损耗，电磁能从电能转变为热能增多，从而增加了吸波效果。同时，包镍石墨粉含量的增加导致织物界面极化现象，而界面极化现象在低频段表现比较明显，所以包镍石墨粉含量的增大引起其低频吸波性能提高。

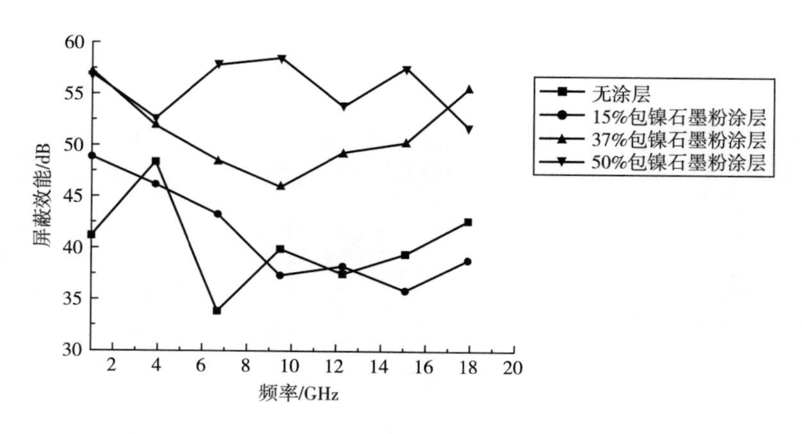

图 5-57　不同含量包镍石墨粉涂层试样的屏蔽效能

由图 5-57 分析可知，三种不同含量的包镍石墨涂层粉试样的屏蔽效能变化较大。37%和 50%包镍石墨粉涂层试样的屏蔽效能在整个频率范围内明显提高。50%包镍石墨粉涂层试样在 1GHz~18GHz 频率范围内屏蔽效能最高，屏蔽效能在 50~60dB 范围内浮动。15%包镍石墨粉涂层试样在整个频率范围内与无涂层试样的屏蔽效能呈交叉曲折变化。

由图 5-56 和图 5-57 对比分析可以看出，吸收剂包镍石墨粉含量过低（15%）时，其涂层试样反射率较低，吸波性能较小。当吸收剂包镍石墨粉含量进一步升高，达到 37%时，其吸波性能升高，屏蔽效能也升高。当包镍石墨粉含量增大到 50%时，其涂层试样的屏蔽效能在部分频率范围内下降，这说明由于吸收剂和黏结剂密度比较接近，导致吸收剂含量的增大，从而导致体积比增大，则引起吸波涂料中吸收剂分布不均匀而导致电磁屏蔽织物的吸波性能下降。

（六）单层吸波涂层对电磁屏蔽织物孔缝区域的影响

将吸波剂含量为 15%包镍石墨粉、37%包镍石墨粉、50%包镍石墨粉的 3 种涂料，均匀涂覆在平缝试样的针孔和缝隙区域。采用小窗法屏蔽效能测试箱测试其屏蔽效能，实验测试结果如图 5-58 所示。

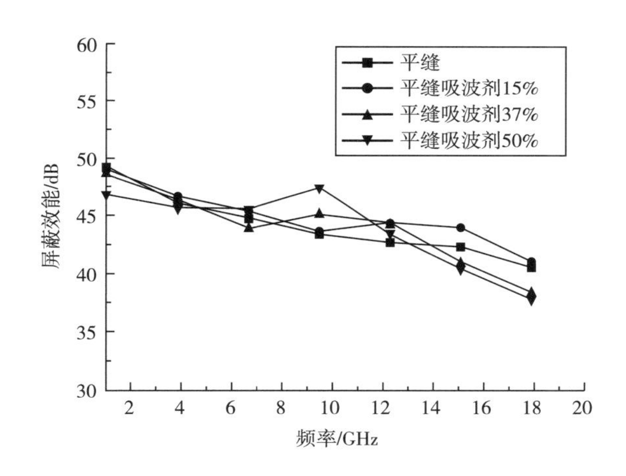

图 5-58　包镍石墨粉在织物孔缝表面应用的电磁屏蔽效能

由图 5-58 分析可以看出对缝缝进行涂覆吸波材料后，15%包镍石墨粉、37%包镍石墨粉、50%包镍石墨粉试样的屏蔽效能变化趋势与无涂层平缝试样总体变化趋势相同。15%吸波剂试样在整个频率范围内的电磁屏蔽效能略有提升。在 12GHz~18GHz 频率范围内，其屏蔽效能呈下降趋势，且低于无涂层平缝试样的屏蔽效能。37%包镍石墨粉、50%包镍石墨粉试样的屏蔽效能在 6GHz~13GHz 频率范围内出现峰值，略高于无涂层平缝试样，最高提高约 3dB。这是由于将吸波涂层对孔洞和孔缝进行涂覆，如图 5-59 所示。吸波涂层填补孔洞孔隙，在缝隙处遮盖缝隙，减少了部分电磁波的泄漏。

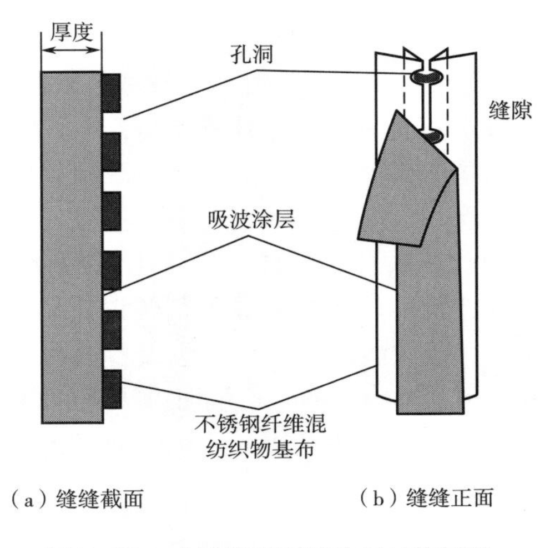

图 5-59　含孔缝的吸波涂层结构模型

（七）多层介质吸波涂层对电磁屏蔽服装孔缝区域的影响

吸波涂层应用在孔缝区域最简单的方式就是直接应用，为了提高吸波涂层应用到孔缝区域的作用，在应用方式上进行优化设计。本次实验运用吸波剂包镍石墨粉涂层37%涂料进行优化设计，即除了直接涂覆外，还添加吸波海绵、石墨烯纤维、碳纤维，使服装孔缝区域内具有多层介质吸波涂层。吸波涂层应用在电磁屏蔽服装袖子孔缝区域处采用不同涂层位置，分为袖子正面孔缝涂层和反面孔缝涂覆。采用 3 米法半电波暗室进行测试，由于民用电磁屏蔽服装接触不到高频的频率段，因此选用 1GHz～3GHz 频率进行测试分析。袖子试样三组，分别为石墨烯纤维组（无涂层、正面+涂层+石墨烯纤维、反面+涂层+石墨烯纤维）、吸波海绵组（无涂层、正面+涂层+吸波海绵、反面+涂层+吸波海绵）、碳纤维组（无涂层、正面+涂层+碳纤维、反面+涂层+碳纤维）。实验测试结果如图 5-60～图 5-62 所示。

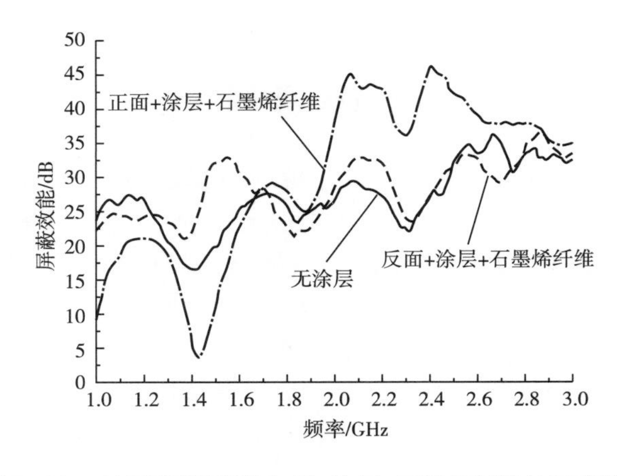

图 5-60　袖子孔缝区域正/反+涂层+石墨烯纤维的屏蔽效能

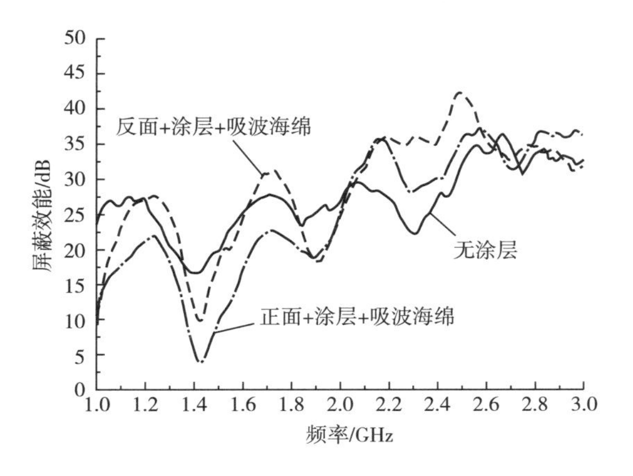

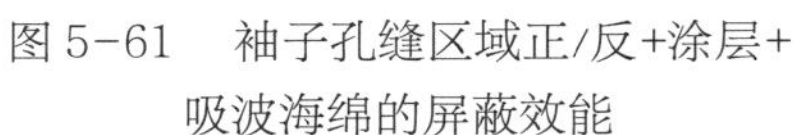

图 5-61　袖子孔缝区域正/反+涂层+吸波海绵的屏蔽效能

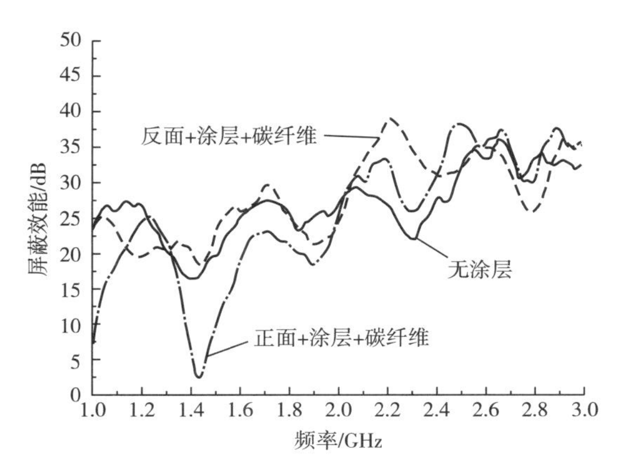

图 5-62　袖子孔缝区域正/反+涂层+碳纤维的屏蔽效能

由图 5-60 至图 5-62 分析可知，多层介质涂层涂覆在袖子内部和外部缝缝区域内对电磁屏蔽效能的影响不同。涂层和石墨烯纤维的应用增大了袖子屏蔽效能的动态范围。正面+涂层+石墨烯纤维袖子的屏蔽效能在 1GHz～1.7GHz 频率范围内出现波谷，其屏蔽效能急剧升高然后急剧下降。反面+涂层+石墨烯纤维袖子的屏蔽效能与无涂层在整个频率范围内总体呈交叉曲折变化，在 1.2GHz～1.7GHz 频率范围内高于无涂层袖子的屏蔽效能。在 2GHz～3GHz 频率范围内正面+涂层+石墨烯纤维袖子的屏蔽效能出现峰值，最高达 45dB，且高于无涂层和反面+涂层+石墨烯纤维袖子的屏蔽效能。这可能受不锈钢纤维织物表面结构影响，吸波涂层前后涂层和表面对比如图 5-63 所示。

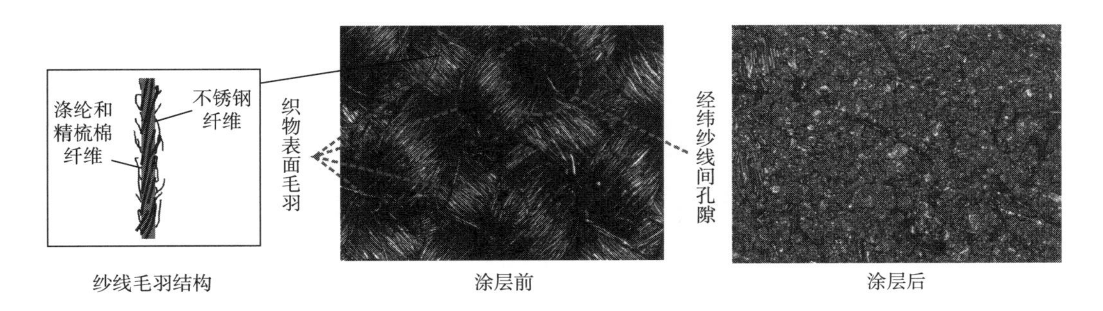

图 5-63　吸波涂层表面涂层前后扫描图

三、小结

（1）缝型不同对电磁屏蔽织物的屏蔽效能影响不同，受不同缝型的结构影响。不同缝型对试样的屏蔽效能影响不同。多离子织物、纳米铝材料、碳纤维编织物和吸波海绵在 1GHz～18GHz 频率范围内反射率不同，其吸波型性能也不同。碳纤维编织物的反射率明显比其他频率范围及其他吸波材料都低，在 7GHz～10GHz 频率范围内约

-7dB。吸波海绵的屏蔽效能在整个频率范围内几乎为零。纳米铝材料、多离子织物和碳纤维编织物具有屏蔽效能和吸波性能，吸波海绵只具有吸波性能。

（2）在不同的缝型中添加不同的吸波材料，对缝型的屏蔽效能有不同影响。相同吸波材料不同的加入位置对电磁屏蔽织物屏蔽效能影响不同。位置一试样的屏蔽效能在 1GHz~11GHz 频率范围内高于位置二，在 8GHz~11GHz 频率范围内出现峰值。

（3）缝型 b 中加入不同复合吸波材料，对缝型的屏蔽效能有不同的影响。缝型 c 中加入不同复合吸波材料，对缝型的屏蔽效能影响较小。多离子织物/纳米铝材料/吸波海绵+碳纤维编织物加入缝型 c 对其屏蔽效能的影响较大。缝型 e 中添加复合吸波材料，对其屏蔽效能起到良好的屏蔽作用。缝型 e+多离子织物/纳米铝材料/吸波海绵+碳纤维编织物试样的屏蔽效能在整个频率范围内总体高于缝型 e。

（4）不同含量的吸波剂——包镍石墨粉，涂覆在不锈钢混纺织物的表面，使其反射率下降，提高了织物表面的吸波性能。石墨烯纤维和吸波涂层复合的多层介质涂层涂覆在袖子内部和外部缝缝区域内对电磁屏蔽效能的影响不同。涂层和石墨烯纤维的应用增大了袖子屏蔽效能的动态范围。

（5）袖子缝缝处涂层和吸波海绵的应用增大了袖子屏蔽效能的动态范围。正/反面+涂层+吸波海绵袖子的屏蔽效能在 1GHz~2. 1GHz 频率范围内低于无涂层袖子的屏蔽效能，在 2. 1GHz~3GHz 频率范围内总体高于无涂层袖子的屏蔽效能。

（6）正面+涂层+碳纤维袖子的屏蔽效能在 1. 3GHz~1. 6GHz 频率范围内出现波谷，其屏蔽效能急剧升高然后急剧降低。正面+涂层+碳纤维袖子的屏蔽效能在 2. 2GHz~3GHz 频率范围内高于无涂层袖子的屏蔽效能。

第六章

电磁屏蔽服装的测试与评价

电磁屏蔽服装的测试与评价是保证服装产品正常设计、生产与销售的重要基础，但目前为止还没有一套成熟的测试方法，导致各种防护服的质量难以识别。仿真测试方面至今还没有针对服装特征的专业电磁软件出现，而实际测试方面目前全球已出台电磁屏蔽服装测试标准主要有4种，一是美国的MIL-C-82296B，因对防护服本身要求过多、待测点过多、测试频点过少、测试布置不合理，已废止。二是德国的DIN 32780-100-2002，虽然有比吸收率（SAR）和屏蔽效能（SE）两套评价指标，但适用频率窄，无法满足当前电磁防护的要求。三是中国的GB/T 23463—2009，虽然包含微波防护服的性能要求、测试方法，但对测试细节并未仔细说明，尤其是性能等级不符合实际。四是中国的GB/T 33615—2017，主要针对民用电磁辐射防护服，但对关键部件人体模型的规定不严谨，没有考虑测试的科学性，且并未综合考虑服装的屏蔽效能。

正是由于这个原因，建立电磁屏蔽服装科学的测试和评价方法至关重要。本章对此展开探讨，首先根据前期分析模型建立仿真测试方法，通过仿真实验对电磁屏蔽服装进行测试及评价，然后讨论电磁屏蔽服装实际测试方法的影响因素，进一步给出基于关键测试点的拟合方法，并提出新的电磁屏蔽服装性能综合评价方法。

第一节 电磁屏蔽服装的仿真测试模型

仿真实验方法可以减少误差、避免其他因素影响，并且节省实验时间和成本，成为规避实验测试所产生问题的有效途径。然而，采用仿真实验方法必须建立合理的数字化服装结构模型，这样才能达到易于电磁分析的要求，具体而言，需要建立服装的结构模型、物理模型及相应的参数获取方法。目前这方面的文献极少，已有仿真方法均采用画图方式建立服装的结构模型，没有对服装的任意部位进行数字化表征，造成服装各个部位难以数字化表示，其孔缝等各个部件的位置和大小更不能在模型中精确定位，另外大多数模型未考虑人体曲面特征，很多是简单几何体的堆砌，不能正确描述人体形态。这些问题给后续电磁计算及规律分析等工作带来不准确、缺乏普遍性和科学性等诸多隐患，急需得到解决。

综上，目前的仿真方法还存在服装模型没有进行数字化表征，各个部位及配件对象难以精确描述、模型不符合人体曲面形态等问题，使电磁屏蔽服装的相关研究缺乏科学性及严谨性，为此本节提出了一种基于椭圆台特征面替换的服装仿真模型构建方法。首先根据服装结构比例建立椭圆台模型并根据人体形态特点建立关键部位特征面，然后采用特征面依次替换对应的椭圆台截面，并给出基于特征面的关键点三维位置计算方法，从而数字化描述所构建的仿真模型。进一步建立物理模型，采用有限积分法对其进行完全封闭、含缝隙时的电磁场强计算，并据此计算各个测试部位的屏蔽效能，通过与实测值进行对比，得出所构建仿真模型所计算的屏蔽效能值正确有效并与实测值保持良好一致性的结论。该方法是电磁屏蔽服装屏蔽效能研究的新方法，为电磁屏蔽服装的设计、生产、评价及相关问题的研究提供了新手段。

一、电磁屏蔽服装的结构模型

服装款式变化极为复杂，要想使其模型用于电磁仿真分析，一是该模型需要符合人体曲面特征，二是要简单易行尽可能避免过于复杂的运算，三是要能精确地对服装的所有关键点进行数字化描述。为此提出一种基于椭圆台特征面替换的服装结构模型构建新方法。首先将躯干看成椭圆台的组合，如图6-1（a）所示，根据人体特点确定颈部（a）、肩部（b）、胸背（c）、腹部（d）、腰部（e）及下摆（f）6个重要位置的特征面形状，然后用其依次替换椭圆台 h_1（cm）、h_2（cm）、h_3（cm）、h_4（cm）、h_5（cm）及底层位置的截面，如图6-1（b）所示。

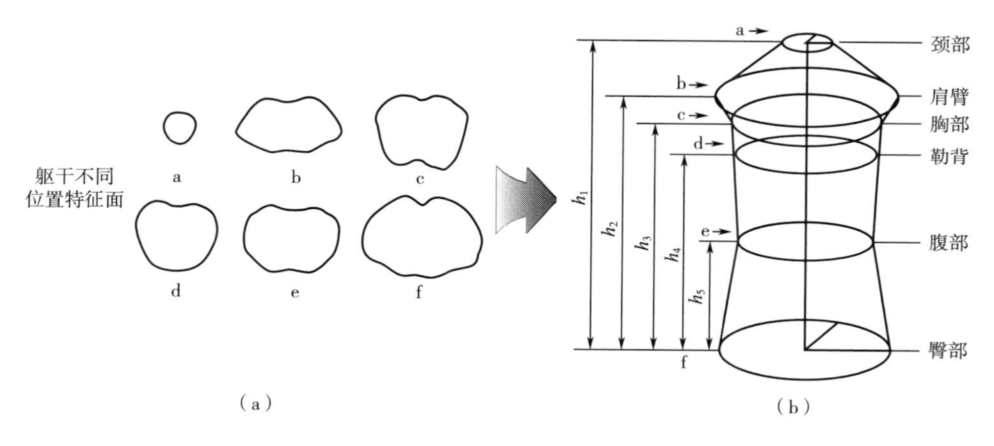

图6-1　躯干建模方法

按照7头长的人体比例，有式（6-1）：

$$h_1 - h_3 = h_3 - h_5 = h_5,\ h_2 - h_3 = h_3 - h_4 \qquad (6-1)$$

同样将手臂也看成椭圆台的组合，如图6-2（a）所示，根据人体特点确定肩臂（a）、上臂（b）、肘部（c）、下臂（d）和手腕（e）5个重要位置的特征面形状，然后用其依次替换椭圆台 h_1、h_2、h_3、h_4 及 h_5 高度处的截面。如图6-2（b）所示。

根据人体特征比例有式（6-2）及式（6-3）：

$$h_1 - \frac{h_2 - h_3}{2} = h_3 - \frac{h_4}{2} \qquad (6-2)$$

$$h_4 = h_2 - h_3,\ h_1 - h_2 = h_3 - h_4 \qquad (6-3)$$

二、模型的数字化描述

只有对整个模型进行数字化描述，才能据此进行网格划分、电磁仿真及屏蔽效能相关规律的研究。为此本书以号型尺寸作为人体模型的初始条件，使每个特征面对应

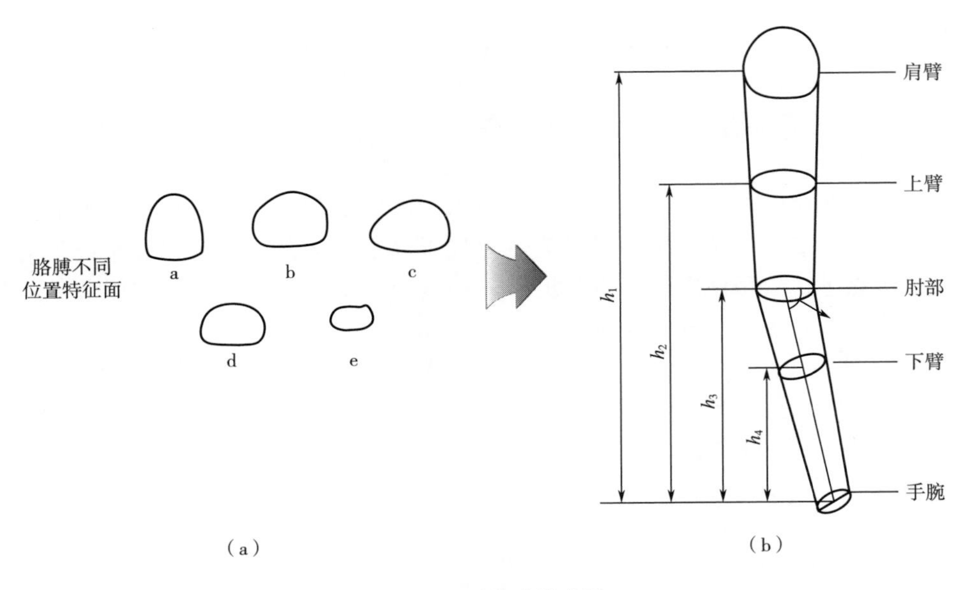

图 6-2　手臂建模方法

具体一个初始尺寸，如胸围、腰围等，据此给出模型的数字化描述。

设第 n 个特征面的轮廓可根据后续电磁仿真需要划分为 M_n 个关键点，如图 6-3 所示，其中第 m 个关键点记为 P（n，m），其坐标 x，y 可采用式（6-4）求得：

$$\begin{cases} x(n, m) = size_x(n, m) \\ y(n, m) = size_y(n, m) \\ z(n, m) = h_n \end{cases} \tag{6-4}$$

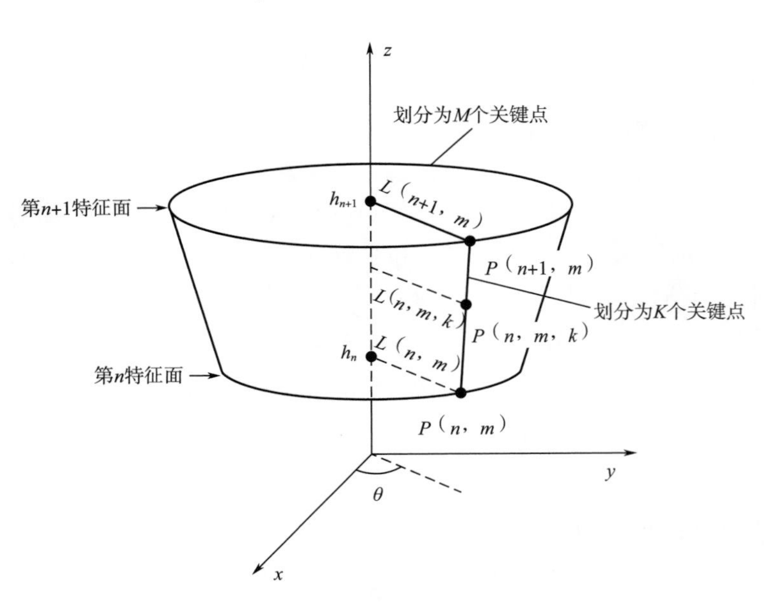

图 6-3　模型轮廓面任意关键点的获取

上式中 $size_x(n, m)$、$size_y(n, m)$ 为特征面关键点的取样函数，该函数通过计算机灰度识别技术可获取第 n 个特征面第 m 个关键点的位置信息。

根据电磁仿真需要，将任意相邻特征面 n 及特征面 $n+1$ 之间的模型表面轮廓沿 z 轴划分为 K_n 个区域，即对应的第 m 个关键点 $P(n, m)$ 及 $P(n+1, m)$ 之间的连线被划分为 K_n 个关键点，记为 $P(n, m, k)$，则其坐标 x, y, z 可由式（6-5）求得：

$$\begin{cases} x(n, m, k) = L(n, m, k)\cos\theta \\ y(n, m, k) = L(n, m, k)\sin\theta \\ z(n, m, k) = z(n, m) + k\gamma \end{cases} \tag{6-5}$$

式（6-5）中 $L(n, m, k)$ 为关键点 $P(n, m, k)$ 在 k 截面内与 z 轴的距离，可采用式（6-6）求得：

$$L(n, m, k) = L(n, m) + k\frac{L(n+1, m) - L(n, m)}{h_{n+1} - h_n} \tag{6-6}$$

根据式（6-1）~式（6-6），采用关键点阵 F_{model} 表示人体整体模型，如式（6-7）所示：

$$F_{\text{model}} = \sum_{n=1}^{N-1}\sum_{m=1}^{M_n}\sum_{k=1}^{K_n} P(n, m, k) \tag{6-7}$$

上述关键点阵可对服装模型进行精确的数字化描述，为网格划分、电磁仿真计算及相关规律分析奠定基础。

三、电磁屏蔽服装的物理模型

（一）网格划分

采用的有限积分法由 Weiland 教授首先提出，其核心是将积分形式的麦克斯韦方程离散化。网格是有限积分法进行迭代的基本空间，本节采用六面体对服装结构模型进行网格划分，每波长 25 个网格。根据服装特点及式（6-7），对每个椭圆台区域进行网格划分，在每个椭圆台轮廓一半的范围内，依次选择 4 个相邻关键点形成的区域作为起始端，沿与 z 轴垂直的方向向对面连续划分网格。4 个相邻关键点形成的区域集合 $\boldsymbol{G}$ 可用式（6-8）表示：

$$\boldsymbol{G} = \sum_{n=1}^{N}\sum_{m=1}^{\frac{M_n}{2}}\sum_{k=1}^{K_n-1}[P(n, m, k), P(n, m+1, k), P(n, m+1, k+1), P(n, m, k+1)] \tag{6-8}$$

（二）方程离散

为了实现数值计算，必须对麦克斯韦方程在每个网格面上进行离散。如图 6-4 所示，4 个基网格棱边电压之和等于电场强度在闭合曲线 s 上的积分，4 个棱边围成的基网格面表示磁场强度在该面上的积分对时间的偏导。将所有的基网格面均按照以上过程离散，并用矩阵形式表示离散结果，同时定义一个与解析旋度算子相对应

的矩阵 **C**，即离散旋度算子。该算子的拓扑结构只与结构和边界相关，其元素只包含 0、1、-1。

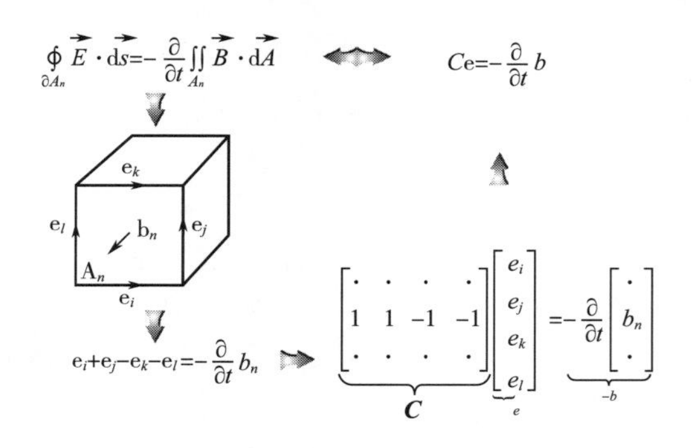

图 6-4　麦克斯韦方程离散过程

（三）边界条件

根据本节仿真计算需要，计算空间以外模拟自由空间，故选择辐射边界，此边界条件围绕服装模型形成与之匹配的尺寸，并在计算空间外添加了一些延伸空间，使电磁波传播到边界上时不会发生反射，符合本节仿真的实际情况。

（四）激励源与频率

选择平面波作为激励方式，设置入射方向为正面入射，其方向向量垂直于人体正面所在平面。选择高斯脉冲作为脉冲函数波源，频率为 0. 1GHz~3GHz。

四、电磁屏蔽服装模型的验证

（一）仿真模型规格

依据 GB 10000—88 中国成年人人体尺寸 26~35 岁的女性人体测量数据，设置模型的人体尺寸见表 6-1，手臂尺寸见表 6-2。

表 6-1　躯干特征部位尺寸

部位	颈椎点高	肩高	胸宽	肩宽	胸厚	最大肩宽	臀宽	胸围	腰围	臀围
尺寸/mm	618	556	260	350	198	396	317	823	775	900

表 6-2　手臂特征部位尺寸

部位	上臂长	下臂长	腋围	臂围	肘围	下臂围	腕围
尺寸/mm	285	214	235	207	132	150	107

颈部、肩部、胸部、肋背及腹部的高度见表 6-3，手臂各特征面的高度如表 6-4 所示。

表 6-3　躯干特征部位平移高度

部位	颈部截面	肩部截面	胸部截面	肋背截面	腹部截面	臀部截面
高度/mm	618	556	412	316	206	0

表 6-4　手臂特征部位平移高度

部位	肩臂截面	上臂截面	肘部截面	下臂截面	手腕截面
高度/mm	468	420	234	210	0

根据表 6-1 至表 6-4 数据及式（6-1）~式（6-7）所述方法，可得到女性上半身服装仿真模型如图 6-5 所示。

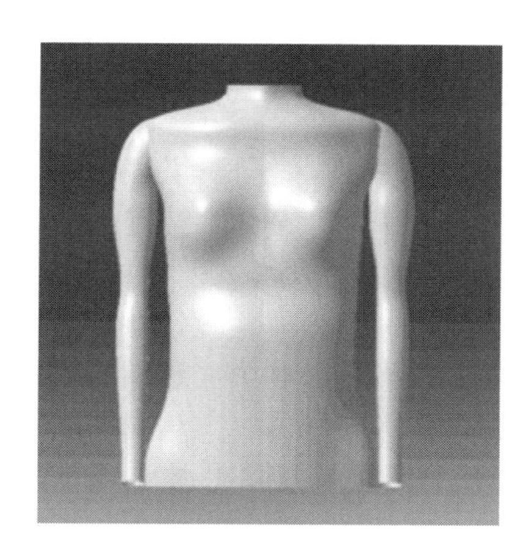

图 6-5　上半身服装模型正视图

（二）电磁参数确定

本节采用文献所测得的屏蔽面料的电磁参数对模型进行仿真计算，如表 6-5 所示。

表 6-5　不同面料的参数表

式样材料	不锈钢纤维织物	银纤维织物	纳米银纤维针织物
式样成分	不锈钢 30%/棉 60%/涤 10%	银纤维 50%/涤 50%	100%含银的锦纶纤维
方块电阻/Ω	5. 87	0. 42	0. 28
织物厚度/mm	0. 56	0. 34	0. 3
电导率/（S/m）	304	7003	11904. 7
磁导率/（H/m）	1	1	1

（三）服装屏蔽效能的仿真计算及验证

本节采用 CST 电磁仿真软件验证所构建的服装模型，根据实际测试的需要，测试胸部、腹部、会阴处的屏蔽效能，其探针位置如图 6-6 所示。

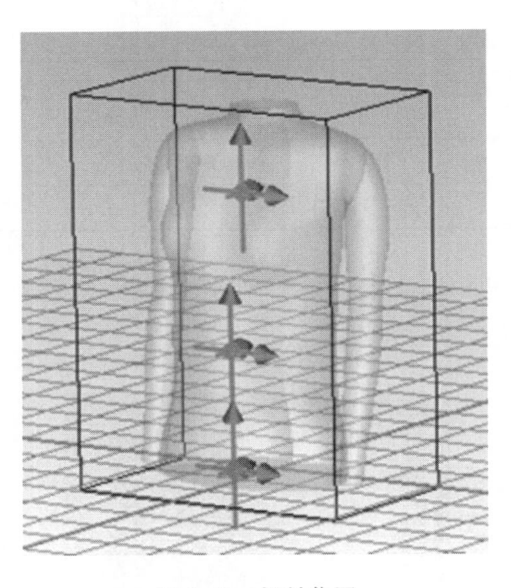

图 6-6　探针位置

将表 6-2 电磁参数代入电磁屏蔽服装模型材料属性中，然后在服装模型测试位置设置电场探针来记录该点在时域上的电场强度。运算结束后观察能量衰减是否逼近某一固定值，如图 6-7（a）所示，能量衰减无限逼近-30dB，说明仿真过程算法收敛，仿真结果可信。打开探针处记录的电场强度，可以得到探针处的电场强度在时域上的变化情况，如图 6-7（b）所示，设有屏蔽时探针处电场值为 E_1（V/m），无屏蔽时为 E_0（V/m），则根据式（6-9）可计算测试点的屏蔽效能。

$$SE = 20\lg \frac{E_0}{E_1} \tag{6-9}$$

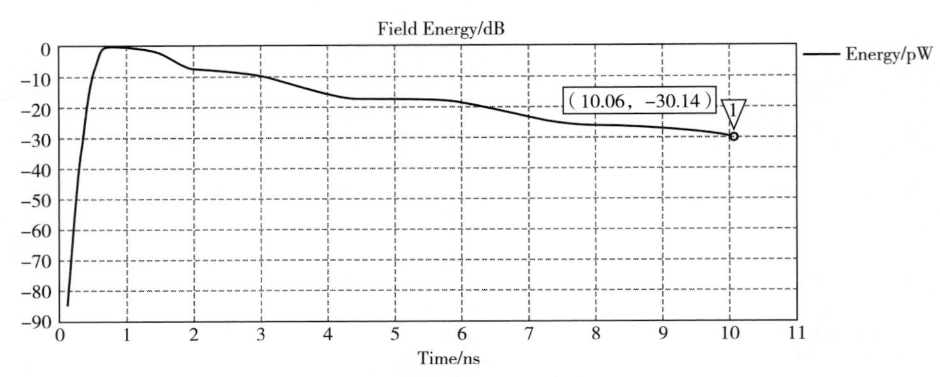

（a）能量衰减判断仿真结果的收敛

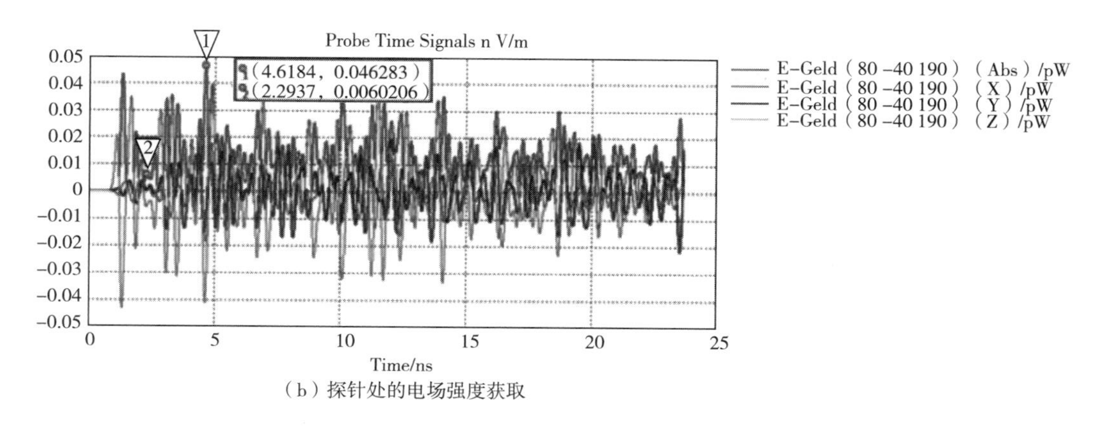

（b）探针处的电场强度获取

图 6-7　仿真结果收敛判断及测试点电场强度获取

五、结果与讨论

（一）完全封闭模型的仿真

将表 6-5 所列的不锈钢纤维织物、银纤维织物及纳米银纤维针织物的电磁参数代入模型中，可得模型完全封闭状态时的仿真结果，根据式（6-9）可计算获得不同面料时模型各个测试部位的屏蔽效能，表 6-6 为其中腹部测试区域的计算结果。

表 6-6　模型仿真所得屏蔽效能

式样成分	不锈钢 30%/棉 60%/涤 10%	银纤维 50%/涤 50%	100%含银的锦纶纤维
服装 *SE*/dB	27~44	48~62	50~68

根据实验可知，表 6-6 中所采用的三种不同面料在 0. 1GHz~3GHz 时的屏蔽效能平均值为 34. 5dB、56. 3dB 及 57dB，而所制得的服装屏蔽效能均值为 35. 5dB、55dB 及 59dB，可见面料在制作成服装后，若保持严格的封闭状态，其屏蔽效能几乎等于面料的屏蔽效能。

然而，实际穿着中，服装不可能成为理想的全封闭状态，任何场景下的电磁屏蔽服装肯定都会有线缝、孔洞等区域的存在，因此全封闭的服装模型仅仅证实了理想状态下服装款式对其屏蔽效能没有影响，其屏蔽效能接近所使用的服装面料，而要真正研究电磁屏蔽服装的性能，还需在后续的工作中考虑在模型中添加线缝、孔洞等元素。

（二）含单线缝模型的仿真

将服装前片拉链区域看成等效缝隙，其位置及宽度如图 6-8 所示，选择胸部、腹部及会阴区域的电磁场强度分别计算含该缝隙服装的屏蔽效能，服装面料选择为 100%

镀银的锦纶纤维，其结果如图 6-9 所示。

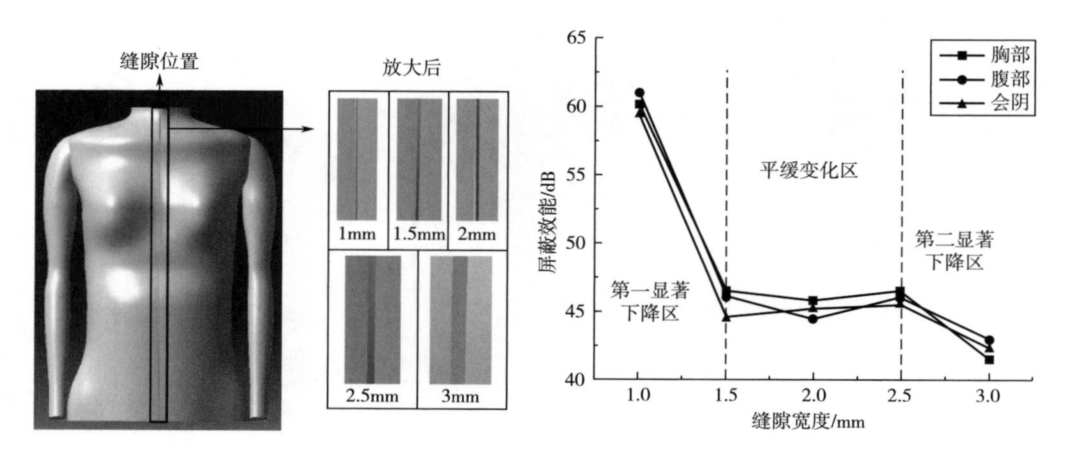

图 6-8 含缝隙的服装仿真模型

图 6-9 缝隙宽度不同时电磁屏蔽服装屏蔽效能分布趋势图

图 6-9 显示当缝隙的宽度增加时，屏蔽效能呈总体下降趋势，但分为显著下降区和平缓变化区。当缝隙宽度从 1mm 增加至 1. 5mm 时，服装屏蔽效能快速下降了 15dB 左右，为第一个显著下降区。当缝隙宽度继续增加至 2. 5mm 时，服装的屏蔽效能基本上没有什么变化，为平缓变化区。当缝隙宽度增加至 3mm 时，屏蔽服装的屏蔽效能又呈现明显下降趋势，为第二个显著下降区。事实上，在进一步研究中发现，当缝隙宽度小于 1mm 时，服装的屏蔽效能几乎没有什么变化，而当缝隙宽度大于 3mm 时，服装整体的屏蔽效能继续大幅降低甚至失去屏蔽效果。实验发现，显著下降区及平缓变化区具体在缝隙多少宽度范围出现，是由频率范围、面料屏蔽效能等多种因素决定，其规律在后续研究中将不断探索。

（三）含孔洞模型的仿真

将服装模型领部设置纽扣孔洞，其位置如图 6-10 所示，每个孔洞的大小为 15mm×3mm，间距为 30mm。选择胸部、腹部及会阴区域的电磁场强度分别计算含孔洞服装的屏蔽效能，服装面料选择为 100%镀银的锦纶纤维，含不同孔洞时电磁屏蔽服装的屏蔽效能的仿真结果如图 6-11 所示。

图 6-11 显示当模型中含有孔洞数量增加时，电磁屏蔽服装的屏蔽效能呈下降趋势，总体下跌斜率较为平稳。胸部测试的服装屏蔽效能整体最小，腹部次之，会阴区域所测得的屏蔽效能则最大。这是由于信号泄漏处即孔洞处距离胸部测试点最近，此时入射的电磁波衰减最小，即强度较大，根据式（6-9），此时所测得的屏蔽效能最小。同理，腹部则距离孔洞处较远，信号衰减较大，因此所测得的屏蔽效能较小，而会阴处距离孔眼区域最远，入射电磁波到达此处后衰减最多，因此所测得的屏蔽效能也最大。同样，进一步研究发现，当孔洞面积大于一定值时，服装整体的屏蔽

效能也会大幅降低甚至失去屏蔽效果，具体规律是由频率范围、面料屏蔽效能等多种因素决定。

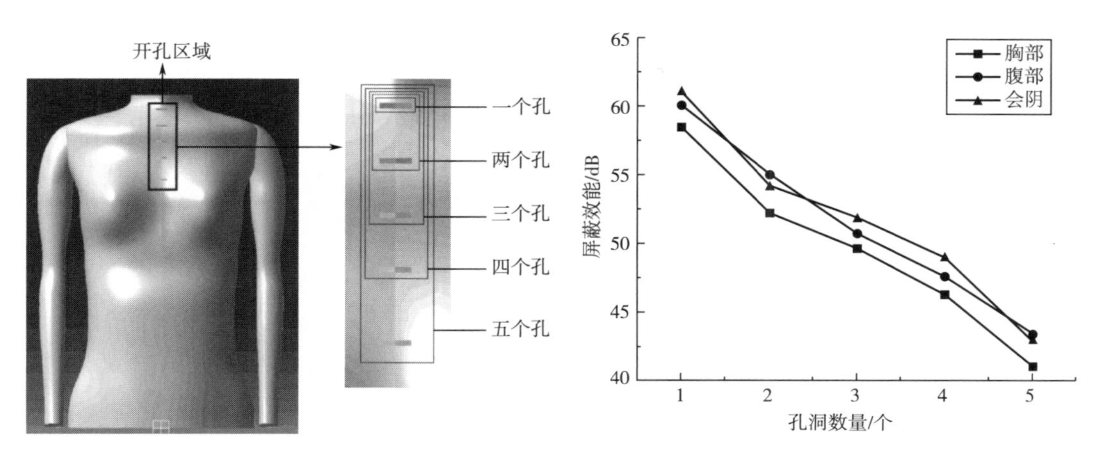

图 6-10　含孔洞的服装仿真模型

图 6-11　含孔洞的服装模型及孔洞个数不同时电磁屏蔽服装的屏蔽效能

（四）与实测值的对比

事实上在大多数情况下，仿真与实际测试产品的形态可能存在一定偏差。一是由于仿真模型线缝、孔洞与实际形态的不完全一致；二是实际测试时其他区域不能完全封闭，而仿真模型则可以达到完全封闭；三是不规则线缝及孔洞过多，获取其等效缝隙及孔洞的方法还需不断改善。因此在采用仿真模型测试实际服装时，需尽量避免上述情况发生，使仿真模型尽可能地保持与实测产品的一致。

如图 6-12（a）所示，为了使仿真模型尽可能接近实测产品，将服装领口、袖口及下摆区域视为封闭，同时根据正面线缝获取等效缝隙宽度，并据此在图 6-12（b）中的模型的肩部、侧缝及门襟处进行开缝，形成了与实物接近的仿真模型。将图 6-12（a）样品实测值与对应的图 6-12（b）服装模型屏蔽效能仿真结果进行对比，如图 6-12（c）所示，发现仿真结果总的趋势与实测值保持一致，具体屏蔽效能也与实测值基本相符，但整体呈现稍微偏大的特点。这符合实际情况，因为仿真结果受外界影响小并且非开缝区域完全密封，而实际值受外界影响较大且领口、袖口及下摆虽被视为封闭区域，实际上对电磁波还是有一定泄漏，所以造成仿真结果整体大于实际测试结果的现象。

（五）与其他方法的对比

将本节方法与目前已报道的电磁屏蔽服装仿真方面的文献进行对比，其结果见表 6-7。由表 6-7 可知，本节所构建的用于仿真的电磁屏蔽服装结构及物理模型可较好地对服装特征进行描述，并且进行了数字化表征，为精确划分网格、后续相关规律分析等工作提供了支撑。

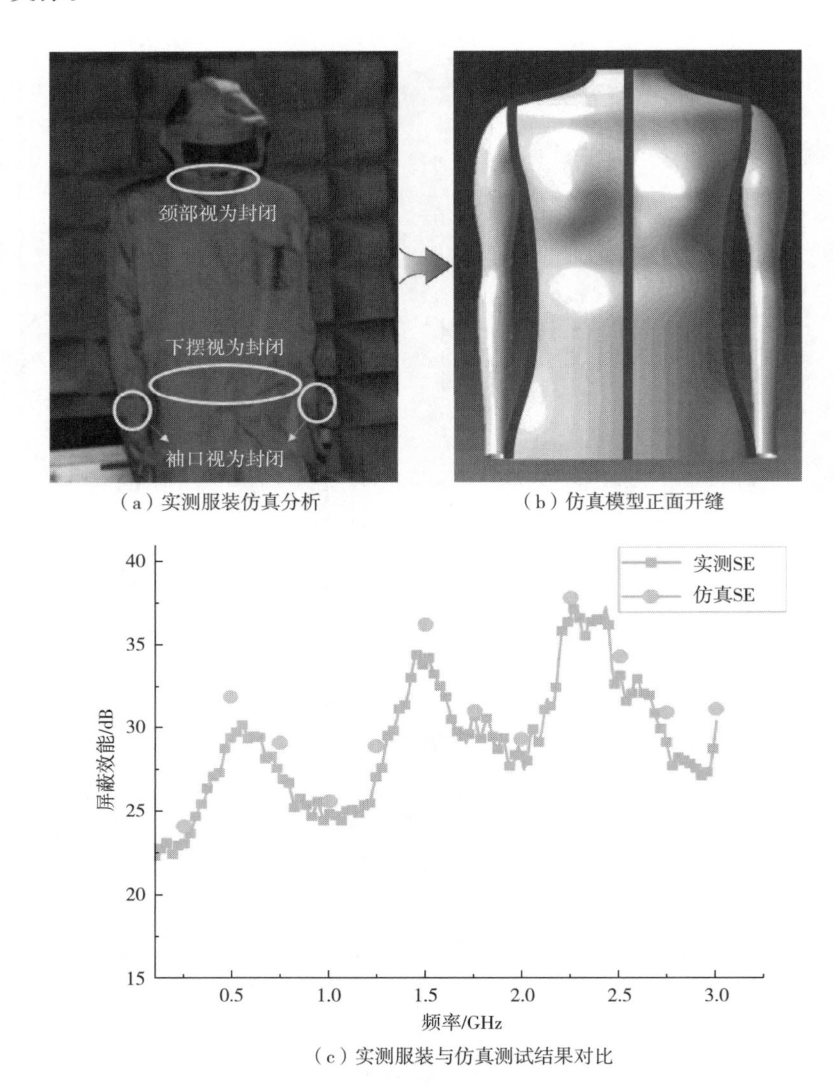

（a）实测服装仿真分析 （b）仿真模型正面开缝

（c）实测服装与仿真测试结果对比

图 6-12 仿真与实测结果的对比

表 6-7 与目前报道的电磁屏蔽服装仿真方法对比

文献	研究方法	研究特点
文献［24］	采用 3DMAX 人体商用模型，导入有限元软件进行电磁分析	模型针对裸体 SAR 值变化进行研究，未数字化表征，用铜制马甲说明对人体局部 SAR 值的影响，未对电磁屏蔽服装的防护性能进行讨论
文献［16］	采用数据库人体模型，在此基础上建立良导体防护模型，运用时域有限差分法进行分析	模型为上下身整体防护层，未数字化表征，与服装真实形态有差距，讨论了孔缝的影响，未与实际测试值进行对比

续表

文献	研究方法	研究特点
文献［25］	在仿真软件 HFSS 中建立服装屏蔽效能测试模型并进行电磁分析	模型针对防辐射孕妇马甲建立，未数字化表征，仅对下摆变化对屏蔽效能的影响进行讨论，未分析线缝及其他孔洞的影响
文献［26］	针对可用于测量的虚拟人体及服装进行研究，采用计算机辅助软件生成模型	模型针对孕妇建立，有数字化表征，曲面符合人体，仅提及可用于屏蔽效能测量中，未讨论与电磁相关的物理模型及仿真分析
文献［27］	采用仿真软件 COSMOL 建立电磁屏蔽服装模型	模型针对长裙构建，未数字化表征，与实际形态有差距，没有考虑孔缝对屏蔽效能的影响
文献［1］	采用 Matlab 建立服装局部模型，通过解析法计算屏蔽效能	模型针对服装局部建立，未数字化表征，仅考虑理想化曲面形态，也没有考虑线缝及孔洞的影响
本节方法	采用 Matlab 及 CATIA 结合构建服装模型，采用 CST 有限积分法进行电磁分析	模型针对上半身构建，进行了数字化表征，考虑了曲面形态，也考虑了线缝及孔洞变化对屏蔽效能的影响

与实物测试进行对比，也显示了本节所构建仿真方法的优势，如表 6-8 所示。

表 6-8　与实际测试方法的对比

仿真模型研究特点	实测方法研究特点
可封闭服装其他区域，实现对单一要素影响规律的研究	难以封闭服装其他要素，无法针对单一要素影响规律的研究
线缝、孔洞变化方便，成本低	线缝、孔洞变化费时费力，成本高
受外界因素干扰少，整体准确性高	受外界因素干扰大，测试误差大
线缝、孔洞与服装实际穿着有差异	与实际穿着一致

综合表 6-8 可知电磁屏蔽服装的仿真研究整体占据优势，但也存在与实际穿着形态不完全一致等不足，这在后续工作中需加强等效线缝及孔洞等方面的研究，以使模型更加完善。

六、小结

本节为电磁屏蔽服装的仿真模型构建及屏蔽效能研究提供了一种新方法，可为电磁屏蔽服装的设计、生产、评价及相关科学研究提供有价值的辅助手段。

（1）基于椭圆台特征面替换的服装结构模型构建方法，能较好地表征人体曲面形态，所提出的基于特征面的计算方法能将模型的每个关键点进行数字化表示，为后续网格划分、电磁仿真及相关规律分析奠定基础。

（2）所构建模型的仿真结果能够较好地获得电磁波入射后电磁屏蔽服装各个测试位置的电磁场强，并且通过计算可获得这些位置的屏蔽效能，与服装的实际测试值相比较，其一致性令人满意。

（3）所构建的仿真模型及屏蔽效能计算方法可以方便灵活地获取服装屏蔽效能等相关数据，大量节约了实验时间及成本，并且减少了实验所产生的误差，为科学严谨地研究电磁屏蔽服装相关问题提供了一条新路径。

第二节 电磁屏蔽服装实际测试的影响因素

电磁屏蔽服装的测试及评价迄今还没有完善方法，尤其是测试主要因素对测试结果的影响规律还未明确，导致市场产品良莠不齐，难以判断好坏，甚至有些劣质产品成为隐形杀手，对人体反倒具有伤害作用。因此，研究电磁屏蔽服装测试及评价的影响因素及其规律是目前该领域的迫切需求，是决定是否正确测试及评价电磁屏蔽服装的关键，对确保人体的电磁安全防护具有重要意义。

目前有关电磁屏蔽服装测试方法的文献较少，与测试相关的机理研究也极为缺乏，已有标准中均未综合考虑距离、角度及测试位置等因素对测试结果的整体影响，也未顾及服装特征对测试结果的作用机制，更没有发现危险频点的存在及所带来的隐形伤害，所以导致测试结果并不能科学评价电磁屏蔽服装，在业界引发很多争议。然而大家基本形成的共识是采用服装面料的屏蔽效能来评价服装整体屏蔽性能的方法是错误的，必须考虑服装曲面结构、开口及线缝等因素才能正确评价服装屏蔽性能，但至今曲面、孔、缝等这些必然存在的结构对电磁屏蔽服装的影响机理还未见揭示。本节为此开展研究，通过实验测试及数据分析，探索发射源距离、角度、频率及测试位置等因素对电磁屏蔽服装的影响规律及机理，并提出新的评价方法。

一、实验

（一）实验材料

电磁屏蔽服装款式及类型繁多，含有开口、线缝及一定装饰物的穿着舒适性服装是需求主流，因此选择不同款式不同面料的含开口、线缝及一定装饰物的具有代表性的电磁屏蔽服装样品开展研究，以便使结论更适合衡量穿着舒适的服装，其款式及实物见图 6-13，具体规格见表 6-9。

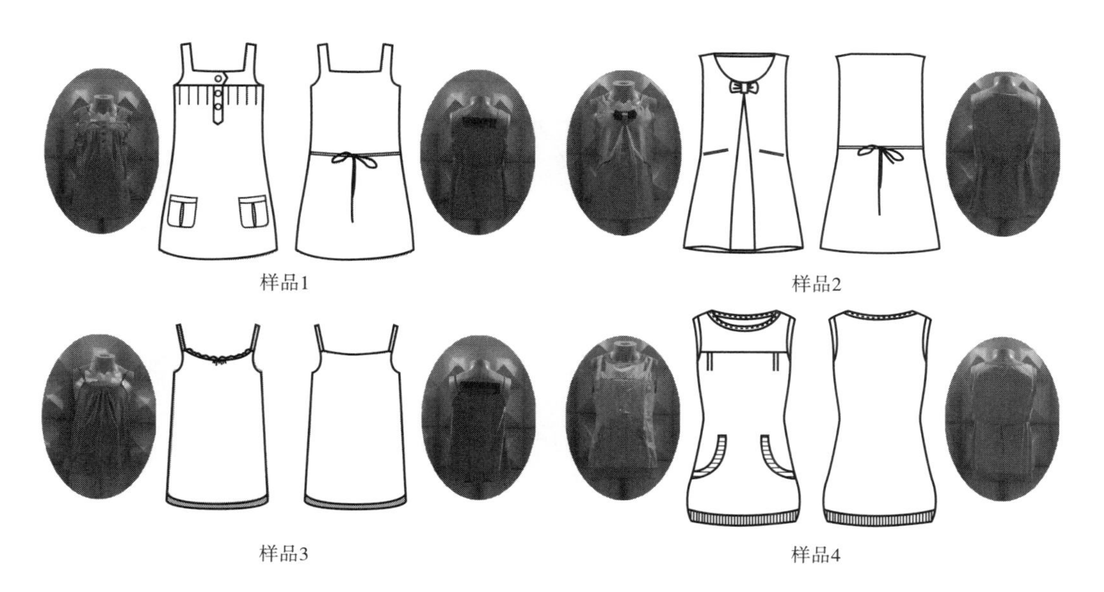

图 6-13　样品款式图及实物照片

表 6-9　实验样品的规格参数

参数		样品 1	样品 2	样品 3	样品 4
服装规格主要参数/cm	胸围	88	88	88	88
	领宽	8	8	无	8
	前领深	7	6	8	2.5
	后领深	7	1	8	1
	衣长	68	68	68	68
所采用的面料关键参数	面料类型	机织，平纹			
	金属纤维含量/%	30%不锈钢/30%棉/40%涤纶	68.5%镀银纤维/31.5%涤纶	100%镀银纤维	25%不锈钢丝/55%棉/20%涤纶
	线密度/tex	32	30	32	8μm/38
	经密和纬密/（根/10cm）	285×139	120×92	88×76	298×152
	厚度/mm	0.31	0.26	0.24	0.33
	屏蔽效能 *SE*（3GHz）/dB	41	53	59	45

（二）测试方法

采用半电波暗室进行测试，如图 6-14 所示，将电场探头置于人体模型内，在固定功率输出的条件下，若同一测试部位人体模型未穿着服装时的电场强度为 E_0（V/m），穿着服装的电场强度为 E_1（V/m），则该位置的屏蔽效能可用公式（2-17）计算。

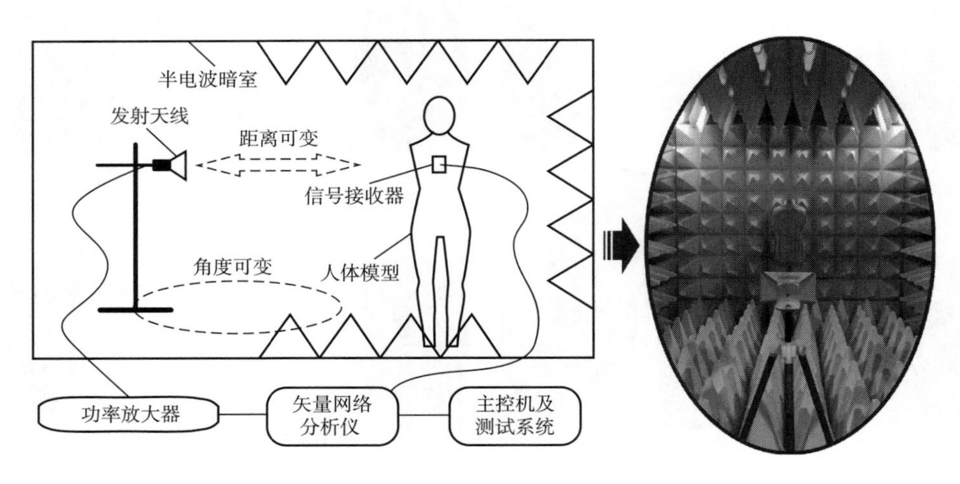

图 6-14　测试方法示意图

测试设备包括半电波暗室、人体模型、DR6103 宽带双脊喇叭天线、信号接收器、DRA00818 功率放大器、AV3629D 微波矢量网络分析仪等。发射频率范围是 1GHz~18GHz，测试距离选择为 0.5m、1m、2m、3m，测试部位选择为腹部及胸部，测试时发射天线与信号接收器高度一致，测试角度则围绕人体模型选择为 0°、45°、90°、135°、180°。其操作方法如图 6-15 所示。

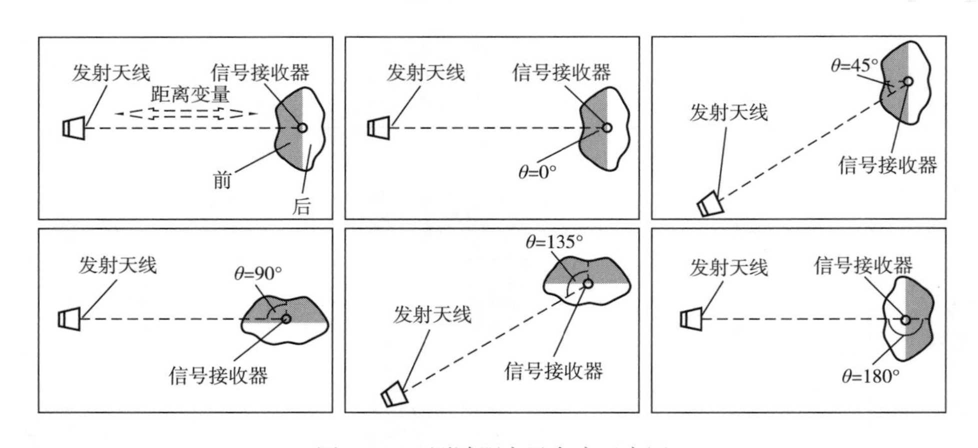

图 6-15　测试距离及角度示意图

二、结果与分析

（一）测试距离对电磁屏蔽服装屏蔽效能的影响

对多种类型的电磁屏蔽服装进行测试，发现测试距离对服装的屏蔽效能有明显影响。当其他条件不变时，随着测试距离增大，电磁屏蔽服装的屏蔽效能均有下降趋势。图 6-16 是样品 1 及样品 2 腹部区域不同距离的测试结果，当测试距离为 0.5m 时，所测服装屏蔽效能均较大，从 0.5m 变更到 1m 时屏蔽效能下降较为明显，从 1m 向 2m 和 3m 过渡时屏蔽效能则下降程度较小。图中也显示，对于任意测试距离，屏蔽效能随频率呈缓慢增长趋势，样品 1 及样品 2 正面所测得的最大屏蔽效能均出现在 16GHz 附近，而背面测试时样品 1 出现在 15GHz 附近，样品 2 则出现在 16GHz 附近。对于最小值，正面在 8.8GHz 附近出现，但其值接近于零，甚至为负数，我们称其为危险频点，如图 6-16 中红色圆圈所示，背面则没有在某个频点出现明显的最小值，而是在多个频点出现近似相同的多个低点。危险频点虽然用一个频点表示，但是其代表的是一个范围，即该点附近一个频段均是危险频率。经反复测试，发现危险频点可能是 1 个或多个。危险频点的存在会使服装变成隐形杀手，在某些频点会不知不觉对人体失去保护作用，使人体遭受巨大伤害，因此在评价中必须考虑。

样品 3 及样品 4 也遵循样品 1 及样品 2 一致的规律，表 6-10 对 4 种不同服装不同测试距离的结果进行了对比，可知每款服装在正面和反面屏蔽效能均是随着距离的增加而减小，4 款服装在正面测试中均有某个测试距离的屏蔽效能出现危险点，而背面无论何种均距离均未出现危险点。

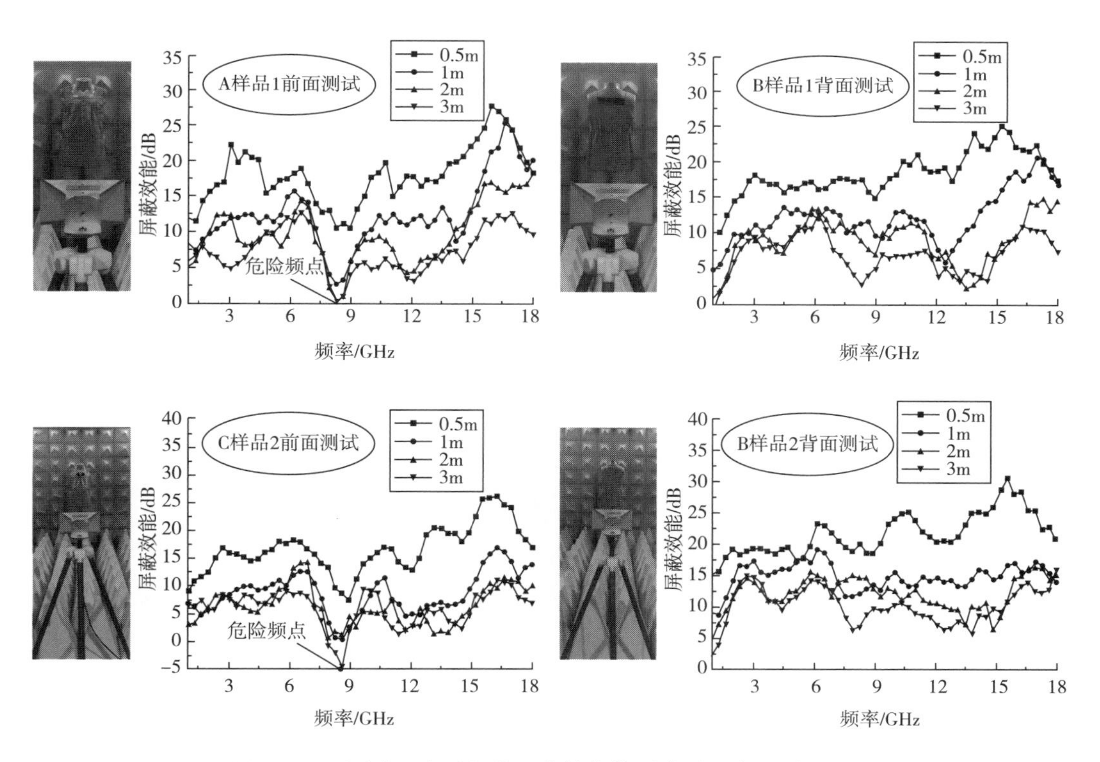

图 6-16　测试距离对服装屏蔽效能的影响（见文后彩图 7）

表 6-10　四种款式服装不同测试距离时的屏蔽效能大小顺序

样品编号	正面不同测试距离的 *SE* 大小顺序/m	背面不同测试距离的 *SE* 大小顺序/m
样品 1	0. 5>1>2≈3	0. 5>1>2≈3
样品 2	0. 5>1>2≈3	0. 5>1>2≈3
样品 3	0. 5>1≈2≈3	0. 5>1>2≈3
样品 4	0. 5>1>2≈3	0. 5>1>2≈3

（二）测试角度对电磁屏蔽服装屏蔽效能的影响

实验显示，测试角度对电磁屏蔽服装的屏蔽效能有明显的影响。图 6-17 是样品 3 及样品 4 两款电磁屏蔽服装腹部区域在不同角度测量时的屏蔽效能变化图，其中测试距离为 3m。从图中可以看出，对于同样的频点，不同角度测量时所得到的屏蔽效能值差距较大，对于样品 3 最大可以相差 8dB 左右，如 6. 2GHz 附近 0°与 90°之间，12. 8GHz 附近 0°与 45°之间等；对于样品 4 则最大差距可达到 12dB 左右，如 17GHz 附近 180°与 135°之间。这种差异并非在全频段均为正差异或者负差异，而是根据频率变化有所不同，可见角度不同测试时与频率的大小有着密切关系。

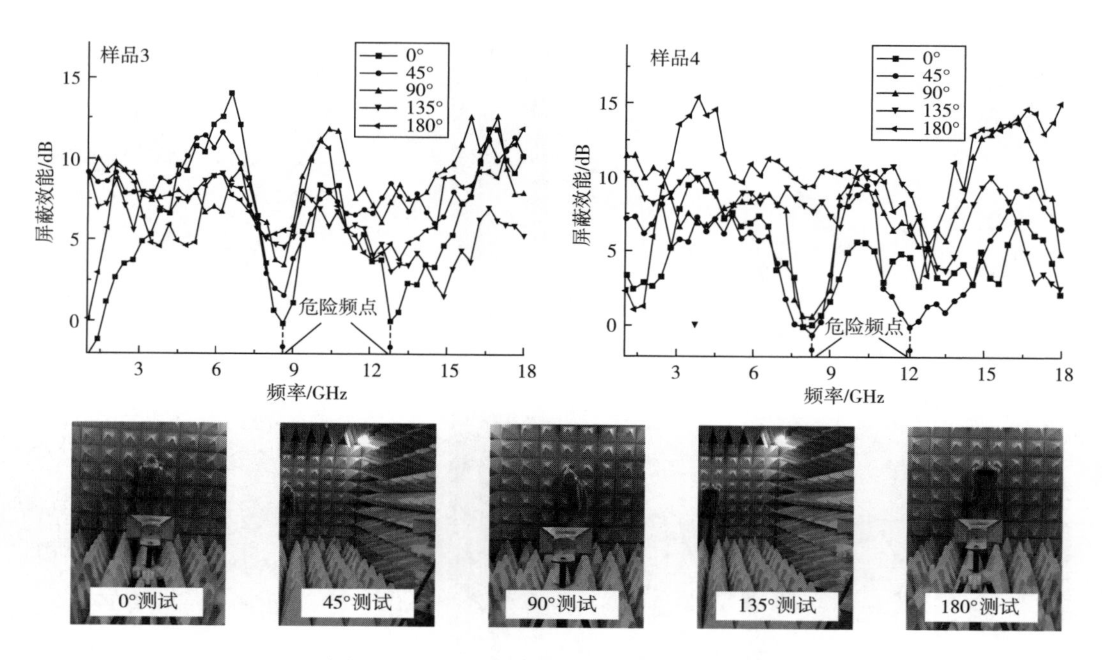

图 6-17　测量角度对服装屏蔽效能的影响

角度变化时屏蔽效能的最大值并没有在某个频点显著出现，但危险频点则表现得非常清晰，例如，样品 3 在 8. 8GHz、13GHz 附近屏蔽效能均接近 0，样品 4 在 1GHz、8. 2GHz、12. 3GHz 附近屏蔽效能也为接近 0，这种情况与图 6-16 所示的结果规律一致，即从某一角度测试时在某些频点也会出现屏蔽效能为 0 甚至负值的情况。

样品 1 及样品 2 一样遵循上述规律，表 6-11 给出了当角度变化时 4 种不同款式的测试结果对比。该表反映了一个基本的事实，就是在大多数情况下，入射点有孔洞的区域往往测试结果会出现最低的屏蔽效能，而无孔洞或孔洞较小的区域则测试结果出现最大的屏蔽效能。但也有特例，例如，样品 3，其最大值及最小值均出现在 0°，其原因将在下文机理部分分析。

表 6-11　4 种款式服装测试角度变化时的测试结果特征

样品	不同角度测试结果的特征
样品 1	最大值出现在 0°，最小值出现在 180°
样品 2	最大值出现在 180°，最小值出现在 0°
样品 3	最大值出现在 0°，最小值也出现在 0°
样品 4	最大值出现在 180°，最小值出现在 45°

（三）测试位置对电磁屏蔽服装屏蔽效能的影响

测试位置对电磁屏蔽服装屏蔽效能也有较大影响。图 6-18 是样品 1~4 胸部测试及腹部测试结果的对比，其中测试距离均为 3m。图中样品 1、样品 2 及样品 3 均显示其他条件不变的情况下，腹部的测试结果比胸部的测试结果整体上要大，其中样品 1 及样品 2 在 4GHz~7GHz 之间以及 15GHz~18GHz 之间腹部测试结果比胸部测试结果要大很多，样品 3 则在 4. 5GHz~7. 5GHz 及 16. 5GHz~18GHz 频段腹部测试结果显著大于胸部。对于样品 4，腹部测试和胸部测试相差不是很大，仅在 16GHz 以上腹部大于胸部，在 5GHz~16GHz 之间则腹部小于胸部，其余部分则基本保持相等。样品 1~4 在腹部测量的屏蔽效能最大值分别为 12. 8dB、11dB、14. 9dB 及 10dB，胸部测量的最大值则分别为 7. 7dB、10. 2dB、11. 5dB 及 10. 1dB，也印证了胸部与腹部区域测试值大小变化的规律。

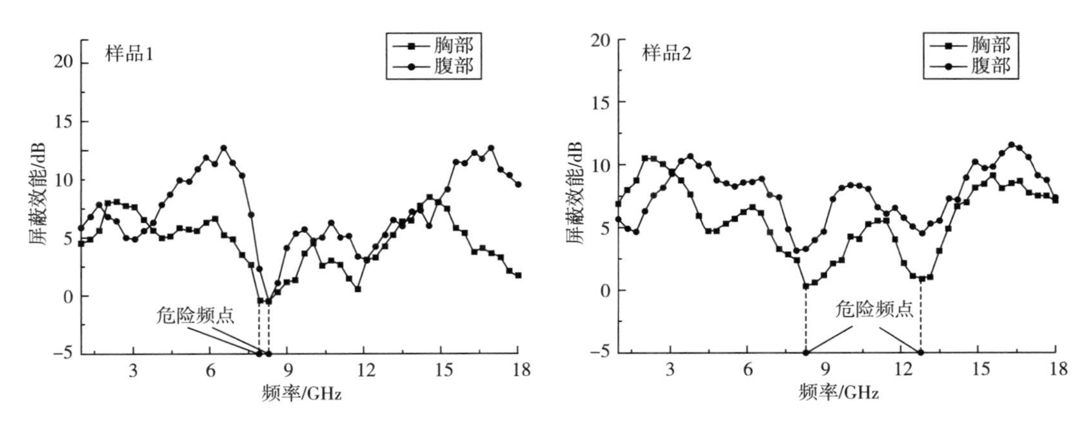

图 6-18

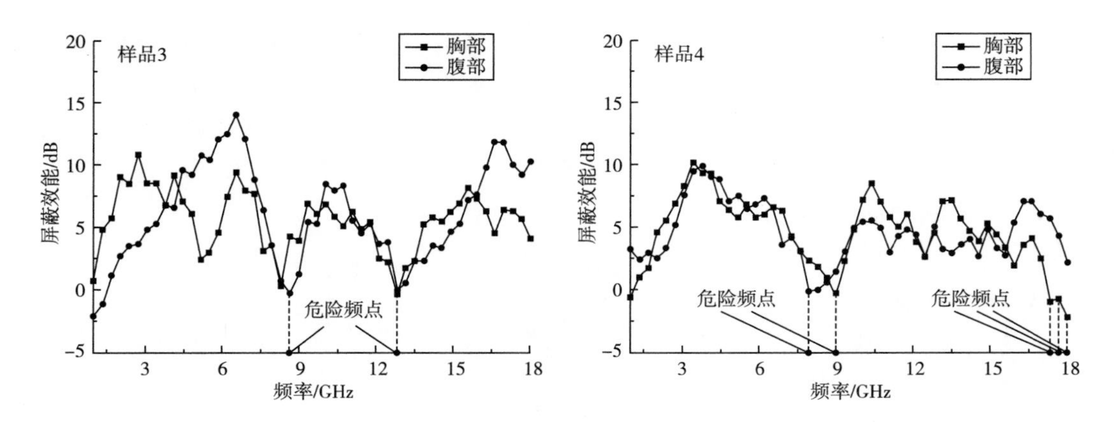

图 6-18　测试位置对服装屏蔽效能测试结果的影响

图 6-18 也显示，在某些频点会出现屏蔽效能为 0 甚至为负值的现象，即危险频点均存在，在该频点服装几乎对电磁波无防护作用。表 6-12 对 4 种不同服装的测试结果进行了总结对比，反映了一个现象就是测试位置含有较大开口区域时，则会明显降低测试的屏蔽效能，如样品 1、样品 2 及样品 3 在胸部测试时，领口和袖窿的开口区域导致了胸部测试值整体小于腹部。而对于样品 4，由于领部开口区域很小，故胸部及腹部的测试结果整体基本相等。

表 6-12　4 种款式服装不同位置的测试结果对比

样品	不同角度测试结果的特征
样品 1	腹部整体大于胸部测试结果，均在同样频段出现危险频点
样品 2	腹部整体大于胸部测试结果，胸部在两个频段出现危险频点
样品 3	腹部整体大于胸部测试结果，均在同样频段出现危险频点
样品 4	腹部整体与胸部测试结果基本相等，在不同频段各出现危险频点

（四）距离、角度及位置影响服装*SE* 测试结果的机理

服装 *SE* 测试结果随距离变化的本质原因是信号强弱随距离发生变化以及服装面料透射系数随入射强度发生变化。如图 6-19（a）所示，当人体模特未着装时，根据电磁波衰减理论，信号接收器在近距离所获得的电场强度 E_0（V/m）大于远距离所获得的电场强度 E_0'(V/m)，如式（6-10）所示：

$$E_0 > E_0' \tag{6-10}$$

而当穿着服装后，如图 6-19（b）所示，由于以反射为主的电磁屏蔽服装面料在高场强下的反射损耗 R、吸收损耗 A 及多次反射损耗 B 都会增加，从而导致近距离时透射系数减少，即满足式（6-11）：

$$T_1 < T_1' \tag{6-11}$$

式中，T_1 表示服装面料在近距离的透射系数；T_1'表示服装面料在远距离时的透射系

数。值得一提的是，透射系数并非永久随距离减少，而是达到一定距离后减小趋于平缓。

若着装后的对应距离的电场强度分别为 E_1 和 E_1'，则有式（6-12）及式（6-13）：

$$E_1 = T_1 E_0 \tag{6-12}$$

$$E_1' = T_1' E_0' \tag{6-13}$$

很显然，将式（6-12）及式（6-13）代入式（2-17），则着装后近距离的屏蔽效能 SE_1 与远距离的 SE_1' 的关系如式（6-14）所示：

$$SE_1 > SE_1' \tag{6-14}$$

式（6-14）说明了在其他条件不变情况下，虽然 $E_0 > E_0'$，但由于着装后 $T_1 > T_1'$，因此随着距离增加所测得的服装 SE 呈现下降的趋势。这也正是图 6-16 及表 6-10 所示结果产生的本质原因。事实上，该机理可以形象地称为"遇强则强，遇弱则弱"，即服装在近距离产生的应激反应更大，发挥的屏蔽作用也大，因此屏蔽效能高，而远距离时服装的应激反应降低，导致屏蔽效能下降。

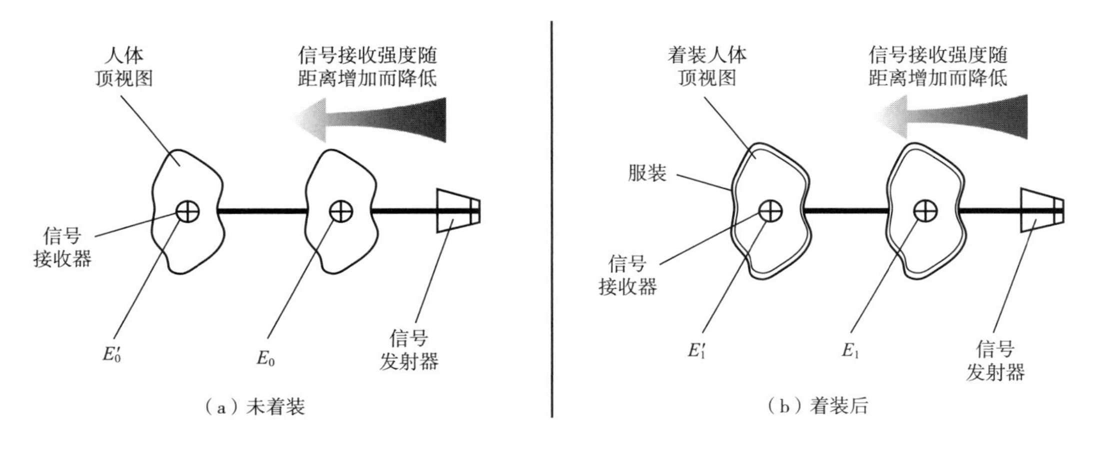

图 6-19　距离对服装屏蔽效能的影响机理

角度及位置对服装屏蔽效能的影响本质是由服装不同区域的特征所决定。如图 6-20 所示，满足舒适性的服装一定存在开口、线缝、纽扣、拉链等区域，这些区域可以形成等效的孔洞及狭长缝隙，导致电磁波的泄漏，孔洞面积越大，孔缝越长，泄漏的电磁波越多。我们将线缝、开口、纽扣、拉链等配件较多的区域称之为泄漏区，较少的区域称为正常区。设一个区域整体面积为 A（cm^2），孔洞区域面积为 S（cm^2），则孔洞处电磁波的透射系数 T_h 如式（6-15）所示：

$$T_h = 4\left(\frac{S}{A}\right)^{\frac{3}{2}} \tag{6-15}$$

设某区域等效狭长缝隙处厚度为 t（cm），宽度为 g（cm），则其理想状态下的面料屏蔽效能 SE_g 可采用式（6-16）评估：

$$SE_g = 27.27\,\frac{t}{g} \tag{6-16}$$

由式（6-15）和式（6-16）可以看出，一个泄漏区的孔洞面积越大，狭缝越宽，会导致其屏蔽效能越小，甚至失去防护能力。

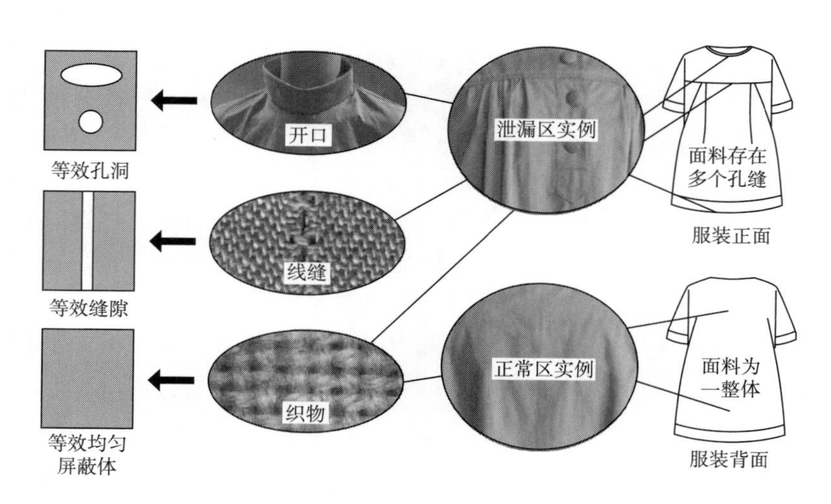

图6-20　泄漏区及正常区示意图

很明显，当发射源角度或者测试位置发生变化时，电磁波垂直入射的中心区域也随之改变，当入射中心区域为泄漏区时，根据式（6-15）及式（6-16），其中的等效孔洞及线缝会导致电磁波大量透过，从而使服装屏蔽效能下降，泄漏区孔缝越多，则屏蔽效能下降越严重。当入射中心区域为正常区域时，则可避免泄漏电磁波的产生，从而不会明显降低服装的屏蔽效能，这正是测试角度及位置对服装屏蔽效能测试结果产生影响的原因。例如，在图6-17及表6-11中列出了不同角度对测试结果的影响及4个样品的对比，这些结果正是因为泄漏区和正常区的影响而形成的，即当某个角度入射区域开口及线缝较多时，则导致屏蔽效能降低且极易出现危险点。当然对于表6-11中的样品3，最大值及最小值均出现在0°的测试中，这不仅与该款式正面领子及袖窿处开口过大有关，而且也与频率有关，即某个频率电磁波能在某个款式的特定开口处形成多次反射，或者在线缝处形成天线效应，从而导致服装屏蔽效能急剧下降。再如，图6-18中对于样品1、样品2、样品3而言，其款式结构导致腹部相对胸部开口面积和缝迹均较少，因此对电磁波的防护作用会较好，而胸部区域由于有袖窿、领口、门襟等较多开口以及线缝存在，导致电磁波在胸部区域会较多穿透服装，使所测屏蔽效能结果较小。而对于样品4，腹部的泄漏区域和胸部的泄漏区域基本相当，因此导致腹部的测试结果整体上与胸部的测试结果基本相等。

显然，危险频点的出现本质也是由于泄漏区的存在。正是由于某一角度、某一位置测试时电磁波所经过的泄漏区在某些频点会产生大量泄漏，甚至产生多次反射或天线效应，导致该频点所测试服装的屏蔽效能为0甚至是负值，而背部一般呈现整体，则很少出现危险点。

值得说明的是，电磁波极化方向也对服装屏蔽效能的测试结果有较大影响，实验中发现极化方向与较多线缝垂直时屏蔽效能较大，而与较多线缝平行时则较小，其最终值取决于垂直或平行线缝的数量，但还需考虑到线缝的长度及厚度与一定频率匹配时可能会产生天线效应的情况。同样，当极化方向与孔洞长轴方向垂直时，所测得的屏蔽效能较大，当与长轴方向一致时，屏蔽效能则小，还需考虑不同极化方向在开口处使场强异常增大的多次反射效应。这些影响的本质均是由服装泄漏区及正常区的特点所决定，极化方向的变化其实就是电磁波的方向和线缝或孔洞之间的方向发生变化，无论是垂直还是水平极化，其遵循的机理都是一致的，因此在文中没有单独进行讨论。

三、小结

电磁屏蔽服装的测试及评价必须综合考虑发射源距离、角度、测试点位置以及频率等因素，本节通过实验及分析发现了这些要素对电磁屏蔽服装屏蔽效能的影响新规律，并揭示了其发生机理。

（1）随着测试距离的增大，电磁屏蔽服装的屏蔽效能均呈下降趋势，频率不同，则下降的程度不同，当距离增加到一定程度时，下降趋势放缓并接近平稳。这种现象本质是由于信号随距离发生强弱变化及服装面料在不同场强内透射系数发生变化。

（2）发射源角度对服装屏蔽效能的影响与频率大小有着密切关系，不同频点可能是正影响也可能是负影响。当测试角度变化时，电磁波入射的区域也会发生变化，从而导致测试结果也增加或减小，其本质原因是服装不同区域存在泄漏区或正常区两种特征，当入射区域为泄漏区时，电磁波大量透过，造成测试结果下降。

（3）测试点位置对服装的测试结果也影响显著，其他条件不变时，选择不同的测试位置所得的测试结果是不同的。这种现象的本质也是由服装的泄漏区及正常区引起，当测试位置选择在缝迹及开口整体多的泄漏区时所测得的服装屏蔽效能较低，反之则较高。

（4）测试服装的屏蔽效能时，在一定条件下可能会出现所测得的屏蔽效能接近于0甚至小于0的情况，即形成危险频点。这意味着此时服装失去防护作用甚至会对人体产生更大的伤害。产生这种现象的本质一是电磁波入射区域可能是严重的服装泄漏区，二是电磁波在一定频率时会在某些款式的开口处形成多次反射或在线缝处形成天线效应，从而使服装出现严重的失效现象。

（5）电磁屏蔽服装的正确评价应综合考虑发射源距离、角度、测试位置及频率等因素，为此提出了多指标复合评价新方法，以科学完整地评价电磁屏蔽服装，可对电磁屏蔽服装的测试、评价及相关标准制定起到推动作用，也能为电磁屏蔽服装的设计及生产提供参考。

第三节 电磁屏蔽服装屏蔽效能的拟合及整体评价新方法

由于时间和成本限制，目前电磁屏蔽服装的实际测试仅针对某几个局部点，所测试结果仅能代表人体局部位置的电磁场强情况，而不能描述服装对人体所有点的屏蔽效能。因此，根据已有关键测试点的测试结果，对其进行科学拟合，形成人体整体的屏蔽效能拟合曲线，将是快速观察人体所有点屏蔽效能的有效方法。另外，由于仿真实验可比较容易地实现多个点的测试结果，而实际测试仅能实现少数位置的测试，因此针对实际测试点的拟合也显得尤为重要，是和仿真结果进行对比的基础。本节通过实验测量基于人体形态的屏蔽效能，采用空间曲线拟合电磁屏蔽服装的局部屏蔽效能，以揭示电磁波在该区域的整体分布规律。本节工作可较准确计算出服装某一局部的屏蔽效能拟合分布图，揭示人体局部屏蔽效能的分布规律。

一、电磁屏蔽服装屏蔽效能的拟合

（一）测试点的屏蔽效能获取

反复校准屏蔽箱，确保屏蔽箱防泄漏效果良好，将天线在自由空间校准，与局部人台的距离达到规定值。按要求将测试人台的信号接收器与外界计算机数据接收系统连接，将防电磁辐射织物紧密覆盖于测试局部人台之上，通过计算机读取屏蔽效能的测试数据。测试局部人台如图 6-21 所示。

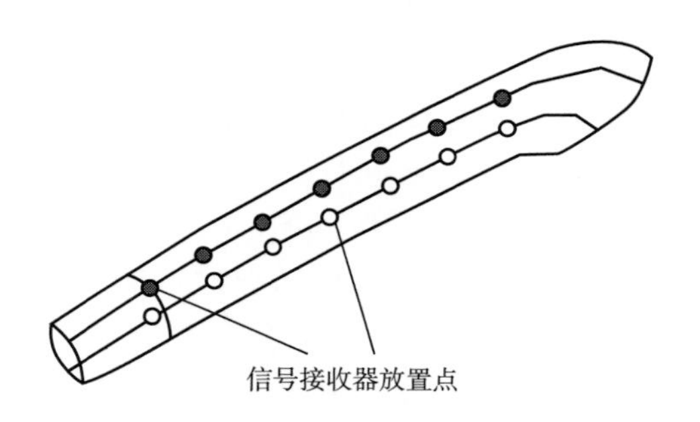

图 6-21　测试屏蔽效能的局部人台

（二）拟合所需点的屏蔽效能计算

假设电磁波在空气中的阻抗为 Z_1（Ω），防电磁辐射服装的特征阻抗为 Z_2（Ω），入射波辐射场强分别为 E_0（V/m）、H_0（V/m），电磁波到达服装界面上发生了波反射，则反射后反射波的电磁场强分别如式（6-17）及式（6-18）所示：

$$E_r = \frac{Z_1 - Z_2}{Z_1 + Z_2}E_0 \tag{6-17}$$

$$H_r = \frac{Z_2 - Z_1}{Z_1 + Z_2}H_0 \tag{6-18}$$

透过服装后的透射波的电磁场强度可由式（6-19）及式（6-20）获得：

$$E_t = E_0 - E_r = \frac{2Z_2}{Z_1 + Z_2}E_0 \tag{6-19}$$

$$H_t = H_0 - H_r = \frac{2Z_1}{Z_1 + Z_2}H_0 \tag{6-20}$$

近场中磁场屏蔽效能理论模型如式（6-21）所示：

$$\begin{aligned} SE_{H近1} &= R_{H近} + A + B \\ &= -119.07 + 10\lg\frac{fr^2\sigma}{\mu} + 15.4t\sqrt{f\mu\sigma} + 20\lg(1 - e^{3.54t\sqrt{f\mu\sigma}}) \\ &= 14.6 + 10\lg\frac{fr^2\sigma_r}{\mu_r} + 1.31t\sqrt{f\mu_r\sigma_r} + 20\lg(1 - e^{3.54t\sqrt{f\mu\sigma}})\ (\text{dB}) \end{aligned} \tag{6-21}$$

（三）计算机拟合

当信号源距离变化时，防电磁辐射织物的屏蔽效能也随之变化。利用计算机系统可记录所有参数变化时的织物屏蔽效能数据。由于这些测试点的位置为空间立体分布，每个测试点的屏蔽效能又各不相同，故采用 NURBERS 拟合算法对关键点的屏蔽效能进行三维曲线构造，以提取基于人体曲面之上的屏蔽效能分布函数。NURBS 曲线是用数学方式描述包含在物体表面上的曲线或样条，其表达式为式（6-22）：

$$S(u, v) = \sum_{i=0}^{m}\sum_{j=0}^{n} W_{ij}P_{ij}N_{SE},\ p(u)N_j,\ u, v \in [0, 1] \tag{6-22}$$

针对于本节局部人台的测试点，式中 P_{ij} 是人台局部测试关键点列，W_{ij} 是相应关键点的权因子，N_{SE}，p_u，N_j，q（v）是 p 阶和 q 阶 B 样条基函数，其中 N_{SE} 是根据电磁辐射屏蔽效能计算公式（6-23）定义的：

$$N_{SE} = 14.6 + 10\frac{pq(v)^2N_j}{\mu_{ij}} + 1.31\sqrt{p\mu_{ij}N_j} + 20(1 - e^{3.54t\sqrt{p\mu_{ij}N_j}})\ (\text{dB}) \tag{6-23}$$

式中，u_{ij} 为防电磁辐射织物在序列点 p（i，j）处的磁导率。

根据上述公式，采用计算机分析软件对局部人台的屏蔽效能的三维 NURBS 曲线的拟合分为以下几步：

（1）根据接收信号强弱及公式（6-21）计算每个测试点的屏蔽效能。

（2）根据测试点的位置及屏蔽大小进行分类组合，确定同类序列点。

（3）将同类序列点按照式（6-22）进行迭代确定拟合点。

（4）根据拟合点确定序列点的（i，j）。

（5）进一步确定 B 样条基函数 q（v）。

（四）结果与分析

实验设定信号发射频率为 500MHz，距离为 1m。局部人台取测试点为 6 列，手臂正面 3 列，反面 3 列，每列测试点 7 个。测试的屏蔽效能结果见表 6-13。表 6-14 是发射天线不同时人台胳膊处正对发射器一列的屏蔽效能。

表 6-13　局部测试人台各测试点的屏蔽效能（500MHz）　　单位：dB

测试点	1	2	3	4	5	6	7
1	37.16	36.99	35.27	34.34	35.79	34.49	34.67
2	36.23	35.74	34.90	32.47	33.36	33.09	33.12
3	35.89	34.66	35.11	34.91	34.16	33.13	32.37
4	34.18	33.48	31.04	33.56	32.43	31.56	31.86
5	33.79	33.01	30.77	32.43	31.98	31.12	31.38
6	32.10	32.59	30.02	31.89	31.07	30.08	30.01

表 6-14　调整不同距离后正面列的屏蔽效能　　单位：dB

距离	1	2	3	4	5	6
1.5m	32.12	31.52	31.34	30.13	29.54	28.34
2m	31.31	30.05	29.11	28.56	28.16	27.89
3m	30.51	29.98	28.89	28.05	27.67	26.29

根据式（6-22）及式（6-23），采用 MATLAB7.0 编写程序对表 6-13 的数据进行分类排序并进行拟合，实验方法如图 6-22 所示。

图 6-23 是屏蔽效能的拟合图。由于天线发射角度的原因，在距离胳膊最近处信号辐射最强，其屏蔽效能最弱，因此形成凹陷区域。

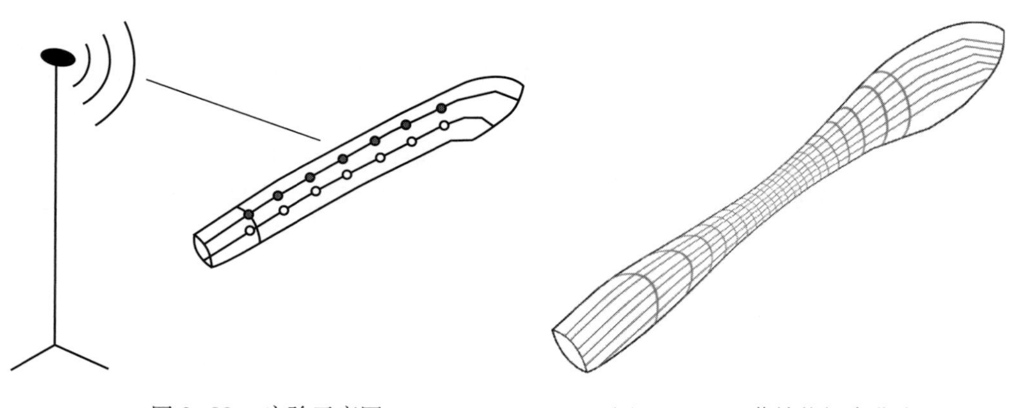

图 6-22　实验示意图　　　图 6-23　屏蔽效能拟合曲线图

由图 6-22 及图 6-23 可看出，在手臂手肘处屏蔽效能较弱，随着与发射源距离的增加，屏蔽效能沿着手臂向上递增。在整个递增过程中，屏蔽效能的大小也有振荡变化，例如，形成曲线效应等，原因是手臂曲线的存在，使电磁波的辐射沿手臂曲线变化。

图 6-24 是场强的拟合图。从图中可看出，由于天线发射角度的原因，在距离胳膊最近处信号辐射最强，因此形成一个凸起区域。其场强大小与辐射源的距离远近有直接关系。

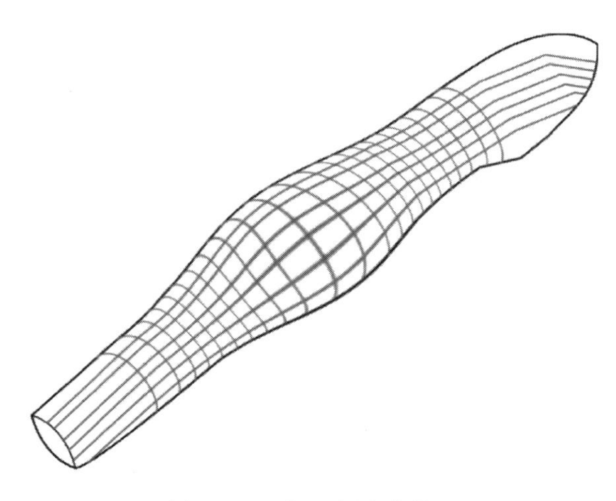

图 6-24 场强拟合曲线图

通过前面的实验验证和数据分析，发现屏蔽效能沿人台的变化是有规律的。屏蔽效能在胳膊轴向是呈线性递增规律，同时在胳膊的切面方向是递增规律。其递增开始值为发射信号与胳膊距离最近的点。另外，发射源的距离也影响人台局部的屏蔽效能分布，规律是信号越远，屏蔽效能越弱。采用 NURBS 曲线拟合后的人体局部的电磁屏蔽效能规律为在离天线最近的地方形成一个凹陷的强屏蔽效能区。

二、电磁屏蔽服装评价新方法的提出

人体在穿着电磁屏蔽服装时，发射源的距离不断变化，服装的屏蔽效能也随距离变化。泄漏区和正常区的分布导致测试角度、测试位置变化时所测得的服装屏蔽效能也随之变化，且没有固定的规律。因此，测试距离、测试角度及测试位置是必须考虑的三个重要因素，其设定不同，所测得的屏蔽效能结果则会有所不同。另外，危险频点可能导致服装发生灾难性的防护失效，在对服装屏蔽效能的合理评价中必须考虑。正是由于这些原因，针对不同的款式服装，要充分考虑到其个体特征，从而对其进行全面的测试及评价。

上述分析说明目前仅靠少数几个测试点的测试结果评价电磁屏蔽服装的方法明显存在不足，必须综合考虑发射源距离、角度、测试点位置及频率等参数对电磁屏蔽服装的测试结果的影响，才能建立科学的测试评价方法。为此我们提出了一种多指标复合评价方法，在考虑发射源距离、角度、测试点位置及频率等多个影响因素的基础上，对服装进行多个区域的多距离多角度测试，并通过加权等途径建立科学的服装多指标复合评价方法，具体步骤见图 6-25。

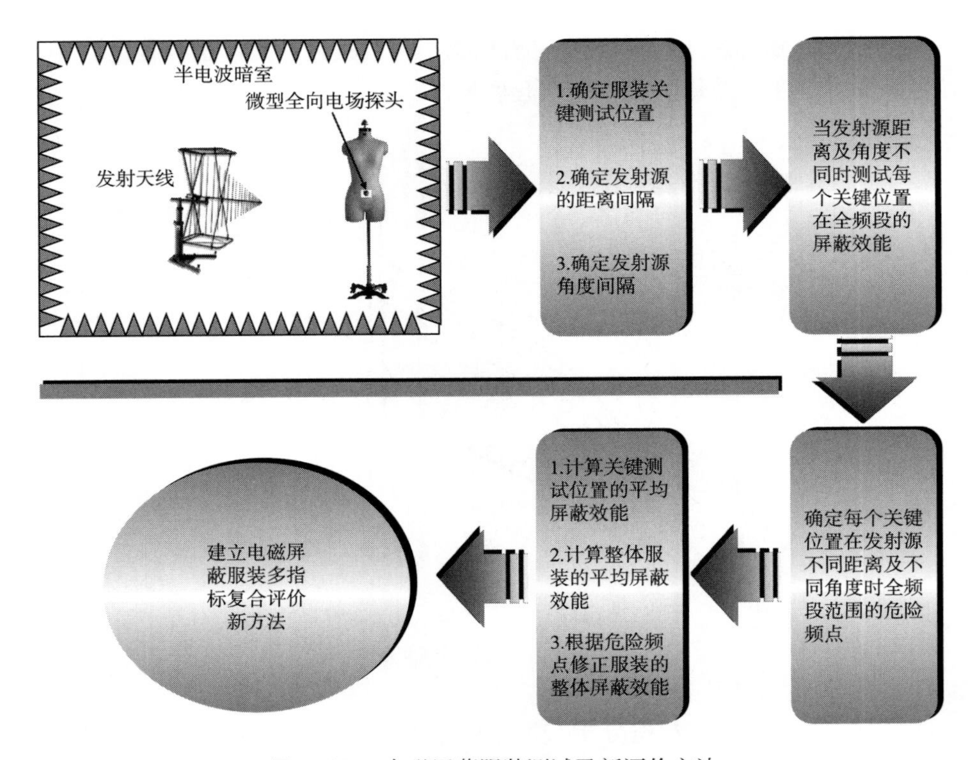

图 6-25　电磁屏蔽服装测试及新评价方法

设服装的测试位置为 T 个，第 i 个测试位置测试距离为 D_i 个，测试角度为 A_i 个，该点第 m 个距离 $\rho_i(m)$ 第 n 角度 $\theta_i(n)$ 所测量的频率范围内的屏蔽效能记为 $\overline{SE_i[\rho_i(m),\ \theta_i(n)]}$，则每个测试位置平均屏蔽效能 $\overline{SE_i}$ 如式（6-24）所示：

$$\overline{SE_i} = \frac{\sum_{m=1}^{m=D_i}\sum_{n=1}^{n=A_i}\overline{SE_i[\rho_i(m),\ \theta_i(n)]}}{D_i \times A_i} \tag{6-24}$$

其中：

$$\overline{SE_i[\rho_i(m),\ \theta_i(n)]} = \frac{\sum_{k=f_s}^{f_e} SE(k)}{f_e - f_s} \tag{6-25}$$

式中，f_s 为频率范围的起始点，Hz；f_e 为频率范围的结束点，Hz；$SE(k)$ 为频率范围内第 k 个频点的屏蔽效能，dB。

因此，服装的总屏蔽效能 $\overline{SE}$ 可由式（6-26）获取：

$$\overline{SE} = \frac{\sum_{i=1}^{i=T}\overline{SE_i}}{T} \tag{6-26}$$

对于危险频点 f_u，首先必须列出所有危险频点的信息，以警示该服装在什么频点具有缺陷，同时对整体的屏蔽效能进行打折。设服装第 i 个测试位置第 m 个距离 $\rho_i(m)$ 第 n 个角度 $\theta_i(n)$ 所测量的频率范围内的危险频点 f_u 的个数为 U_i $[\rho_i(m),\ \theta_i$

(n)]，则采用式（6-27）可根据危险频点个数对服装的屏蔽效能进行修正：

$$\overline{SE_i[\rho_i(m),\ \theta_i(n)]} = \frac{\dfrac{\sum_{k=f_s}^{f_e} SE(k)}{f_e - f_s}}{U_i[\rho_{i(m)},\ \theta_i(n)] + 1} \tag{6-27}$$

上述方法既考虑了影响测试结果的发射源距离、角度、频率等因素，又考虑了测试点位置以及因服装孔缝特征引发的危险频点，从而完成了对服装的整体评价。事实上，式（6-24）~式（6-27）采用的是平均求整体屏蔽效能的方法，对于一些服装由于对某些部位的屏蔽作用非常重要，因此可加大此处的权重比例以更有侧重地评价该服装，此时式（6-27）可引入权重指标，采用式（6-28）进行修正：

$$\overline{SE} = \sum_{i=1}^{i=T}[W(i) \times \overline{SE_i}] \tag{6-28}$$

式中，W（i）为第 i 个测试位置的权重，所有位置的权重总和为1。

三、小结

（1）采用本节所提出的基于NURBS曲线的屏蔽效能计算机分析方法可将防电磁辐射服装的局部测试点进行分类排序，并根据各测试点的屏蔽效能大小进行曲线拟合，绘制出服装局部的三维屏蔽效能分布图。该图可较为直观地显现电磁波在人体上的分布变化规律，为研究防电磁辐射服装的屏蔽效能奠定理论基础。

（2）电磁屏蔽服装的正确评价应综合考虑发射源距离、角度、频率以及测试点位置等因素，所提出的多指标复合评价新方法可满足此要求，科学完整地评价电磁屏蔽服装，将对电磁屏蔽服装的测试、评价及相关标准制定起到推动作用，也能为电磁屏蔽服装的设计及生产提供参考。

参考文献

[1] WANG X, LIU Z, JIAO M. Computation model of shielding effectiveness of symmetric partial for anti-electro-magnetic radiation garment [J]. Progress in Electromagnetics Research B, 2013 (47): 19-35.

[2] LIU Z, WANG X. Influence of fabric weave type on the effectiveness of electromagnetic shielding woven fabric [J]. Journal of Electromagnetic Waves and Applications, 2012, 26 (14-15): 1848-1856.

[3] LIU Z, WANG X. FDTD numerical calculation of shielding effectiveness of electromagnetic shielding fabric based on warp and weft weave points [J]. IEEE Transactions on Electromagnetic Compatibility, 2020, 62 (5): 1693-1702.

[4] LIU Z, RONG X, WANG X, et al. Influence of hole on shielding effectiveness of electromagnetic shielding fabric under incident polarization wave [J]. International Journal of Clothing Science and Technology, 2015, 27 (5): 612-627.

[5] WANG Z, FU X, ZHANG Z, et al. Paper-based metasurface: Turning waste-paper into a solution for electromagnetic pollution [J]. Journal of Cleaner Production, 2019 (234): 588-596.

[6] WANG X, ZHANG J, HANG G, et al. Influencing factors of shielding effectiveness test of electromagnetic shielding clothing [J]. Journal of Industrial Textiles, 2022: 52.

[7] ALMIRALL O, FERNANDEZ-GARCIA R, GIL I. Wearable metamaterial for electromagnetic radiation shielding [J]. Journal of the Textile Institute, 2022, 113 (8): 1586-1594.

[8] WANG X, LI Y, DUAN J, et al. Variation rule of shielding effectiveness of same-type double-layer electromagnetic shielding fabric in wide frequency range [J]. Advanced Textile Technology, 2020, 28 (3): 21-26.

[9] HE S, LIU Z, WANG X, et al. Research on anti-electromagnetic radiation maternity wear with absorbing wave [C]. Photonics and Electromagnetics Research Symposium (PIERS), 2021: 21-25.

[10] WANG X, LIU Z, WU L, et al. Influencing factors and rules of shielding effectiveness of electromagnetic shielding clothing sleeve [J]. International Journal of Clothing Science and Technology, 2021, 33 (2): 241-253.

[11] WANG X, SU Y, LI Y, et al. Computation model of shielding effectiveness of electromagnetic shielding fabrics with seaming stitch [J]. Progress in Electromagnetics Research M, 2017 (55): 85-93.

[12] SU Y, WANG X, LI Y, et al. Influence of seam on shielding effectiveness of electromagnetic shielding clothing material [J]. Journal of Silk, 2017, 54 (8): 38-43.

[13] BETHE H A. Theory of diffraction by small holes [J]. Physical Review, 1944, 66 (7/8): 163-182.

[14] ZHENG Q, LIU Z, ZHANG Y, et al. Shielding effectiveness of double electromagnetic shielding fabric [J]. Journal of Textile Research, 2016, 37 (1): 47-51.

[15] SUN L, WANG X, QI H, et al. Caculation about influence of gap on shield effectiveness of protective suits [J]. High Power Laser and Particle Beams, 2017, 29 (4): 043001.

[16] KUROKAWA S, SATO T. A design scheme for electromagnetic shielding clothes via numerical computation and time domain measurements [J]. IEICE Transactions on Electronics, 2003, E86C (11): 2216-2223.

[17] LIU Z, WANG H, HE S, et al. Failure phenomenon of electromagnetic shielding clothing on human health protection in electromagnetic radiation environment [J]. Journal of the Textile Institute, 2023, 114 (5): 811-819.

[18] WANG X, LIU Z, ZHOU Z. Rapid computation model for accurate evaluation of electromagnetic interference shielding effectiveness of fabric with hole based on equivalent coefficient [J]. International Journal of Applied Electromagnetics and Mechanics, 2015, 47 (1): 177-185.

[19] WANG X, ZHANG W, LIU Z. Construction of a simulation model of electromagnetic shielding clothing for shielding effectiveness analysis [J]. Textile Research Journal, 2023, 93 (21-22): 4729-4741.

[20] WEILAND T. Discretization method for solution of maxwells equations for 6-component fields [J]. Aeu-International Journal of Electronics and Communications, 1977, 31 (3): 116-120.

[21] ZHANG L, CHEN Y. Measurement and simulation of the anti-electromagnetic property of fabric [J]. China Personal Protective Equipment, 2010 (4): 40-43.

[22] ZHANG X, MA L, YING B. Assessment of electromagnetic shielding effectiveness with a 3D human bio-electromagnetic model [C]. 12th International Symposium of Textile Bioengineering and Informatics (TBIS) - Advanced Materials and Smart Wearables, 2019: 8-11.

[23] ZHANG L, CHEN Y. Testing and simulation of electromagnetic shielding effects of electromagnetic protective clothing for pregnant women [J]. Journal of Textile Research, 2011, 32 (10): 108-112.

[24] TOGHCHI M J, BRUNIAUX P, CAMPAGNE C, et al. Virtual mannequin

simulation for customized electromagnetic shielding maternity garment manufacturing [J]. Designs, 2019, 3 (4): 53.

[25] PENG H, HUDI P, ZHU N, et al. Simulation of the shielding clothing shielding effectiveness [C]. 2013 Cross Strait Quad-Regional Radio Science and Wireless Technology Conference, CSQRWC 2013, 2013: 25.

[26] WANG X, LIU Z, ZHOU Z. Virtual metal model for fast computation of shielding effectiveness of blended electromagnetic interference shielding fabric [J]. International Journal of Applied Electromagnetics and Mechanics, 2014, 44 (1): 87-97.

[27] LIU Z, WANG X. Relation between shielding effectiveness and tightness of electromagnetic shielding fabric [J]. Journal of Industrial Textiles, 2013: 43 (2): 302-316.

[28] WANG X, LIU Z. Computer fitting of Shielding effectiveness for electromagnetic shielding clothing [C]. International Conference on Mechatronics and Applied Mechanics (ICMAM 2011), 2011: 27-28.

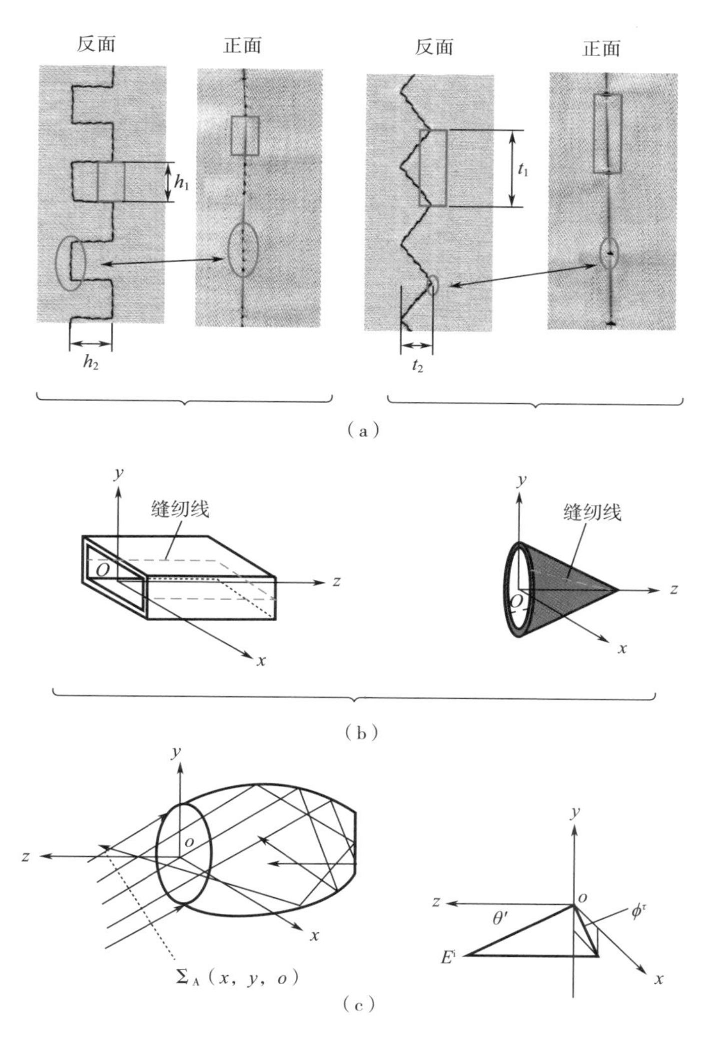

彩图 1　缝迹曲线形态试样缝缝处谐振腔模型（见正文图 3-34）

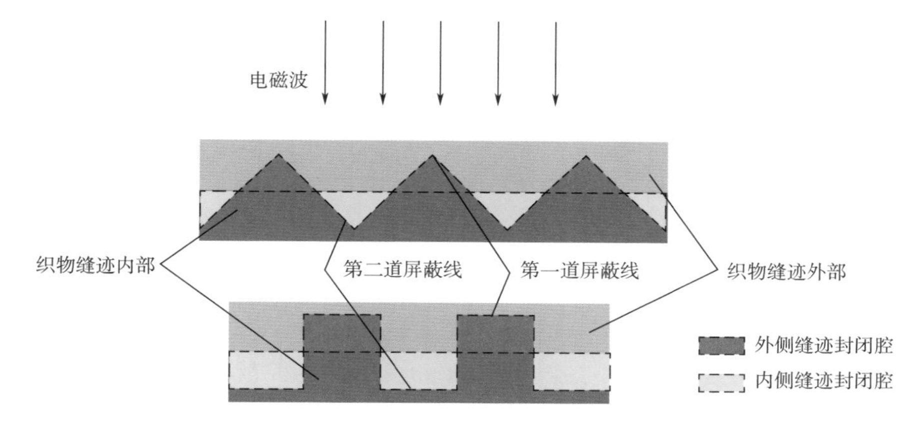

彩图 2　直线与曲线复合缝迹试样的细节分析（见正文图 3-36）

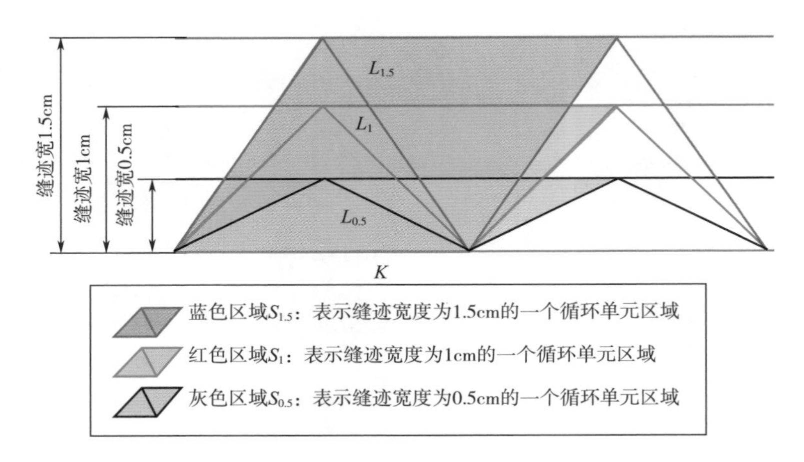

彩图 3　不同缝迹宽度的循环单元结构（见正文图 3-38）

彩表 1　缝型

缝型名称	ISO 标示名称	缝型结构和吸波材料加入方式
缝型 a	1. 01. 01	
缝型 b	2. 02. 07	
缝型 c	4. 03. 03	
缝型 d	1. 06. 03	
缝型 e	2. 04. 05	

注　红线表示吸波材料，见正文表 5-2。

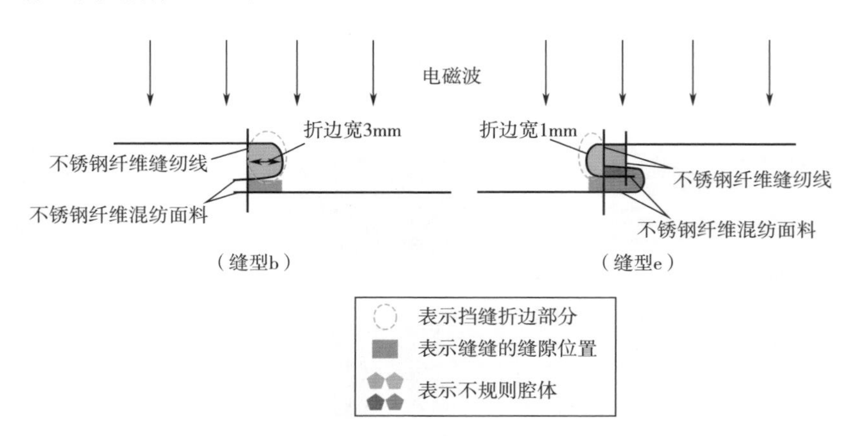

彩图 4　缝型 b 和 e 试样屏蔽效能波动性分析（见正文图 5-25）

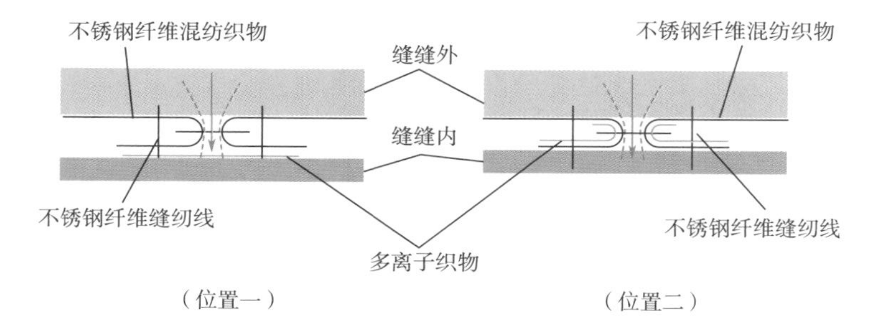

彩图 5　不同缝型 c+多离子织物位置的结构图（见正文图 5-33）

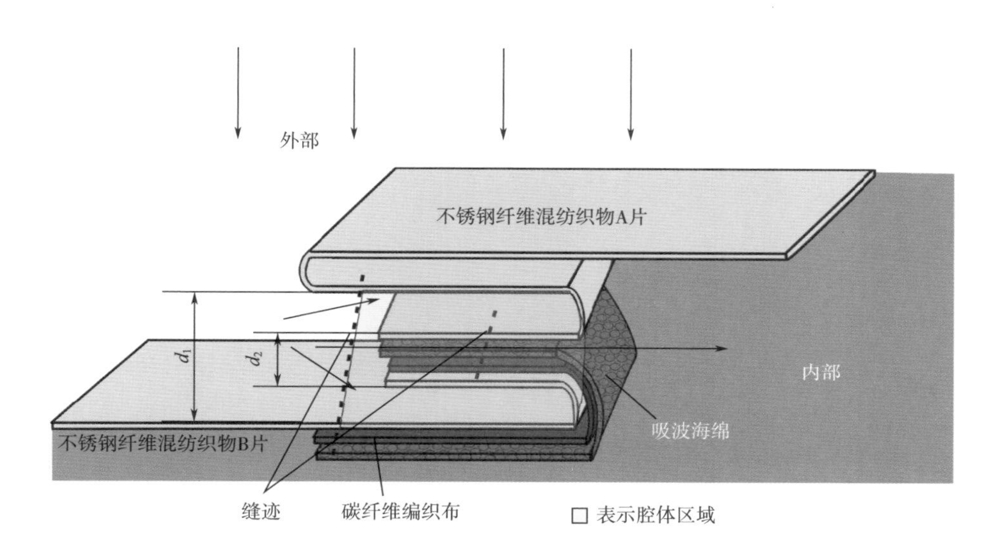

彩图 6　复合吸波材料运用在缝型 d 的结构分析（见正文图 5-46）

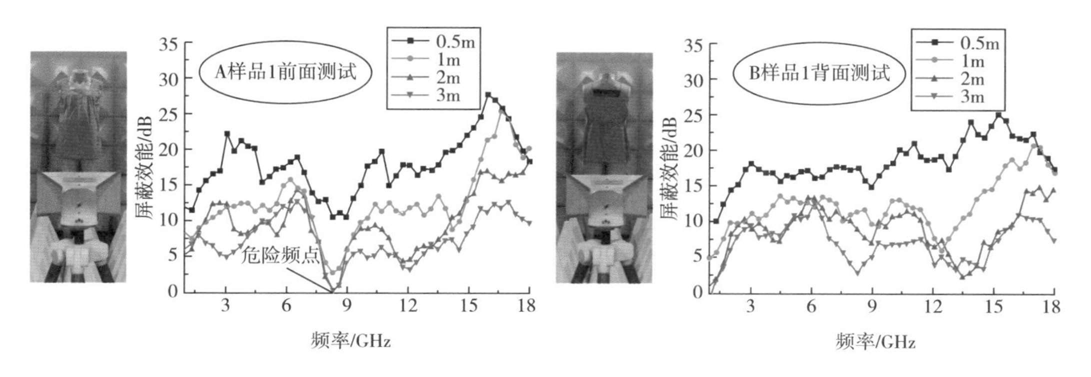

彩图 7

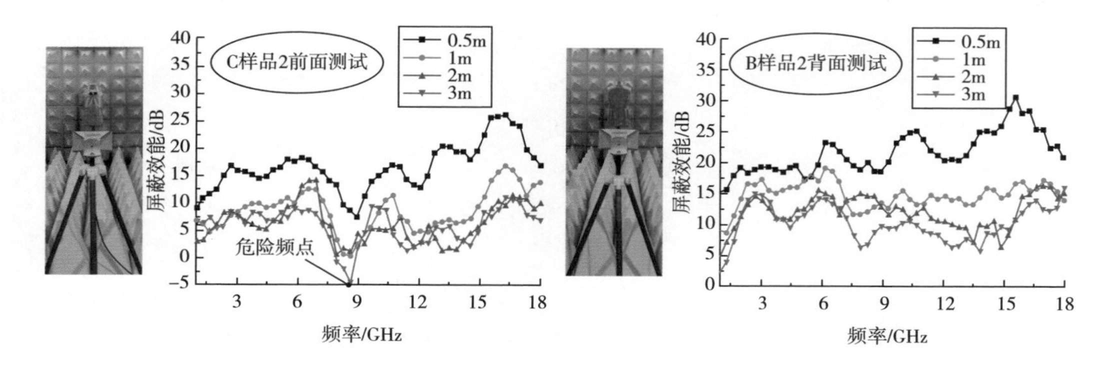

彩图 7　测试距离对服装屏蔽效能的影响（见正文图 6-16）